U0392168

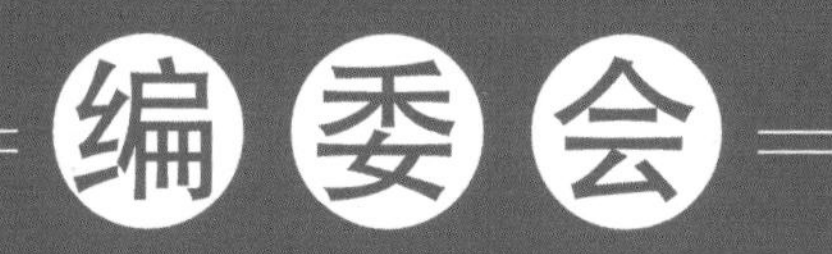

治水的逻辑

——广州实践

李明◎编著

LOGIC OF WATER ENVIRONMENT GOVERNANCE：GUANGZHOU PRACTICE

人民出版社

目　录

治水的广州样本

2014年3月5日，习近平总书记参加十二届全国人大二次会议上海代表团的审议时明确提出："加强和创新社会治理，关键在体制创新，核心是人。"①"走出一条符合超大城市特点和规律的社会治理新路子。"②善治国者必重治水，广州严格践行习近平新时代中国特色社会主义思想，牢牢把握习近平总书记指出的"要从改变自然、征服自然转向调整人的行为、纠正人的错误行为"③这一总纲，坚持以人民为中心推进城市治理，用科学态度、先进理念、专业知识探索出了一条低成本、可持续的低碳生态治水之路。

广州，素有"千年商都"美誉，作为海上丝绸之路的重要起点，

① 中共中央文献研究室编：《习近平关于全面建成小康社会论述摘编》，中央文献出版社2016年版，第141页。

② 中共中央文献研究室编：《习近平关于社会主义社会建设论述摘编》，中央文献出版社2017年版，第136页。

③ 中共中央文献研究室编：《习近平关于社会主义生态文明建设论述摘编》，中央文献出版社2017年版，第24页。

千余年前中国丝绸由此走向世界。纵横交错的河涌、繁华拥挤的港口，自唐宋始，广州就被打上了“水城”的烙印。“六脉皆通海，青山半入城”，在云山珠水格局之中，广州城被密布交织的水网包裹着，人因水而聚，城因人而兴，水与城休戚与共。

然而，随着经济社会的快速发展，曾经哺育广州城的珠江水系，反遭城市化、工业化交替演进吞噬，水污染矛盾尖锐，问题交错交织。党的十八大以来，广州以党建为引领，以深化构建“令行禁止、有呼必应”党建引领基层共建共治共享社会治理格局为抓手，吹响治水攻坚号角，在河湖治理工作上真抓实干、勇于创新，探索确立了一套超大城市黑臭水体治理的“12345”工作路径，河湖面貌焕然一新，为人民群众提供水清岸绿、河畅景美的优美环境，助力广州实现老城市新活力、“四个出新出彩”，为解决老城市水环境污染问题树立了典范，逐步形成大城市治水逻辑的广州样本。

一、为什么治水——为了人民，回应市民美好生活期盼的新时代担当

优美的水环境，寄托着人民对美好生活的向往，承载着广州国际大都市的魅力与活力。民有所呼，我必有应。坚持以人民为中心，必须不负人民所托，坚决扛起打赢碧水保卫战的时代使命。

（一）美好生活期盼始于美好水环境

美好生活是人类生存的永恒主题，实现美好生活关涉人民群众的根本利益。习近平总书记指出：“中国特色社会主义进入新时代，我国社会主要矛盾已经转化为人民日益增长的美好生活需要和不平衡不充分的发展之间的矛盾。”[①] 这一科学论断，充分体现了中国共产党一直把人民的需要放

① 习近平：《决胜全面建成小康社会　夺取新时代中国特色社会主义伟大胜利——在中国共产党第十九次全国代表大会上的报告》，人民出版社 2017 年版，第 11 页。

在心上，一直把人民的期待作为努力方向。

新时代，人民的美好生活不仅指更多的物质财富和精神财富，也包括更多优质生态产品，“我们要建设的现代化是人与自然和谐共生的现代化”①。山清水秀，鸟语花香，风调雨顺，五谷丰登，优美生态环境是一个系统工程。在优美生态环境的所有要素中，水环境是最重要的一环。水是生命之源。一切生命都是源于水的，水是人类赖以生存和发展的不可缺少的最重要的物质资源，有水才有生命。水是生产之要。在现代经济体系中，没有一个产业部门是不用水的，也没有一项产业不与水直接或间接发生关系。水是生态之基。生态和水相辅相成，有了良好的生态，才能更好地涵养水源；有了水资源，才会有更完整的生态和自然循环。

一村一溪一水景，一城一河一风光。人民群众期盼干净卫生的饮用水

阅江路碧道

① 习近平：《决胜全面建成小康社会　夺取新时代中国特色社会主义伟大胜利——在中国共产党第十九次全国代表大会上的报告》，人民出版社 2017 年版，第 50 页。

源、水清岸绿的诗情画意、鱼翔浅底的闲情逸致，水环境承载着市民的美好生活愿景，点亮城市乡村、点燃发展新机、成就高质量生活、成为百姓的幸福之源，这是人民群众对美好水环境的热切期待。坚持以人民为中心，为市民创造条件建设宜居水环境，增强人民群众的舒适感、获得感、满足感，实现人水相近相亲、和谐共生，这是广州水务人义不容辞的新时代担当。

（二）水清城美是国际大都市的应有属性

2019 年 2 月，中共中央、国务院印发了《粤港澳大湾区发展规划纲要》，要求广州“充分发挥国家中心城市和综合性门户城市引领作用，全面增强国际商贸中心、综合交通枢纽功能，培育提升科技教育文化中心功能，着力建设国际大都市”。广州深入贯彻落实习近平总书记视察广东重要讲话精神，以综合交通枢纽为支撑，全面增强综合城市功能；以文化为建设国际化大都市的内源动力，不断提升城市文化综合实力；构建现代服

珠江江畔白鹭飞

务产业体系，着力提高现代服务业发展水平；深化“放管服”改革，持续优化现代化国际化营商环境；初步奠定了“四个出新出彩”基础，开启了建设国际大都市的新征程。

生态环境是一座国际大都市城市凝聚人气、散发魅力的重要因素之一。着力建设国际大都市，水更清、城更美是基本要求，必须用国际化视野、国际化思路、国际化标准来推动治水工作，树立超大城市水环境治理的标杆和典范。水清是基础，通过对珠江水系进行生态恢复与重建，充分挖掘广州的水资源潜力，从根本上提高水资源和水环境的承载力。安全是保障，完善城市防洪排水系统，加强排涝设施建设，提高城市水面率，增强治洪能力，构建城市水安全防护体系。水活是关键，通过遵循水生态自然规律，还水于自然，重视珠江水系自然风貌特色的延续，优化调整滨水用地结构，恢复“为有源头活水来”的自然水韵。城美是目标，通过深挖水文化元素，打造彰显广州水历史和水文化的独特水景观，推动岭南水乡文化特色与城市建设的有机融合，复兴岭南水乡风貌和人文景观，打造“人在岸上走，如在画中游”的美丽水城。

（三）党建引领水环境治理是对市民呼声的必然回应

回应市民的美好水环境呼声，我必有应，我更有行。广州在构建“令行禁止、有呼必应”党建引领共建共治共享社会治理格局过程中，把党的领导和党的建设落实到城市水环境治理各方面各环节，加强和创新水治理保障机制，用“绣花”功夫加强城市管理，不断提高广州国际大都市水环境治理能力和治理水平。

在“令行禁止”方面，突出党的政治功能，推动各级党组织在贯彻落实中央和省市重大决策部署上做到坚决有力，实现“有令必行、有禁必止”。由市河长办牵头，广州从水务、生态环境、城管、农业农村等部门抽调人员，组成专项督察组，下沉各区开展水污染防治督察，发现问题及时交办、组织“回头看”，对落实不力的河长进行约谈甚至问责，有力地推进了黑臭水体整治进度。

在“有呼必应”方面，突出党联系服务群众，通过优化党组织服务功能，精准解决城市群众关注度高、受惠面广、亟须解决的民生问题，实现“有呼必应、有诺必果”。广州充分发挥党组织在急难险重任务面前的战斗堡垒作用，部署开展城镇污水处理提质增效和排水单元达标攻坚行动，力争做到“排水用户全接管、纳污管网全覆盖、排放污水全进厂”。

“令行禁止、有呼必应”。对人民群众普遍关心的城市水环境呼声的及时回应，极大调动了公众参与社会治理的积极性、主动性、创造性，为建设人人有责、人人尽责、人人享有的社会治理共同体提供强大的动力支持。

二、怎么去治水——依靠人民，开创超大城市治水新典范

人民是历史的创造者，人民是真正的英雄。面对黑臭水体，广州一度陷入技术治水迷途，事倍然功半。治水先治人，通过引导鼓励人民群众参与治水，构建群策群力、多元治理的治水机制，广州依靠人民开创了超大

荷塘小画家

城市治水新典范。

（一）痛定思痛：治水先治人

“落雨大，水浸街，阿哥担柴上街卖，阿嫂出街着花鞋。”因为水，广州城多了几分灵动；同样因为水，广州城也添了几许烦恼。地处珠江口，广州常年受亚热带季风影响，雨水丰沛，两百多条大小河涌汇聚于中心城区，治水始终是城市安定之基。然而，广州水网在长期的运行过程中一直处于“亚健康甚至不健康”状态，城市内涝和水系污染严重影响市民群众生活。

河涌就地覆盖，曾经是历史上广州治水的第一反应。但本质上，覆盖河涌相当于掩盖矛盾，无助于解决矛盾。进入21世纪的第一个十年，广州治水花大力气聚焦主要河涌截污，在河涌沿线铺设截污管，或建立水闸。然而，截污、清淤和调水补水这种“老三样”的治理模式还不能从根本上消除河道污染、消除黑臭，达到功能区域水质标准要求，仅仅一场暴雨就能使此前的努力“一夜回到解放前”。除常规治水之外，广州还尝试了增氧、微生物处理、生态修复、一体化设备治理、种植水生植物等高科技的治水方法和技术，这些尝试在小范围实验成效显著，但无法解决大范围流域水系问题。

技术治水的曲折探索证明，河涌就地覆盖可以解决表面问题，但无法解决内部问题；截污清淤可以解决短期问题，但无法解决长期问题；高科技治水可以解决局部问题，但无法解决全局问题。

凡是过往，皆为序章。对弯路的反思，使广州治水人认识到，“治河先治污、治污先治源、治源先治人”。治水的根本对象，应治人为之水。自然之水还自然通道，人为之水纳污水通道，溢流雨水行和谐之道。

1. 治河先治污

遭受工业化侵袭之前的河涌，是清澈的、流动的、宜人的。街巷浓荫蔽日，民居沿河而建，居民枕涌而居，这是羊城广州的历史原貌。今日河涌的问题在于污染，从技术角度看，治水只需要清除垃圾，对水体进行化

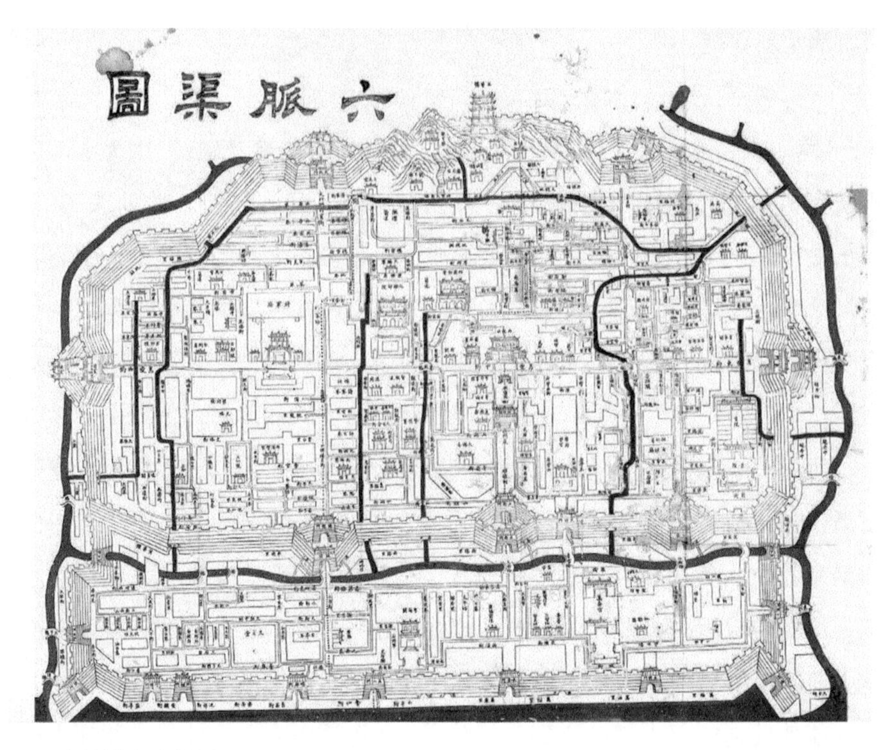

古羊城六脉渠图

学、生物等处理即可；从制度角度看，治水需要通过法律、经济等多种手段齐施。

2. 治污先治源

污染的问题在于源头，源于人类的无序生产生活等活动，必须避免边污染边治理或先污染后治理的治理模式，推动水污染防治关口前移。全面加强工业化水污染、城镇水污染、农业和农村水污染、地下水污染防治，加强污水集中处理设施和配套管网的规划建设，提高城镇污水收集率和处理率，从源头控制污染源。

3. 治源先治人

水污染背后，是人的不当行为。源头的问题在于人，关键在于重塑人的价值观，改变人的行为。治水，治人是根本，如果没有对人的行为进行有效约束，污染永远处理不完。只有约束人类生产生活的不当行为，才可以从根本上阻止或减少污染的发生。

由此，广州开始推进以治水倒逼发展理念转变，倒逼生产方式转型，倒逼生活方式改进，努力推动治水、治产、治城相融合，开启了广州治水的新篇章。

（二）开门治水：创新治水思路与方法

经历探索和反思，广州市治水开始从调水冲污向截污治污转变、从末端处理向源头治理转变、从工程优先向强化管理转变，推进“三源四洗”，完善管理机制，在城市黑臭水体治理和城市污水处理提质增效等方面取得了显著成效。

1. 转变治水工作思路，发动群众参与源头治理

2016 年以来，广州坚持“源头减污、源头截污、源头雨污分流”，改变了过去末端截污、末端补水、环村截污等以做工程为主的方式，充分发挥人民群众力量，创新推出洗楼、洗井、洗管、洗河的“四洗”清源行动，全力推进全市污水处理提质增效和黑臭水体治理工作。一方面，广泛发动流域内的群众、志愿者参与，开展“四洗”大会战；另一方面，开门治水人人参与，实现共建共治共享。广州以“开门治水、人人参与”为目标，积极构建“民间河长”运行机制。

2. 创新“厂—网—河”一体化管理，监管“飞入寻常百姓家”

2018 年广州成立市城市排水公司，作为公共排水管网运营管理主体，实现了中心城区公共排水设施一体化管理。一是推进排水综合管理，实现专业化精细化。通过精细推进排水户的摸查和整治工作，推动中心城区排水设施全覆盖、无死角管理养护。二是系统提升治污效能，建管并重科学有序。加快推进污水收集处理设施建设，大力推进污水处理厂和污水管网建设，实施“清污分离”。三是用好用活信息化技术，智慧管控实时高效。着力推动“数字水务”向“智慧水务”转型，先行先试绣花功夫管排水、实现掌上排水的先进理念，逐步建立起全覆盖、可追溯、可倒查的管理体系。

3. 推进网格化治水，健全对群众负责的责任落实机制

从多部门多头管理、城乡发展无序管理等弊端脱离出来，采取多部门联动方式，推进污染源整治。一是切实落实河长责任制，建立发现问题机制、解决问题机制、监督指导机制、建立考核问责机制。建立了由市委书记担任市第一总河长，市长担任市总河长，创新建立流域河长制度、网格长制度，实现河长巡查工作由“水体”向“岸上”深化、控源重点由“排口”向“源头”转换，形成以流域为体系、网格为单元，横向到边、纵向到底，全覆盖、无盲区的治水网络体系。二是细化网格化治水模式，实行“镇街吹哨，部门报到”。在“厂—网—河”一体化统筹的前提下，按照“小切口，大治理”的理念，依托全市 19660 个社会治理网格，建立起以网格为单元的治水体系，有效完善了治水工作中“全覆盖—可追溯—可倒查”的责任体系。

（三）生态自觉：铺就低成本、可持续的低碳生态治水之路

通过“治水先治人”，人民群众以高度的生态自觉，坚持树立尊重自然、顺应自然、保护自然的生态文明理念，形成了人水和谐治水理念落地的强大动力，坚持以制度和法律的威严唤醒人们的行为自觉，推动广州走出一条低成本、可持续的低碳生态治水之路，确保资源节约型、环境友好型社会建设取得重大进展。

群众的高度生态自觉，使维护水环境成为市民的自觉行为，曾经遍布河面的垃圾因为分类处理得到有效利用，曾经直排河涌的污水通过地下管网进入处理厂。在广大人民群众支持下，广州通过降水位、少清淤两个关键创举，不搞人工化，利用自然本底进行水生态原位修复，取得了显著治水成效。降水位，即河涌维持自然低水位运行，既暴露沿线排口，方便工作人员进行溯源改造，又提高水体透明度，促进河内污染物进行氧化降解，最终实现了污水处理系统提质增效的目标。少清淤，把淤泥平铺在河床底或堆砌在河床两侧，黑臭污染物逐步氧化分解，最终留下河沙。经过修整的河床形成各种浅滩区，淤泥见阳光，中间走活水，既大大节约了工

程投资，又形成一个个景观优美的河底湿地。

群众的高度生态自觉，成为广州治水不建闸、不调水、不盲目对尾水提标的最大底气，大幅度节约了投资，实现了生态效益、经济效益、社会效益的高度统一。不建闸，关键在于清污分流的有效落实。针对雨季污水溢流、内涝频发等问题，广州市全力推进2.6万个排水单元达标及443条合流渠箱改造工作，推进清污分流整改。不调水，关键在于再生水的资源化利用。在全面截污的前提下，广州市采用附近污水处理厂的尾水进行河道生态基流补给，节省了巨额的调水耗电、运维等费用。不盲目对尾水提标，信心在于交还自然净化。充分发挥河涌自我净化能力，利用自然的力量来提高城市河道水的生态品质。

三、治得怎么样——服务人民，一份写满习近平生态文明思想的治水答卷

人民群众满意，是检验全部治水工作的根本标准。广州坚持以习近平新时代中国特色社会主义思想为指导，推动习近平生态文明思想在广州治水工作中落地生根、开花结果，向人民交出了一份写满习近平生态文明思想的治水答卷。

（一）广州治水是习近平生态文明思想之花绽放的结果

经过广州治水坚持不懈的努力，如今的珠江水系水流清澈，河道干净，往日臭味一去不复返，昔日令人闻之色变、避之不及的“黑龙”，逆袭为岸绿景美的“绿廊”，让市民游客流连忘返，频频竖起大拇指为广州治水点赞。

这些成绩的取得，是习近平生态文明思想在千年羊城落地生根、开花结果使然。广州坚持以习近平生态文明思想为根本遵循，深刻领会“绿水青山就是金山银山”的伟大含义，全面贯彻落实中央和广东省关于污染防治攻坚战的决策部署，把水环境治理作为重要的政治任务、最大的民生工程，坚持标本兼治、更重治本，长短结合、更重长远，这是广州治水取得

成功的根本所在、取胜之匙。市委、市政府高度重视治水工作，自 2018 年开始，广州市下达 1—10 号总河长令，立下军令状，列出时间表，志在必得。市委、市政府主要领导分别亲自担任市第一总河长、市总河长，挂图作战，层层落实，责任到人，严厉问责。

党员干部充分发挥先锋模范作用，构建“令行禁止、有呼必应”基层党建共建共治共享工作格局，是广州治水高效推进的重要保障。以党建引领全局工作，加强党建与水务工作深度融合，着力发挥各级党组织战斗堡垒作用，从解决人的思想认识入手，从改变固有思维着力，激发出无往不胜的战斗力。坚持党建引领，广州把治水与基层治理、脱贫攻坚、人居环境整治等重点工作有机结合起来，切实为人民群众谋福祉。

广州通过治水、治产、治城相融合，生动地诠释了“绿水青山就是金山银山”的绿色发展理念。城市既是引领经济社会发展的首位地区，也是环境矛盾和生态问题的焦点。广州在治水的过程中，将习近平生态文明思想全面融入城市发展的全过程，坚持处理好“治水”和“高质量发展”的关系。通过治水大幅改善人居环境，为高质量发展腾出发展空间，实现生态效益、经济效益与社会效益相统一。广州治水的成效充分证明，治理与发展并不矛盾，绿水青山和金山银山能够兼得。

（二）为广州实现老城市新活力、“四个出新出彩”提供水务支撑

长风破浪会有时，直挂云帆济沧海。下一步，广州将继续按照省市工作部署，强化落实《中共广东省委全面深化改革委员会关于印发广州市推动“四个出新出彩”行动方案的通知》要求，巩固提升治水成效，为广州实现老城市新活力、“四个出新出彩”贡献水务力量。

1. 攻坚克难，突出治水工作重点

抓好源头雨污分流，加快推进合流渠箱清污分流，高标准、高质量、分批次完成合流渠箱改造。推进“排水单元达标”攻坚行动，努力实现全市污水收集处理全覆盖、排水管网专业化养护全覆盖。巩固“五清”“四洗”行动成果，推进水库标准化管理和小流域治理，通过村居污染源网格

美丽的石井河岸

单元的小切口，挂图作战，销号管理，实现“长制久清”。

2. 提质增效，夯实治水硬件基础

加快补齐污水收集、处理设施短板，深入推进“洗井”“洗管”工作，全面推进排水管网隐患修复工作，实现“污水入管（厂）、清水入河”。围绕进水浓度较低的城市污水处理厂，开展“一厂一策”系统化整治工作，实现城市生活污水集中收集效能显著提高。统筹推进“厂—网—河”一体化管理，降低河涌景观水位，减少河水倒灌，确保污水管网运行水位正常，确保无污水直排河涌。

3. 以人为本，创造美好水环境

以人民美好生活需要为导向，全力推进全市千里碧道建设，通过逐步完善城市滨水空间配套服务设施，为市民创造更多滨水活力空间，以线带面，带动沿岸产业转型升级，提升城市品质。高标准推进广州市碧道流溪河示范段建设，高质量打造广州碧道示范。将碧道建设打造成为“水生态

沙坑涌旧貌换新颜

环境治理的升级版”，推动优美生态环境的共建共治共享，不断增强人民群众的获得感、幸福感、安全感。

4. 节水为先，提升治水工作水平

深入贯彻落实习近平总书记关于“节水优先”的重要论述，全面推进节水型社会及节水型城市建设。以排水单元达标为主线，从源头实现雨污分流，雨污水各行其道，建立健全排水单元设施日常管养长效机制。通过完善骨干防洪（潮）体系、强化片区排涝整治、加强重点地区水土流失治理等工作，合理利用水旱灾害防御信息化系统，建立完善的防灾减灾体制机制，全面支撑广州市水旱灾害防御向科学决策与提升效率效能方向快速发展。

第一部分

广州治水的历史逻辑

第一章

技术治水的路径探索

广州，这个伴水而生、因水而兴的城市，在两千多年的发展史当中，治城先治水成为维系这座城市的关键。

2000 年 4 月，广州越秀区北京路街区光明广场大楼建筑工地，挖出了一座世界上年代最早、规模最大、保存最完好的古水闸——面积达 3600 平方米的西汉南越国水关遗址。令专家们惊讶的是，这座两千年前广州水系建设的枢纽工程，在建闸材料的选择、地基和技术线路的处理、总体布置、流泄处理等诸多方面，基本上与现代水闸设计水平相当。

此后，无论是宋代开凿“六脉渠”、打造“六脉皆通海，青山半入城”的山水之城，还是新中国成立后修建集景观与调蓄功能于一体的“四大人工湖”（流花湖、麓湖、荔湾湖、东山湖），用水治水始终是广州这座千年古都的头等大事。

近年来，随着城市经济社会发展，人口急剧增加、工业化进程加速、城市规模不断增大，广州出现水环境恶化、水资源短缺、水生态破坏、城市内涝突出等问题。曾经“一江春水绿，两岸荔枝红”的岭南水乡美景，如今只残留在老人们的记忆中。河涌不再是令人心旷神怡的绿色，而是如墨水流动、行人掩鼻而过的臭水沟，居住于臭涌两岸的居民更是苦不堪言。甚至有顺口溜说广州河涌是“50年代淘米洗菜，60年代洗衣灌溉，70年代水质变坏，80年代鱼虾绝代，90年代身心受害……”

为解决城市水问题，广州自20世纪80年代就开始着手谋划，尤其近二十多年来力度不断加大。河涌整治被列为广州市政府的重要事项，广州亚运会前，市政府甚至不惜耗费486亿元巨资治水，平均每天要花1亿元，力度甚于花钱买水，而当年广州市财政一般预算收入也不过是622亿元，治水成了当之无愧的头号工程。

为了治水，广州动用了巨大的人力、物力、财力，在工程技术上进行了各种尝试。其中，既有传统治水通用的拦污截污、清淤疏浚、调水补水等办法，也有根据广州河涌特点采用的沿涌挂箱截污、就地覆盖河涌、河涌末端截污、一体化污水处理设施等办法，更有各种前沿技术的轮番尝试。广州水务局一位官员称，近年来，无论是旧已有之的治水办法，还是国内外的各种新技术，广州几乎试遍了所有的治水路径，找遍了各种治水公司，在治水的路上不断摸索，但始终没有解决根本问题。

第一节　广州水系分布

广州地处我国华南珠江三角洲地区，特殊的地理位置和自然的山水格局铸就了广州“江、河、湖、海”丰富的水形态。全市共有河涌1368条（主干总长5092千米），堤防（岸）10445.43千米，水库307座，水闸1162座，水利泵站1140座，在运行水电站151座，中型灌区15宗，湖泊45宗，山塘89座。主要生态调蓄湖有东山湖、荔湾湖、麓湖、流花湖、白云湖、海珠湖6个。全市水域面积754.6平方千米，约占土地面积的10.15%，河道密度达到0.75千米/平方千米，分属九大流域，密集的河网构成了广州独特的岭南水乡风貌。“六脉皆通海，青山半入城”，是对广州这座山水城市的高度概括。“因水而生，因水而兴，因水而荣，因水而发，因水而福”是广州形成、生长和繁荣的精彩写照。可以说，水之于广州，就犹如血液之于生命。

广州的很多地名也都与水有着紧密的联系，除了我们熟悉的江、河、湖、海这些通用名字之外，常见的还有以下几类：

一是“洲”。广州有琶洲、长洲、小洲、金沙洲等许多含有“洲”的地名，这是由于广州地处珠江三角洲，珠江水系愈向下游分汊愈多，河道迂回曲折，时离时合，纵横交错。在珠江出海口，又被一系列从东北至西南走向的岛屿群落所包围，将水流分注出海。清人屈大均在《广东新语·地语》中记载：“下番禺诸村，皆在海岛中，大村曰大箍围，小曰小箍围，言四环皆江水也。凡地在水中央曰洲，故周村多以洲名。洲上有山，烟雨中，乍断乍连，与潮下也。”

二是“围”。万胜围、大谷围、小谷围、黄金围、草芳围、大干围、同德围，这些带有“围”字的地名都有这片土地被环绕的意思，例如罗冲围，原名螺涌围，是被形似田螺的河涌环绕。

三是“溪”“涌”“滘（漖）”“濠”。溪、涌（冲）即曲折细长的河道，如洛溪、沙溪、棠溪、石溪，西关涌、东涌、东濠涌、驷马涌、漱珠涌等。蜿蜒的水沟称为滘（漖）、濠，如新滘、茶滘、滘口等，另有沥滘、横滘、增滘，清水濠、西濠、东濠、玉带濠等。濠畔街是旧时广州城南一条紧邻玉带濠、水上舟楫穿梭，岸上喧嚣繁盛的十里长街，它由宋时濠涌开通而逐渐形成，因濒临濠水而得名。

四是“潭”“塱（朗）”“湾”。很多带“潭”的地名，为百越语“水塘”或“湖”的译音字，故今日多塘的地名，如新塘、潭村、龙潭、白鹅潭等。冲积平原或水网沼泽地称为塱（朗），如大塱、西塱、塱口、塱边、塱头、塱溪、郭塱、黄竹塱、松柏塱等。水流曲折的地方叫湾，如荔枝湾、沙湾、水母湾、花地湾、江湾等。

五是“埗”“沙”等。因为水网星罗棋布，古代广州交通以舟楫为主，在地名上通用步、埗来表示津渡码头。如增埗、上埗、下埗、埗头、步滘，都是指过去的货物转运码头或渡口。广州还有很多地名含有“沙”，如黄沙、沙园、沙面、中流沙、太平沙、大沙头、二沙岛等，主要是大片滩地淤出成为沙洲。

水不仅在广州的地名上留下了美好的印记，而且也成为广州语言中独树一帜的元素。目前，广州话中依然保存着浓郁的“水”特色，比如广州话的日常用语中的一千元叫作“一撇水”，一百元为“一旧水”，工资叫“薪水”，交钱叫“捞水”，路费是“水脚”，补钱叫“补水”；财源广进称“猪笼入水”，赚取高额利润称“食水深”，“油水”指钱财，用非正规手段获取利益叫“捞油水”，富有的人叫“叠水”，还钱叫“回水”，搜刮钱财叫“掠水”，到处借钱称为“扑水”，钱包没钱叫“干水”，促销减价称“跳水”，货币贬值叫“缩水”，等等。

总之，水早已经渗透到广州的每一寸空间，成为广州人日常生活中不可或缺的一部分。

第二节　传统治水路径

作为千年古城，广州此前对城市污水的处理办法一直是雨污合流，也就是污水和雨水共用同一个排水渠道。在人口密度不高和城市发展速度缓慢的时代，污水直接排入河涌，原本也没什么紧要，大自然会完成净化过程，这是逐水而居的人类沿袭数千年的生活方式。但从 20 世纪 70 年代末以来，随着经济的快速增长、人口的不断扩大，生活污水、工业废水未经处理大量直接排入河涌，污水的污染远远超过水的自净能力，河涌不再清澈见底，而是沦落成为污水排放的下水道。

因此，治水先治污，成为广州官民的共识。

在过去多年的治水中，广州一直坚持截污、清淤和调水补水的方式。

这“三板斧”是整治河道污染的传统手段，也的确有其合理性。

一、截污

大量外来污染源进入水中是水质变黑臭的根本原因，所以对外来污染物进行拦截是整治河道的前提。污染源可以依据其进入的方式划分为点源与面源。生活中的污水、工业废水、餐饮污水和规模化畜禽养殖污水等属于点源污染，也就是从单个点而来的污水；而初期雨水、农田径流、鱼塘换水等属于面源污染，也就是来源面积较大的污水。广州的污水主要来源是生活污水，因此治污的重点显然是点源污染。

要从源头拦截污水，就要建设完善的排污管网，包括对城区雨水和污水进行分流制改造，对已建损坏的管道进行修复、翻建，对沿河污水排放口的截留处理；当然也包括建造处理能力足够的污水处理厂，来满足新增污水量的处理需求。

二、清淤

如果说截污是外源拦截，拦住了污水入河的通道，那么清淤就是内源治理，把河涌重新清理干净，包括河底淤泥处理，漂浮物和悬浮物等垃圾清除。在河道污染物中，底泥是形成黑臭水体的重要原因。一旦污染物进入河道中，会逐渐沉积到河底，并且在降雨过程中一些氮磷等物质会随着河流沉入底泥中，经过长时间沉积造成河流变黑变臭。而且这些沉积的富含营养物质的底泥很难去除，严重影响水生生态系统的平衡。所以整治黑水臭水的关键手段就是对底泥清淤。

广州对河涌清淤疏浚的手段一般有绞吸挖泥船清淤、干床清挖、水力冲挖以及机器人清淤等，清淤后的底泥通常采用泥驳船、输泥管及污泥罐车等输送方式，运送到底泥处理厂或者其他处置单位进行处理和处置。除此之外，广州还对河面上漂浮的垃圾进行定期清理，确保河面的清洁。通过这些方法，有效疏通河道、排涝泄洪、改善水流条件、提高河流的自净能力，为水生生物提供一个适宜生长的环境。但是在底泥疏浚实施过程中，如何处理底泥也是至关重要的问题，这些淤泥中含有大量的有机污染物和氮磷等物质，必须妥善处理，否则就会产生二次污染问题。2010年，广州就发生过一起河涌清淤船倒排淤泥到珠江的重大事件，对珠江造成二次污染。

三、调水补水

调水补水也是广州治水的传统智慧。主要是利用活水循环的原理，利用泵站、水闸等水利工程，把其他地方干净的水抽过来，补充到原来黑臭的或者干涸的河涌当中去。科学的调水补水，可以使河网水系河涌形成单向流，使全流域的水体流动起来，水体循环作用增强，进而提升流域内河涌水体的流量及流速。通过向污水中引进干净的水资源，也能稀释与扩散水体当中的污染物，减少淤积，增加水体自净能力，进一步改善流域内河涌水体水质。一般来说，最常用的清洁水来源是地表水、污水厂循环利用的再生水等。而广州因为靠海这一独特的地理位置，很多河涌属于感潮河涌，涌水会随珠江潮水涨退而改变，因此一些靠近珠江的河涌也会根据珠江潮汐变化开关水闸，涨潮时进水，退潮时放水，利用珠江潮汐进行冲刷，能在不增加成本的前提下使涌水变清。河涌引水的另一个目的是提高河涌景观水位，通过水体流动，改善流域内水环境。

案例1-1：东濠涌

起源于宋代的东濠涌，是广州六脉渠中唯一保存下来未被完全覆盖的一脉。它历史悠久，自广州建城以来一直扮演着为市内提供生活用水和交通要道的双重角色。然而在河岸两边居住的市民回忆起以前的东濠涌几乎都是一个评价——臭水沟。当年东濠涌是一条以“四害温床、六乱死角”而闻名的“旺地臭水沟”。为迎接亚运会，广州市政府于2009年开始对东濠涌河道开展九大整治工程。通过采取雨污分流、净水补水、景观提升等方法，不仅改善了东濠涌的水质，使之成为居民亲水戏水之地，还在遵循河涌生态自然规律的基础上，恢复了岭南水乡的河涌风貌，唤醒了广州人的水城记忆。同时，还通过挖掘水文化、桥文化、石文化等人文历史内涵，设立了以河涌为主题的博物馆和治水碑记，来展示河涌沿线历史文化遗存和老广州的风俗人情。

在对东濠涌进行截污及雨污分流的基础上，调水补水工程成为东濠涌整治工程中最关键的一环。因为从宏观上看，“活水”才是治理河涌的根本。原本，东濠涌补水来自上游的麓湖，但随着白云山水量逐步减少，麓湖不能再承担为东濠涌补水的任务，这也是造成河涌淤塞黑臭的根本原因之一。在沿岸截污的基础上，东濠涌整治工程利用珠江潮汐把珠江水引入现有河涌，形成“珠江—东濠涌—珠江”的水流大循环，解决了涌水长期发黑发臭、浑浊不清的问题。

截污、清淤和调水在广州治水中起到了不可或缺的作用，但广州单靠这种“老三样”的治理模式还不能从根本上消除河道污染、消除黑

▶▶ 东濠涌边和谐共欢

臭，达到功能区域水质标准要求。广州多年的治水实践表明，这样的方式存在局限性。东濠涌仍是合流制截留渠箱，雨季溢流污染问题仍未得到有效解决。

第三节　沿涌挂管截污

广州市中心两千多年来均未发生过改变，排水系统围绕着市中心，逐渐扩大，汇成网络，依自然地势形成了由总干渠、马路渠、内街渠三部分组成的市内排水系统。排水管网收集雨水和污水之后排入马路渠或内街渠，再流入总干渠，最终汇入珠江。

河涌治理的根本在污水，所以截污是治水的必由之路。截污纳管的理想方法是开挖埋设污水管道，将所有污水全部引入污水处理厂。然而，广州市河涌密布，临河建设多，部分住房骑河岸而建，很多污水管直通河内，房前根本没有空间铺设截污管网。同时，河涌比较狭窄，涌内也缺乏建设污水管渠的空间。既不能挖路，也不能挖河，在这样的条件下，“沿涌挂管”就成了不得已的做法。

所谓“沿涌挂管”，就是在河涌有污水排入的一侧的岸体上铺设管道，进行污水收集，再将管道连接附近的截污管网输送到污水处理厂处理，施工人员一般会在河岸边搭建铁架，然后将较大的污水收集管挂在铁架上固定，再通过较小的管道连接岸边的排污口，将原来所有流入河涌的生活污水收集到挂管里面，完成对河涌的整体截污。除了窄小的河涌，在合流渠箱改造中，临时挂管也经常出现。

沿涌挂管截污的优点是施工比较方便和简单，不受施工面影响，能够快速实现截污，比较适合广州部分小河涌，尤其是城中村内河涌的现实状况。同时，这种方法的成本较低，而且不需要开挖土方，对周边道路和环境影响比较小，更加易于开展。由于管道裸露在外，后期检查维护也比较方便。

但这种方法的缺点也比较明显，由于截污管外露、容易损坏，所以使用年限较短，需要定期维护和更换。而且沿河挂管的管径较小，容易堵塞，如果有市民将生活垃圾丢入管道里面，也会影响截污的效果。

涌边截污管

广州市在几轮治水中，不断总结经验，改进挂管方法。最初的挂管基本采用三脚架或支架将收集管挂在挡墙上，出户管直接接驳至收集管，管材均采用UPVC管。但这种挂管没有通气设施，而且没法检修，管道内如果淤积，周边房屋就会存在排水不畅的情况，管道就会被周边居民打断；并且挂管在排水渠排洪或排涝时，极易被水流冲断。

对于初期出现的问题，后来也经过一些优化，比如采用混凝土包管，或收集管采用钢管等。但依然存在排水不畅和容易被破坏、不容易维护等问题。采用钢管排污看起来稳固结实，但遇到大雨，水位高涨，被浮力托起并受到河水冲击，钢管间的接缝处就容易错位渗漏，同样会导致污水排入河涌。

第四节　就地覆盖河涌

“就地覆盖河涌”也就是把污染严重的河涌上面全部封住，变为道路，并以“合流渠箱”的形式继续承担排水功能。这种办法比较好理解，既然河水发黑发臭，那就把它盖住，眼不见为净，还可以顺便增加可供建筑的土地，并且便利交通。

原本自然露天存在的河流，因历史治水理念和现代城市规划建设需要，被人为覆盖。西关涌、玉带濠早在60多年前就已经被覆盖成暗渠，近二三十年被覆盖的河涌更是越来越多。由于城市快速发展，水污染日益严重，很多河涌达不到作为景观用水的要求，都被封盖起来，上变为马路或人行道，下变为下水道，剩下的只有一个名不符实的名字成为历史的痕迹。

在广州著名的西关地区，几个代表性的大涌当中，西关涌早已被封盖，荔湾涌曾经只剩下由荔湾湖分园内至珠江的200多米的涌段。而更有代表性的是驷马涌。

驷马涌源于白云山景泰坑南侧，流经桂花岗、流花湖、彩虹桥等地，在澳口流入珠江西航道，全长6.75千米。古时的驷马涌是广州进城的主要通道，彩虹桥是广州著名的千年古桥。20世纪70年代，涌水清澈，鱼翔浅底。80年代后驷马涌却成了“七色的彩虹河”，发出阵阵恶臭。

驷马涌仅荔湾段的沿线就居住了20万人口，生活污水都是直接排到河涌里面的，所以污染非常严重。2014年以前，居民经常投诉，投诉量最多的时候一天超过100件。到2016年，驷马涌水质仍为劣V类，被列为广州首批重点整治的35条黑臭河涌之一。

驷马涌上游被覆盖成渠箱

因为黑臭，驷马涌有2/3以上的流域已覆盖为暗渠。荔湾路彩虹桥是驷马涌的暗渠终点，也是明涌起点。不仅如此，上游被覆盖成渠箱后，在渠箱出口处设闸截污，晴天污水可以进入污水管网，一到雨天开闸泄洪，雨污合流的涌水溢流，下游河涌水质就会变得更加黑臭。

对于覆盖河涌的治污办法，广州的居民并不是全都赞成。如 63 岁的历史画家李荣昌就常常慨叹以往美丽的河涌被盖住了。李荣昌至今难忘小时候游西关、划船食粥的记忆。凭着这些记忆，又翻阅历史典籍，反复研读了各种资料，他创作出一幅新作《昔日柳波涌》。这是一幅直径约 80 厘米的团扇面工笔国画。画面上，一轮明月下的柳波涌泛着银光，循着叫声，一艘粥艇划过，靠岸的游艇上，才子佳人相约赏月，岸边的酒家里，街坊们正在喝茶聊天。画里的小拱桥、莲藕都是按照原来的实景描绘。

西关历史上就是河汊纵横交错之地，有上西关涌、下西关涌、柳波涌、司马涌、沙基涌和荔湾涌等，岸边广植杨柳、荔枝树，水边广种莲藕。夏日，藕香荔熟蝉鸣，一派岭南风情。“长堤如带柳如烟，画出江乡五月天。一片蝉声催雨过，湿云红压选花船。画船撑过柳波南，红藕香中酒正酣。”晚清诗人《咏西关及柳波涌 》的名句描绘了当时景象，正因如此，历史上西关成为广州最繁华的商业区。直到 20 世纪 60 年代，西关一带仍旧保留着河涌河汊纵横的面貌，但是后来河涌被覆盖，昔日水乡风情也随之远去。“随着我们这一代人离去，广州曾如同威尼斯般的水上美景将无人再提起。”李荣昌感叹。

第五节　河涌末端截污

广州大小河涌密布，情况各不相同。在雨污合流的河涌治理当中，常见的一种方法是“末端截污”。这种方法简便易行，因此一度被广泛采用。所谓“末端截污”，就是在支线河渠末端出口处设闸或者设堰，将所有污水在末端进行拦截，然后将截留的包含了污水的河水统统抽取到污水处理厂进行达标处理，有点类似于水电站的拦河大坝，只不过末端截污拦的主要是污水。

采用末端截污的河涌大多是截污管网、污水管网尚未全面覆盖的河涌。尤其是很多河道狭窄、规模较小的支涌、非主干渠，更是如此。

末端截污典型的应用场景主要在城中村、城郊接合部、在建工地等污水管网建设不完善的区域。由于人口和经济发展迅猛，排水量上升势头快，污水处理能力不足，管网建设跟不上，只能采用末端截污的方法。尤其广州一些城中村，巷道狭窄，握手楼遍布，河涌窄小，难以铺设管网，故常使用该方法。此外，一些加工企业密集的区域，厂房建设不是很规范，新建管网需要一定的时间和资金投入，综合考量后，也会选择使用末端截污的方法。

除了上述雨污合流的场景外，即使是按照分流制建起来的管网，雨污水错漏接现象仍然难以杜绝，阳台接洗衣机水管、夜市摊点大排档泔水直排雨水口、街头洗车店洗车废水直排雨水口、街头垃圾清扫至雨水口、垃圾堆放点渗沥液直排雨水口等现象屡见不鲜，导致大量污水直接入河。

如果说就地覆盖河涌的方法是一“盖”了之，那么河涌末端截污的方法就是一“堵”了之，都是相对来说简单粗暴的方法。表面看起来，河涌末端截污简便易行、成本低廉、效果明显，似乎优点很多，但问题在于截

涌口设闸

涌口设堰

污和排涝二者难以兼得。

具体来说，末端截污堰或截污闸一般都会设计一定的高度，晴天时会将污水挡在闸内，但遇到雨天，尤其是暴雨天，河里的雨水涨满，超过堰顶的高度，就会通过开放闸口的方式或者溢流管溢流，将污水、淤泥一并冲入主河道或者冲入下游，造成河涌污染。而问题是，雨水溢流并不是末端截污没做好，而是出于排洪防涝的需要，原本就是这样的设计，广州偏偏又是一个多雨的城市，所以就要经常溢流……

在番禺区钟村钟四环村路的一家餐饮店里，保留着一座石砌拱形桥——汇源桥遗址，这是钟村“房进水退”的见证。历史上，钟村居民的房屋临胜石河而建，随着改革开放以来四十多年的发展，人口越来越多，居民在河涌上加盖房屋，使原本的胜石河变成暗渠。

当时钟村已有 10 多万常住人口，密集的房屋不仅用来居住，还经营着大量家庭作坊和餐饮门店，大量的城中村和老旧房屋雨污分流改造还未进行，治水难度太大。在这种背景下，胜石河的治理采用了末端截污的方法，在暗渠末端建橡胶坝的方式，把上游暗河的污水在河涌里进行拦截，收集之后纳入市政管网。

然而这种做法在雨季就遇到了麻烦。每当大雨来临，上游下来的水量增加，污水负荷增大，污水雨水就会混在一起溢过橡胶坝冲入下游，使胜石河返黑返臭。

针对雨季溢流这一先天缺陷，广州也对末端截污方式进行了改进，例如在河道排污口中分不出污水来源的原雨水口增设溢流井；在充分考虑排涝顺畅的基础上，根据水位、雨量、水质等因素综合确定闸体的开度，在防止河水倒灌的前提下科学控制截污量、提高截污浓度等。

但这些措施只能治标，并不能治本。

第六节　一体化污水处理设施

因为末端截污的弊端太过明显，广州又采用了一体化污水处理设施进行完善。这种设施能够就地净化污水，不必像以前那样将污水送往污水处理厂。

所谓一体化污水处理设施，就是将几个污水处理反应器组合在一个装置内，集污水处理工艺的各部分功能于一体，一般包括预处理、生物处理、沉淀、消毒等。这种设施结构紧凑，附属设备少，动力节省，运行稳定，对于生活污水不仅能够有效去除有机物，同时还能脱氮，甚至在优化的条件下还能除磷，把污水中主要的污染物都给去除，加以净化。

一体化污水处理设施迄今已有30多年的研究历史，目前已经被一些国家和地区如日本、欧美等广泛地应用在城镇生活污水和部分工业废水处理上。中国在这方面也取得了较大的成绩，近年来我国学者对一体化污水处理设施进行了广泛的研究，设备采用的工艺也越来越先进，从原来单一的活性污泥法或生物膜法，逐渐发展到多种方法结合的复合工艺。

水均岗涌口：晴天无污水溢流，雨季溢流依然严重，未能从根本上解决问题

一体化污水处理站大多属于临时性处理设施，主要适用于污水水量小、分布散广、市政管网收集难度高的生活污水和性质相似的有机工业废水，是市政污水处理工程系统的有益补充。

具体来说，一种是市区的老旧建筑附近，如果将来片区整体开发，改造道路及地下排水管网就会造成重复建设。设立一体化污水处理站，在不影响片区排涝的情况下，可临时解决污水直排和末端截污问题，等片区老建筑改造开发建设后一并配套建设市政设施。

另一种是靠近河涌的城中村附近，由于片区实施雨污分流难度大，末端截污的工程量较大，配套建设时间较长，可以暂时实施一体化处理设施，能快速解决末端截污问题。

还有一种就是在市政排水管网尚未到达的分散的居住区、旅游区、工业生活区等地点，需较长时间才能完成系统配套。实施一体化处理设施，能在几个月内解决管网和污水处理问题。

这里面还有个经济账。建设一座污水处理厂和污水配套收集管网时间长、资金大、环节多，一般从论证到选址、立项、征地、建设、运营至少需要 5 年以上。而建立一体化污水处理站无疑要方便快捷许多，占地小，对环境影响微弱，选址、施工快速，一两个月就可以建造完成，成本也低了不少。

一体化污水处理装置由于其结构紧凑、占地面积小、操作管理简单等优点，而且一次性的投入资金可以长时间持续运营，具有较高的节能效益，在广州常被应用。

但是一体化污水处理装置也有明显的缺点。毕竟是临时性的小型设施，其处理能力有限，污水处理量不大，水质也难持续稳定达到污水处理厂的处理标准。而且安装建设地点往往离建筑物及人员活动区域比较近，容易产生噪声和异味，影响周围环境。同时对维护管理人员的运行管理经验要求也比较高。

因此，一体化污水处理设施作为过渡办法可以，作为长久之计却并不合适。

第七节　其他治水技术

作为千年水城，广州治水一直不遗余力，也一直在寻求最合适的办法。无论老办法还是新办法，国内的技术还是国外的技术，开放的广州来者不拒。“不管白猫黑猫，能逮到老鼠就是好猫。”

从2016年下半年开始，广州从150多家国内外水环境治理公司中遴选出有代表性的技术对河涌进行整治。这些治水技术在广州多条河涌进行试点，除了上面提到的几种路径之外。被应用的河涌治理技术还包括了增氧、微生物处理、生态修复、种植水生植物等。海珠区“臭名昭著”的大塘涌，经过整治后已经去浊回清。而位于荔湾区的沙基涌用石墨烯材料对河涌水质进行净化，水质也有了明显改善，但未从源头治理，仅从水中做“小文章”，仍是未能持久，尤其是雨季溢流问题无法解决。

为解决雨污合流溢流产生的瞬时高污染负荷、大流量污水等问题，上述提到的驷马涌也引入了创新工艺进行科技治水。在水体净化之后，为维持水环境治理效果、水质长期稳定达标，对水生态系统进行修理和恢复，

EHBR 膜技术

生态修复技术

使其良性循环，驷马涌还引入了超微纳米气泡技术、生物膜、复合生物促生酶等生态修复技术，但收效甚微。

这些五花八门的治水技术路线，如果简单归纳，可以分为物理、化学、生物三大类别。

物理治污，传承悠久，既有偏重于传统的外源拦截、河道疏浚、引水补水等方法，也有新的微纳米曝气技术、物理吸附技术等。

化学治污，借力打力，用起来效果立竿见影。这种治污方法主要是利用化学方法对水中的污染物进行凝结、沉淀或者分解，以净化水体；但如果污染源没有得到控制，应用这种方式难以得到持续的效果。

生物治污，注重自然之道。这种治污方法偏重的是恢复水体的自然生态，充分发挥河涌的自净功能，能够长时间改善水体。相较于其他方式更加环保有效，符合自然规律；但这种方法也存在技术上的局限性，比如，只有在水流速度非常缓慢的时候才会起作用，污染源污染程度必须受控制等，并且需要长期的监测和维护。

当然，除了上述治水技术，也有复合型新技术如 EHBR 膜技术、超磁分离水体净化技术、石墨烯光催化自然净化技术等。

然而，无数“先进技术”在广州试验无一能持久见效。

第二章

技术治水的迷思

“路漫漫其修远兮，吾将上下而求索”。用两千多年前屈原这句辞来形容广州的治水之路再合适不过。

为了治理水环境，广州自20世纪80年代就开始重点谋划，近年来力度不断加大，尤其是对城市难题——黑臭水体的治理，更是全力以赴。在上一章中提到的各种治水方法，每一种都是艰辛的探索。治水者们面对的是棘手难解的问题，留下的是串串汗水和脚印。

然而回过头看，这些治水之策是否取得了应有的效果？恐怕未必尽然。2010年广州亚运会，广州市耗费巨资，在亚运前后对113条河涌进行大规模整治。但几年过后，不少河涌“复臭复黑”。官方数据显示，与2010年8月的水质相比，2013年有55条河涌水质有所改善，14条持平，44条变差。也就是说，在治理过的河涌当中，有将近40%水质变差。

为什么明明河涌治好了又会变差？为什么明明看起来有效的治水方法效果却难以长久？为何明明是“技术赋能”，却变成了“技术缚能”？这些问题一直困扰着广州的治水者。并且，治水成效会发生反复的现象，不仅在广州如此，在很多城市同样屡见不鲜，成了中国城市治污普遍面临的困境。

对此难题，广州的治水者有困惑、有思考、有对策、有行动。如今广州治水之所以取得成功，也正是建立在对此难题的破解之上。在城市河流污水治理上，并非只是投入资金多寡的问题，在有足够资金支撑的同时，治污方法同样存在争议。这么多治水方法各有所长，为何没能从根本上解决问题？原因有很多，但究其根本在于，这些探索多为单一工程治水，走的是技术路线，缺少综合治理、系统治理的理念，缺少源头治理、尊重自然的思维，没有将治水与治产、治城有机结合起来。

在“十三五”初期，广州的治水思路仍停留在“末端治污”阶段，广州治水主要依靠末端截污、末端补水、环村截污等方式，采用河涌清淤、水闸截污、调水冲污的“治标之策”，以及各种解决水体污染的单一办法。河涌水质虽有一定改善，但远远达不到国家治理要求和人民期待，治水中也存在一些只追求眼前利益和表面效果的现象。治标不治本，导致治水难竟全功。

第一节　项目成效的短期化

一、为何治水努力“一夜回到解放前”？

在几年前，广州治水一直面临这样一个困境：辛辛苦苦治理的河涌，晴天水质达标，可一场暴雨过后，就再次返黑返臭，为什么治水效果难以长久？为什么治水努力打了水漂？

位于市中心的东濠涌是广州的重要河涌。作为宋代六脉渠当中硕果仅存的一脉，东濠涌的治理是当年亚运会治水的标杆工程，经过拆迁、清淤、重建、引入珠江水等工程，东濠涌一度由臭水沟变为水清岸绿的花园。为了治理东濠涌，广州市不遗余力，仅仅1.89千米的明渠治理投入就达数亿元。其中的调水补水工程，靠水泵从珠江里抽水上来并经净化处理后注入东濠涌，再流入珠江形成循环，仅此一项每年电费就花费五六百万元。

然而水清岸绿的时光非常短暂，仅两年多时间，在广州市环保局2013年6月首次公布的水质监测信息中，东濠涌的水质再次回到了劣V类。晴天时东濠涌的水质偶尔有可能优于珠江水，碰到一场大雨，尚未治理完毕的上游就会冲刷下大量污水，河水便会再次浑浊发臭，可谓是“辛辛苦苦好几年，一夜回到解放前”。所以，东濠涌的彻底改善，还有待于上游整治。

位于广州番禺区的胜石河是雨季返黑返臭的另一个例子。历史上，钟村居民的房屋临涌而建，随着人口的增加，居民在胜石河上加盖、建造房屋，使原本的河涌变成暗渠。上游城中村或老旧小区没有进行雨污分流，这些暗河就成了一条条隐秘的纳污渠，在人们看不见的地下，污水暗流涌动，然后在胜石小桥下被橡胶坝拦截、堆积，形成大面积黑臭水体。每当

橡胶坝附近形成大面积黑臭水体

雨季到来，污水冲进河涌，胜石河就会黑浪翻滚，臭不可闻，最终溢过拦污坝，涌入广州的母亲河珠江。当地的河长感慨，“原来以为治水是很简单的事情，治了一年多才发现太复杂了，并不是我们想象的那样工程做完了（河涌）就清了”。

同样的情况，还出现在广州的石井河、驷马涌等很多河涌当中。驷马涌有暗渠，而石井河有多条支流，在前期整治过程中，为河涌设置了闸门。然而，广州雨水较多使得河涌开闸的次数也多，虽上述两条河涌同为改造河段，但当污水进入河道之后，这两条河涌内的污染物容易聚集。

丰水期好，枯水期差；晴天时不错，下雨天又黑又臭。

曾经广州的河涌治理就在这样的治乱循环中痛苦地来回。原因其实也不复杂，主要还是截污不彻底。部分河涌没有将上游河道（部分为暗涵、暗渠）纳入整治范围，甚至还将河涌上游河道作为截污设施，导致降雨时上游河道涨满，污水直接溢流下游。平时沉积在河底的淤泥受雨水冲刷也翻搅上来，进一步加大污染。而内河涌底泥的淤积，有的甚至厚达一米以上，“威力”巨大。

对这种污染反复发作的状况，广州市环保部门解释，河涌与江河有所不同，河涌属于一个小环境水体，大部分河涌都设有水闸，受日常“调水补水”、排洪排涝影响，水质稳定性相对较差。部分较长的河涌，跨越城区、城郊和郊区，流域范围比较大，如果河涌中、上游或者支流截污整治不彻底，或者没有截污，下游就会受到严重影响，整治的效果也难以体现。尤其一些主要河涌，有很多承载力不高的小支涌，在下雨时，支涌开闸泄污，主涌水质就会深受影响。

国家城镇污水处理与资源化国家地方联合工程中心主任毕学军对此评价说，从源头到下游，无论河道是否加盖都应该算作一条完整的河，不能说上游不整治，只整治下游。广州在市政基础设施建设方面历史欠账多，部分支流河涌上游城中村和老旧小区截污管网建设尚未开展，污水直排现象严重，已完成雨污分流改造管网占比较低，虽然通过提高合流制区域排水系统截流倍数可在一定程度上降低雨季溢流入河涌污染负荷，但没有实质性解决污水直排环境问题。

二、挂管截污存在哪些弊端？

沿涌挂管截污曾经是广州普遍使用的一种截污方式。尤其是在合流渠箱改造中，在遍布“握手楼”的城中村，涌内临时挂管经常出现。然而后来广州全面停止了这种治污方式，为什么要这么做？主要是弊端太大。

位于海珠湖附近的大塘涌是一条典型的城中村河涌，全长 1.67 千米，属于海珠湖的外围河涌。曾经，大塘涌两岸开设了 124 个档口，大排档、小商贩遍布，炒菜的脏水就直接排进河涌，涌水臭不可闻，河道上全是垃圾。2016 年海珠区拆除了这些违法建筑，清理了垃圾，在河涌两岸内侧铺设了细细的白色截污管。这种常用的沿涌挂管截污的办法，原本是没有办法的办法，也可以达到相应的效果，然而不到一年，就有不少管子破损、脱落，有些还掉进了河涌里。

广州市净水公司有关负责人解释说，因为城中村房屋距离河涌太近，有的不到一米，无法按照传统方式在岸上铺设截污管网，亚运会期间就在河涌内侧做了挂管的方式进行截污，但挂管只能采用 PVC 塑料管。这种管容易破损，而且无法清淤，有的居民因为 PVC 管堵塞，就把截污管打掉，自己接条小管向河涌直接排放污水。涌边的挂管是亚运会期间铺设的，2014 年曾更换过，无奈又坏了，2016 年再次进行更换。

到了 2018 年年初，据媒体报道，一年多前破损的 PVC 塑料截污管倒是全部更换成管径更大的钢管，但仍有不少居民的污水管未接入截污钢管内。为什么放着现成的截污管不用？有居民表示，新的管道还是有堵塞问题，污水无法排出甚至倒灌，没办法只能自己另接管排进河涌里。而且河边楼内遍布制衣厂，污水也有很多直接排进河涌，涌内依然是垃圾、布碎多，水污染严重。

从上述事例可以看出，涌内挂管截污不仅技术本身有弊端，容易堵塞、漏水、被冲断，不易检修，更为关键的是，作为单一的治水技术，难以同城中村的综合治理相结合。所以，城中村截污问题，街道应该对村民新建房屋的污水接驳进行引导，要求其接入污水管，避免新的污染源产生。而真正解决城中村的河涌污染问题，还需要结合城中村改造一并进行。

三、覆盖河涌和揭盖复涌哪个才是真正的“现代化”？

覆盖河涌是广州以及很多城市广泛应用的治污方法，在城市高速发展的起步阶段，一度被视为“现代化”的做法，而现在又被认为方法过时，揭盖复涌才是“现代化”，到底哪个才是真正的“现代化”？

20世纪50年代，韩国首尔的清溪川，由于大量生活污水和工业废水排放，自然生态受到严重破坏。政府用5.6千米长、16米宽的水泥板封盖河道，使其长期处于封闭状态，几乎成为城市下水道。70年代，河道封盖上建设公路，并修建了4车道高架桥，一度视为“现代化”标志。直到21世纪初，由于覆盖河涌导致了一系列更为严重的污染问题，韩国政府才下决心开展综合整治和水体恢复。拆除了河道上的高架桥、清除了水泥封盖、清理了河床淤泥、重新铺设截污管道，总投资高达3900亿韩元（约85亿元人民币）。

广州在这个问题上也基本有着同样的历程。随着城市化的发展，河涌两岸居住的人口越来越多，为了挡住污染，部分明涌被覆盖为暗渠。西濠涌早在20世纪五六十年代就已被加盖，改革开放以后，荔湾涌、驷马涌、沙河涌西支涌等大小河涌纷纷被加上盖子。覆盖河涌的办法既盖住了黑臭，又增加了用地、便利了交通，在当年的认知中即为“现代化”。此后，两侧居民区生活污水直排暗渠，在暗渠出口处设截污堰 / 闸，晴天河水、地下水与污水组成的混合水被末端的堰 / 闸拦截，进入污水管网，最终输送至污水处理厂。但雨水污水合流导致进厂浓度偏低，而且如前所述，雨天开闸排洪又将积存在渠内的污染物冲到下游造成污染。

中国城市规划设计研究院城镇水务分院资源能源所所长王家卓介绍

▶▶ 海安渠箱出口段溢流

说，给河道加盖的做法，在20世纪国内很多城市都用过。但是这和当时大家对河道治理的认识水平，以及财力、物力等方面的限制有关系，而且当时国家层面也没有明确提出禁止河道加盖。但是随着经济社会的发展，大家对城市内河的认识已经发生变化。

以前，人们认为加盖能够暂时掩盖水体黑臭的问题，可是现在明白了这种做法弊大于利。首先，会削减河道的生态功能，见不到阳光，没有水草鱼鸟的河道只能成为臭水沟；其次，大大降低了河流的景观价值和提供滨水公共空间的可能性，让以前人们亲水而居的和谐景象不复存在；再次，河涌因人为覆盖常埋地下，在雨季到来时难以发挥防洪排涝作用，容易使河涌上方周边形成内涝隐患，影响到城市排水防涝的安全性，而且随着合流渠箱进一步长埋地下，渠箱自身也会出现渗水、上方被建设骑压等问题；最后，也是最重要的，大部分加盖的河涌没有按照雨污分流理念设计，导致雨水和污水混合流入渠箱，为保障与合流渠箱相关联的河涌、湖泊的水质清洁，不少合流渠箱只能设置长期关闭的截污闸，雨季时因排涝需要又不得不开闸放水，这也是广州不少河涌在大雨期间出现黑臭现象的关键原因。另外值得一提的是“鸵鸟心态”，一些河道治理后可能会有反复，用加盖的方法掩盖问题，任由地下黑河流淌而置之不理，不利于城市水环境的进一步改善和提升。

如今，人们越来越多地认识到，城市内的河涌除了承担着排水防涝的功能，还是城市的景观带、生态带，为城市提供着不可替代的公共空间。而且很多靠近城市内河内湖的地带，房产价值也往往更高一些，广州珠江边为什么遍布豪宅，就是这个道理，这本身也反映出人们对于城市水体和滨水空间的需求。

尤其是党的十八大以来，我国提出要把生态文明建设放在突出的位置。住房和城乡建设部也在推动海绵城市建设和城市双修工作，其中就包含了对生态功能受损的河道进行逐步修复。

所以无论从国家策略、城市治理，还是居民对滨水空间的需要来说，覆盖河涌都不再是一个好的治污方法。广州也已意识到覆盖河涌的弊端，开始揭盖复涌。2020 年 12 月，广州市发布第 9 号总河长令，计划在 2023 年年底前，对全市 443 条常年人为覆盖“地下河”进行清污分流改造。原来在合流渠箱末端设立的截污闸，将在改造完成后全部打开，达到疏通水脉的效果。

位于广州市天河区东部的珠村有 700 多年历史，三面环水，村里有众多水塘，还有河涌环绕，曾是典型的岭南水乡。但珠村幼儿园附近的深涌中支涌却让水乡变了味，村民的楼房紧挨着河道而建，伸出一根根白色的塑料排污管，生活污水直接排放进河涌，涌水发出阵阵刺鼻的味道。一些楼房甚至占用部分河道，垃圾被直接扔进河涌内，中支涌成了一条臭水沟。以前每逢端午就要赛龙舟，然而珠村的龙舟已多年没有在本村水域见过了。中支涌有大约 400 米的河段被覆盖成暗渠长达 20 多年，河涌沿岸管理范围内的建筑有 120 余栋，建筑面积达 10 万平方米左右。被覆盖的河涌无法进行日常管养、清疏，而暗渠两侧的居民又肆意排放生活污水，河涌自净能力有限，容易发酵、堆积淤泥，结果不但导致河水恶臭，到了雨季还会污染下游。

这段暗渠严重阻碍着中支涌乃至整个深涌流域的治理，成为深涌流域河涌治理的“难中之难、艰中之艰”。因此，中支涌珠村段的治理第一步就是揭盖复涌。经过多重治理之后，以前被盖住的河涌重见天日，“黑水臭水、鱼虾绝迹”变成了“清水绿岸、鱼翔浅底”。沿岸重新修建了马路步道、岭南骑楼，成为具有岭南风情的“乞巧水街”。

整治后的深涌中支涌

四、已经截污了为什么还臭？

末端截污在广州被广泛采用，是雨污合流区域的河涌常用的治水办法。但往往在大雨过后，河涌又变得黑臭，很多基层治水者对此不解，明明截污了，为什么河涌还臭？

主要是末端截污的被动性太大，存在两个致命弱点：除了上文提到的雨季水量暴涨导致污水溢流，还有协同性不够的问题。往往是下游截污、上游没截，主涌截污、支涌没截。而且，没截污的很多是房屋密集区，改造与拆迁难度巨大。结果导致明明已经做了末端截污，却还是免不了黑臭。

仍以上面提到的深涌为例。该河涌上游是黄埔区，经过天河区的珠村后最终汇入珠江。尽管深涌主涌已经基本完成截污，但类似珠村里的中支涌这样的小河涌并没有彻底截污，只是在珠村的涌口设有截污闸，晴天时污水可以输送到污水厂进行处理，一到雨天时就必须开闸，这样污水就汇入了深涌主涌，导致深涌水质一直不佳，常年处于劣V类水质。

位于广州市天河区的南蛇坑是另一个例子。南蛇坑属于沙河涌的支脉，发源于白云山，河涌总长 1778 米，以北环高速为界，上游明涌段长 1295 米，下游合流渠箱（暗涵）段长 483 米，自西向东在沙太路汇入沙河涌，在沙太路距涌口约 50 米处设有截污堰，旱季污水沿截污堰前的排水口汇入污水管，送到污水处理厂，雨季涌水则漫过截污堰汇入沙河涌。如同广州很多采用相似的末端截污方式的河涌一样，南蛇坑河道重度黑臭，雨季溢流污染严重，导致主涌沙河涌水质也跟着变得浑浊黑臭。

那么，末端截污以后河涌仍然黑臭，应该怎么办？从工程上说，应该保证截流方案的合理性，保证截流标准得当，保证雨季的污染负荷，保证河流水质。从根本上说，治水需要形成合力才能解决问题，既要主涌支涌同步治理，更要各个相关部门、村民一同参与治水，从末端治理转变为源头治理。

五、雨污合流的污水最后去哪儿了？

雨污合流的污水在大多数人的认知中，是去了污水处理厂，实际上并不全是。有的污水溢流到了下游，有的超过污水处理厂处理能力，又被排入了河涌。

雨污合流的污水一般是沿着污水管道到了污水处理厂，但因为污水和雨水没有分开，带来一个严重的后果是大大降低了污水处理厂的进水浓度，不该进厂的雨水“鸠占鹊巢”，该进厂的污水却收不进来。污水厂宝贵的处理能力，很大一部分用在了雨水上，加重了处理负担，造成了资源浪费。

位于广州市荔湾区芳村的西朗污水系统，为荔湾区的芳村片区和海珠区的洪德片区服务，系统范围内主要的河涌共有 41 条，总长 86.88 千米，大部分区域都是雨污合流的末端截污制，受雨水影响很大。下雨时，大量雨水通过截流井、截污闸、收水口等设施进入污水管网，大大加重污水处理厂和管网的运行负担，降低了污水处理厂处理效率。据统计，平均一场雨可以为西朗污水处理系统带来大约 1.2 万—2.8 万立方米的雨水量，需经过 3—5 天才能使污水量和水质恢复到晴天的正常水平。

作为广州最大的污水处理厂之一，猎德污水处理系统服务面积约 136.2 平方千米，管网密度与东京等城市持平，达到了世界先进水平，管网数量本身已经不是主要问题；但是在猎德污水处理系统的服务范围内，合流渠箱有 1100 多千米，占管网比例的 38%，这些雨污合流的河涌也是多以末端截污方式为主，导致大量山水、水库水通过合流渠箱、沿涌排水

西朗净水厂

口、管网缺陷点等进入污水系统，大幅降低了进厂污水浓度，增大了污水处理厂负荷。每到雨天，水量暴增，山水汇入量甚至可以达到晴天的3—4倍。而且末端截污闸不仅拦不住雨季上游冲下来的雨水，也拦不住下游的江水。猎德污水处理厂靠近珠江，服务区域内的河涌也靠近珠江，下游感潮区域受到珠江潮位影响，珠江水在高潮位时会沿着河涌，漫过截污闸，从污水口或错混接的雨水排放口倒灌进污水系统。

所以一方面是进厂污水浓度低，另一方面污水厂满负荷甚至超负荷运行。强降雨期间河涌需要打开截污闸泄洪，导致污水泄到下游；污水厂实在超负荷，也只能将处理不了的污水排入河涌，使得河涌水质遇雨恶化。区域内的东濠涌、沙河涌、猎德涌、员村涌、程界涌、棠下涌、车陂涌等河涌作为已完成治理的河涌，受雨后溢流影响，水质多次反弹，其治理成效受到严重威胁。

六、看上去很“美”的新技术为什么不好用？

广州尝试过各种治水技术，那些看上去很“美”的新技术是不是真的“美”？有没有一种技术能解决所有问题呢？

事实证明，每种技术都有其应用局限，都只能解决一部分问题。指望“一招鲜吃遍天”，不是不想，而是真的没有。

位于广州市中心的水均岗涌是沙河涌的支流，长330米，上游为污水渠箱，没有清水水源，每当下雨泄洪时，为保障排涝安全，污水渠箱内的雨污合流水排入河道泄洪，水均岗涌都会变得黑臭。为消除水体污染，改善河涌水生态环境，越秀区在2017年开始建设水均岗一体化污水处理项目。项目采用“磁混凝+BAF”处理工艺，出水水质达到了《城镇污水处理厂排放标准》（GB18918—2002）一级B标准。同时，还对河涌周边环境进行优化，通过绿化种植、园景构建，打造生态环保的科教示范点。

水均岗涌晴天的确能够做到无污水溢流，然而由于一体化污水处理设施处理能力有限，到了雨季溢流依然严重，没能从根本上解决问题。因此，一体化污水处理设施作为应急措施可以，作为长久之计却远远不够。为了解决问题，越秀区启动了水均岗涌清污分流项目，该项目被列入广州市 2020 年重点项目计划。项目规划新建污水管道 22978 米，新建雨水管道 316 米，改造接合流排口 511 处，改造接暗渠污水排口 21 处。一系列基础设施建设，是为了在雨污分流管网上扎扎实实下功夫，彻底改变雨污合流的状况，也唯有如此，才能从根本上解决水均岗涌的溢流问题。

其他很多治水方式也有类似的问题，要么是效果有限，只能解决一部分问题；要么是效果片面化，只能解决一小类问题；要么是效果短期化，没有办法维持长久。

以曝气技术为例，污水采用生化方式处理时，利用曝气设备向污水中强制加入空气，保证微生物代谢所需的溶解氧，并搅动水体，防止悬浮物下沉。曝气技术最大的缺点有两个：一是“贵”，在采用生化方式处理污水的各个环节中，曝气通常是运行费用最高的那一环；曝气设备也一直在升级换代，无论是微孔曝气、射流曝气、旋流曝气（单喷嘴和双喷嘴）、散流曝气，还是表曝，都要花费不菲的设备和维护费用。二是寿命短，相当一部分曝气设备存在易破损、易老化的缺点，比如常用的微孔曝气设备，通常的使用寿命只有 3 年。

再比如混凝沉淀净水技术，无论是传统的无机凝剂，还是后来的天然有机高分子絮凝剂、微生物絮凝剂，以及更新的磁混凝技术，对外界条件都有一定的要求。因为混凝过程是一个综合作用过程，涉及物理、化学、胶体化学、水力学等各方面理论，其中的影响因素较多，哪个条件不满足，效果都会受影响。比如，水温不能太低，否则絮凝剂水解速度就会变慢，而且反应不完全；水温也不能太高，否则有机高分子絮凝剂会老化甚至分解生成不溶性物质。水里杂质颗粒浓度不能过低，否则难以混凝；但如果有机物太多，混凝效果也会变差。水的 pH 值不能低于 4，也不能大于 8，否则会强烈影响絮凝剂的水解速度、水解产物的存在形态和性能。也就是说，混凝沉淀净水技术虽好，却也很“娇贵”，并不是想用就能用的。

而那些看起来简单易行、不用操心的技术呢？似乎也不行。各种膜技术要面临膜面污染和膜孔堵塞的问题，光催化自然净化技术也要面临催化剂失活和应用场景有限的问题。

总之，如果仅以技术手段去治水，就会发现，无论多么“犀利”的技术，总有其应用局限。因此，在广州的治水实践中，治水者一直在与项目成效短期化的问题作艰苦斗争。

第二节　局部效果在全局中消失

一、技术治水路径有哪些误区？

毫无疑问，治水是系统工程。但在实际操作中，不管是认识不到位，还是受实际条件限制，人们往往忽略了这一点。近十年，治水技术发展迅速，如生物修复、小型处理厂、可移动的小型处理设备、下埋式污水处理等，技术已经不是主要问题。但之所以种种治水技术用下来还是没能彻底终结河涌黑臭问题，一个重要的原因就是只顾片面，不管全面，指望着“一招鲜”能够解决眼下最迫切的问题，却没有着眼于长制久清，这看起来走了近路，实际上走的却是弯路。

回头看广州走过的技术治水路径，存在五大误区。

（一）只重工程、不重管理

污水处理提质增效工作不但需要截污纳管等工程支撑，更要管理措施来实现，比如规范排水行为、管理排水设施、调节河涌水位等。如果片面地强调工程而缺乏后续管理，就会导致管网堵塞、城市内涝、污水溢流等现象频繁出现，既花费大量资源又得不到良好效果。根据对广州排水管道的检测，排水管道基本都有淤泥沉积，多的能占到管道的 2/3，甚至完全堵塞。近年来，由于城市建设的快速发展，基础设施不断完善，地铁、地下管廊等加快建设，但由于管理不到位，施工时不小心破坏的排水管道也不少，加剧了污水排放困难。此外，由于对污水厂以及管网的运行水位没有具体的调度要求，为了减少污水厂的能耗，管网往往高水位运行，造成雨天溢流污染严重。凡此种种，都是导致水体黑臭难以解决的问题根源。

（二）只重收水、不管浓度

以前污水收集往往重“量”不重“质”，不管是污水、雨水、河涌水，还是其他政策性外水，不分好坏，一股脑儿地全都截流输送到污水处理厂，经常是“雨水在厂里，污水在河里”，进厂污水浓度低，成本白白浪费。同时，污水处理厂一般只重出水、不管进水。其实做个简单的算术题就能得出答案：把出水提升到地表水标准，和把进水浓度提高一倍相比，花费的资源要多得多，效果还不明显。所以污水处理提质增效，重点还要盯住厂外而非厂内，盯住进水而非出水。

（三）只重主涌、不管支渠

主涌由于更长更大，通常会得到更多的重视，治污的力气用得更多，而支涌支渠以及合流暗涵，受重视程度不高，更多采用末端截污的方式设闸拦挡，直接收入污水管。这样做表面看是因河施策，实际上既不能消除支涌支渠黑臭，还会造成污水收集系统清污不分，浓度低、水位高。很多时候河涌是穿过市区的，如果市区在河涌下游，下游截污完成了，但上游没有截污，受污染的水体排到下游，又形成了下游的污染水，河涌又变成了黑臭水体。曾经的东濠涌就是典型案例。

（四）只管局部、不管全面

以前广州的黑臭水体治理缺乏系统性与整体性，黑臭河涌治理各自为政，既缺乏上下游的统一协调，又缺乏跨区域的统一协调。各片区、各污水厂、各泵站各自为战，只根据自身运行需要调整进水的水量水位。缺少统一指挥、统一调度，没有协调各方建立良好的互动机制，也没有建立信息共享、方案共商的良性工作模式。有时候因为缺乏统筹协调，虽然上游和下游的管道都已经建好，但由于征地拆迁或其他的问题，一个点的管道没连通，就会导致全线不通，上游的污水没法沿污水管道排往下游，却通过截污堰溢流到下游。

（五）只重封堵、不管排涝

以前，没有按照海绵城市的建设理念，将污水治理和城市排涝工作同步规划，为了河涌不黑不臭，覆盖河涌也好，堵住河涌岸边的排水口也好，将排水口清污不分收入污水管网也好，都是解决了表面问题，却没有解决根本问题。这些做法有的截断了周边雨水的入河途径，容易导致封堵口附近区域形成内涝风险点。

二、管网建设存在哪些问题？

上述五大误区是对广州治水技术路径的总体剖析，涉及方方面面的因素，那最核心的问题是什么？是排水管网问题。用专家的话说，黑臭水体的表象在水里，根源在岸上，核心是管网。

有些城市看上去很强大，实际上并不是。只有林立的高楼、发达的交通，没有健全的管网，就如同人只有骨骼，而缺少血脉。地下管网是城市健康的根本保障，没有健全的管网系统，就没有长效的黑臭治理，也没有真正意义的海绵城市。广州由于历史上走的是雨污合流之路，以前在排水管网建设和管理上基本功不扎实，没有实现有效的控源截污，所以在很长一段时间内，难以确保稳定的治水效果。

具体来说，一方面，雨水和污水没有建立单独的途径，很多河涌采用的是合流制末端截污方式；另一方面，还存在着较多的雨污管道混错接问题，雨水、河水、地下水、山水、渗漏自来水，多种外水进入管网，导致污水混接入河，雨天大量雨水混接或溢流进入污水系统，大幅增加了污水管网、污水处理厂负担，也降低了处理效率。城中村的排水管网尤为混乱，很多污水直接排进河涌。部分城乡接合部、农村收集管网建设不完善，污水系统被雨水挤占，超出的污水溢流也会导致污染。所以说，不通过扎实的管网建设和排查工作，查明排水系统拓扑关系、污水来源、管网运行水位、结构性缺陷、功能性缺陷等重要信息，不掌握雨污水管网的现状底数，就没有办法制定针对性的控源截污方案，确保控源截污方案合理可靠，也就没有办法实现长制久清，最终的结果就是河道水质越治越差。

其实在排水管网和污水处理设施建设上，广州一直不遗余力，但由于各种原因，排水管网直至“十三五”期间才开始加速建设。通过努力，广州全市污水处理能力在2020年达到了766万吨/日，跃居全国第二，首次超过了全市自来水供应总量698万吨/日。全市排水管网的长度达到28793千米，比2003年的3813千米增长了6倍多。其中，污水管网6663千米，城市生活污水集中收集率80%以上。虽然成绩明显，但仍然空余20%的缺口，而此前数年，更可想见有多少缺口、多少功课需要弥补。

相对而言，污水处理能力好提升，而管网建设难“补课”。因为污水处理厂建设难度要远远低于排水管网，毕竟污水处理厂地点相对固定、环节相对较少，而排水管网建设涉及一系列技术、工程、摸查、改造问题，以及棘手的资金、拆迁、统筹协调问题，而更重要的是理念和规划问题。所以才说黑臭水体治理的核心是管网。

▶▶ 排水管网项管井施工

与先进城市相比，广州市此前在排水管网的建设和管理两方面都有不足之处。排水管网在建设方面的不足具体体现在以下三个方面：

首先是建设能力不足。虽然广州的排水管道建设不断加快，但随着广州城市化进程的加快，无论是对排水管网的数量还是质量都提出了更高的要求，之前的排水管网在人均占有量、管网密度上，与发达国家相比都有不小差距，建设能力还不够强。

其次是排水管网还存在盲目建设、重复建设的现象。某些排水管网甚至是“拍脑袋”项目。以前不同的管网由不同的主体管理，责任主体不清，甚至有的管网建完了放在地下长期没人管（广州市成立排水有限公司之后排查出1000多千米的无主管网），造成资源浪费，运营维护管理困难。

再次是管网老化，应有的管道改造、修复不足。目前广州常住人口接近1868万人，未来还将持续增长，相应的用水量、生活污水也将持续增加，而长期埋在地下的管网在一步步老化的同时却面临着配套维护跟不上的问题，由于历史遗留的错漏接、管道改造、修复不足等问题，造成排水管网漏损爆管，外水入渗、污水外渗等事件时常发生，严重的甚至造成路面塌陷。管网的配套升级仍然有很长的路要走。

排水管网在管理方面的不足则体现在以下四个方面：

一是多头管理。此前中心城区的公共排水设施采用市、区两级，雨、污分割管理模式。有的是市里管，有的是区里管，有的是环保部门管，有的是水利部门管，多龙治水，造成排水管网系统性不强，产生大量管理交叉界面和管理真空区域，经常发生推诿扯皮现象。下游说是上游问题，上游说是源头问题，主干管说是支管的问题，支管说是收集管的问题。

二是投入不足。在广州市排水公司成立以前，排水设施日常管养主要由第三方服务机构承担，维护管理水平参差不齐，大量设施没有得到有效养护。

三是执法效果不佳。水污染执法存在“宽松软”现象，执法程序较长、处罚力度不足，执法震慑作用没能充分显现，人的意识也没有跟上，存在排水违法屡犯、累犯现象。

四是精细化管理水平不足。排水户—收集管—转输管—处理设施全流程闭合管理不到位。如根据2018年统计数据，广州全市约有10万户非居民供水户，但从2010年起发放排水许可证只有2320个，有太多的排水户没有接驳到市政管网中。

三、拦住管网建设的关卡是什么?

既然健全的排水管网是解决水安全需求和水环境需求的连接器，是现代化城市的基本要求，那为什么这么重要的基本功却没有练好？细究源头，主要在于缺乏系统管理思维，在规划建设、运维管理等方面，市场机制运用不充分，信息化管理手段滞后，导致广州排水管网的建设和运管没能跟上城市高质量发展的需求。

首先是缺少系统管理思维，主要表现在规划设计和运营管理等的脱节上。排水管网作为城市污水处理设施的核心之一，与供排水体系、污水处理、污泥处置等环节组成一个庞大的系统，这个系统的建设和运营要与城市发展、水环境治理规筹起来。但在很长时间里，广州在这方面的整体规划建设系统性思维不足，虽然有顶层规划，但排水管网建设管理与治城治产还没能有机融合，排水管网发展滞后于城市发展，甚至滞后于污水处理厂的建设，影响城市水环境治理效果。

管槽施工回填

其次是没有发挥市场机制的作用。近年来，因为排水管网建设和管理已成为阻碍水环境治理、城市高质量发展的一大难题，广州也开始探索推进排水一体化改革，成立了广州市城市排水公司，进行中心六区排水设施“全覆盖、一体管理、系统运行、专业维护”，从事业化运作向企业化运作迈进。但在此之前，广州长时间存在多头管理、粗放管理和“全周期”管理空白的问题，市场机制的作用发挥不足，企业缺乏创新活力，效率难以提升。

最后是信息化管理手段严重滞后。发达国家排水管网强调全过程控制管理，并配有预警应急管理机制。而广州的排水管网普遍缺乏过程管理，缺乏对排水管网的探测、监测、检测、溯源、诊断等。系统规划与统筹管理缺乏基础，相应的应急管控措施更是一片空白，又缺乏数据化、信息化、智慧化的管理手段，导致基础数据不清，问题诊断不明，成为制约系统管理的关键因素。

面对排水管网的这三重关卡，城市污水处理系统高质量发展任重而道远。在国家提出的污水处理“提质增效”任务安排中，城镇污水收集管网建设被视为补短板的重中之重。排水管网作为城镇污水处理系统提质增效的重要环节，也是最难的顽症，只有集各方力量，打通排水管网的这三重关卡，实现系统升级，才能从根源上解决问题。

四、治水是否必须雨污分流？

广州河涌治了又臭，臭了又治，如果说核心在管网，那么根源就在于雨污合流的排污现状。对于广州这个常年多雨的城市来说，因为没有进行雨污分流，常常一场大雨就让污水重回河涌，治水效果难以持久。

治水是否必须雨污分流这个问题确实也没有放之四海皆准的答案，比如纽约市就有70%的地区是雨污合流，要看城市的具体情况来做具体选择。选择合流制管网必须堵住清水，要确保截流倍数，难点是管网和检查井要保障水密性，管径要达到要求。选择分流制管网的话，雨水口必须排清水，要管住错接乱排，难点是量大面广的雨水径流污染，防止错接、混接。

对于广州而言，城市大、人口多、建筑密、雨水足，生活污水成了主要的污染源，市民居住环境中的污水处理和雨污分流，是水系统工作的根本问题。如果这个问题没解决好，就算花很大力气整治一些河涌，到最后由于雨污分流不够，污水大量进入河涌，污水问题还是没法解决。广州在多年的治水历程中已经深受雨污合流之苦，所以无论是从城市特点还是实践经验来看，都更加适合雨污分流。正如生态环境部水生态环境司的一位负责人所说，黑臭水体问题的背后是环境基础设施不合格的问题，黑臭水体整治工作要标本兼治，力戒形式主义，南方多雨的地方，必须走雨污分流这条路，老老实实做好控源截污。

广东省环境保护产业协会会长区岳州也持同样的观点，他说：治涌不能急功近利，截污工作不仅仅是在河涌旁边加建拦水坝这么简单，而是要对片区的管网进行全面的改造升级，实现雨污分流。一个完善的截污系统，应该把地下排水管道分成两种：一种是雨水管，另一种是污水管，起泄洪作用的雨水管可以把水进行收集后排入河涌；而起收集生活污水、工业废水等作用的污水管则绝对不能把水排进河涌，而是应该经过初步处理，收集后再统一排往污水处理厂，沿途还要加建泵站加压，保证排水效果，在污水处理厂经过处理后再排入大型主干河流。

不过区岳州也指出，这样的雨污分流方法要建立在对排水户严格监管的基础上，比如雨水管就只能接雨水，绝对不能接生活污水。要对楼房水管严格管理，业主不能随意改动，该排生活污水的就排生活污水，该排雨水的就排雨水。

而广州大大小小的合流渠箱也应该清污分流。合流渠箱应该作为清水通道，因为相比雨水管，污水管要充分保证密闭性，河涌无论是明渠还是暗渠都做不到这一点。从积水点、黑臭水体与合流渠箱的关系对比图可以看出，合流渠箱多的地区，黑臭水体就多，积水点就多，这并不是巧合，而是雨污合流带来的必然后果。

所以治水不分流，到头来事倍功半。而广州雨污合流的区域太多，中心城区合流制区域面积多达72%，不推行雨污分流改造，就无法扭转河

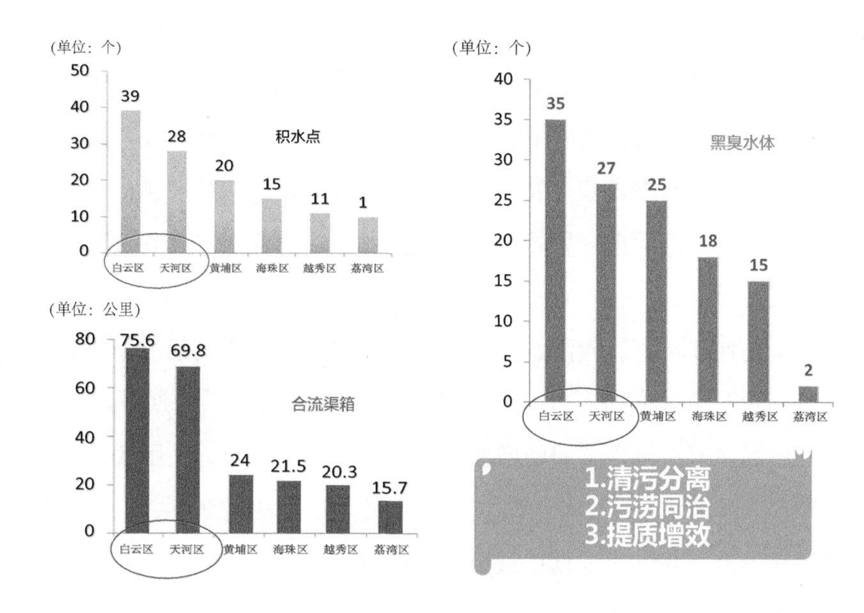

图 2-1　积水点、黑臭水体与合流渠箱的关系对比图

涌污染反复难治的局面。

五、末端治污的思路有什么局限？

雨污合流现状下的末端治污思路，是广州治水问题的另一个根源。末端治污的效果不佳，前面已经反复说过，为什么会如此？还需要分析深层原因。

在雨污合流的条件下，过去，广州治水主要依靠末端截污、末端补水、环村截污等方式，以末端治理为主要思路，以单一工程治水为主要手段。但是实际上截的污是混合的污水，就是说把雨水也截走了，所以在实施了大量截污工程后，城市水环境并未得到好转，还衍生出雨季溢流污染、污水厂进水量增加而浓度持续下降等新问题。一方面是地表水环境持续恶化，另一方面是投入大量资金后效益差，污水在河里，河水在污水厂里，末端截污的办法并没有取得理想效果。究其根源，就在于传统的截污模式无法解决雨污合流产生的种种问题。

首先是抓不住。现在广州大多数末端截污倍数设计标准偏低，通常按旱季秒流量的两倍进行设计，也就是说，当雨天河涌水量是旱季的两倍，河水就会通过末端截污堰向下溢流。而且截污闸一般比较死板，无法随内外水位变化适时调控，基本处于常开状态，形同虚设，结果就是一到雨季就溢流，水体污染严重。另外，排污管径固定，没有水位调节措施，也无法控制截污量。

其次是处理不了。截污系统没有调蓄空间，比如堰式截污井的堰顶通常高于河道日常水位，旱季应用没有问题，但在雨季洪水期河道水位升高，就挡不住河水倒灌。即使增加了拍门等防倒灌措施，使用效果也不太好。导致大量河水进入污水处理厂，污水处理厂无法应对时，也只好把多余的污水排出，并未实现真正意义上的减污。

此外，还存在一系列其他问题，比如截污位置选取不科学，有的受到拆迁及用地的限制，在水体下游粗放式截污；又如截污没经过系统规划，随意性强，有的区域设有太多截污点，增大污水厂压力，有的截污管网接头错位；再比如，有的截污井、拍门、截流闸设置不合理，该收的污水没收到，该溢流的雨水没溢流，还会导致城市内涝等。

只有观念正确，行动才能正确。

在 2017 年 5 月召开的广州黑臭水体整治与海绵城市建设高峰论坛上，广州工业大学环境学院教授罗建中表示，水体的治理不像工业治污，它是一个系统的工程。广州城市管道还不是很完善，管道污染直排河涌，造成黑臭水体问题比较多。黑臭水体整治相当于一个人得了重病，要开刀、吃西药，只有截污控制好了，黑臭水体才有条件修复。而截污必须从源头做起。

广州在治水中发现的一些突出问题，都用事实证明，单靠末端治污并不能解决问题。比如建筑红线内（企事业单位、住宅小区等）排水设施管理存在真空、排水户（尤其是村级工业园、餐饮企业等）管理不到位、源头（如部分城中村、农村）污水收集处理设施建设仍存空白、雨污分流不彻底、沿河违建直排现象突出、部门源头管理责任交叉等。而且污水管网存在产生公共危害性的风险，一旦出现破损渗漏、错接混接，就会对相连管网或周边环境产生不利影响，这并不单是产权人自身的问题，因此排水管理必须从源头到末端都进行统一管理。

所以《城市黑臭水体整治工作指南》指出，城市黑臭水体的整治应按照“控源截污、内源治理；活水循环、清水补给；水质净化、生态修复”的基本技术路线，其中控源截污和内源治理是进行其他技术治理的基础与前提。要解决好广州市的水问题，必须从源头抓起。

正所谓“行百里者半九十”，源头治污建设管理最难之处并不是一般人认为的挖路铺管，而是难在“最后一公里”，也就是如何对小区进行有效的排水管理。小区是连接排水户与市政管网的关键节点，要实现全市排水管网完整有序的管理，确保效果，必须把排水管理覆盖至小区，从源头管好雨污分流。目前广州正在推进排水单元达标创建，目的就是从源头开始，进一步优化雨污分流改造。这举措也是为了落实国家部委实现污水设施“全覆盖、全收集、全处理”的要求，落实政府的监管职责，实施系统性专业化的一体化管理，消除目前的管理空白，让排水管理实现全覆盖。也正因为这些初衷，广州市于2018年成立了广州城市排水公司，对排水设施进行统一规范管理。

但是新建小区还好说，在老旧小区或者城中村中，因为现实条件限制，管网建设非常困难，成为难点中的难点。广州在治水过程中一度采用“绕村截污”的方式，其背后原因就在于城中村管理不到位，建筑密集，排污混乱，进村铺设管网既缺乏空间，又得不到村民理解，其中的沟通协调和工程建设任务极为艰巨，往往需要穿墙凿户，阻力巨大。

硬骨头越难啃，越说明其重要。上文提到过的揭盖复涌的深涌中支涌，就是进行源头治理的典型案例。中支涌（珠村段）沿线有114幢房屋，存在大小513个排污口直排污水，通过一户一户做工作，进入居民住房中钻孔、撬砖等“笨功夫”，工作人员将这些排污口全部挂管迁改上岸，然后通过城中村截污纳管，将污水全收集接入污水管网，最终成功实现城中村雨污分流，彻底解决了污水直排中支涌问题，让中支涌在短短3个多月内发生了巨大变化。

在源头治理上，除了以黑臭水体为代表的水环境问题外，另一个不能忽略的重点是以“城市看海”为代表的城市内涝问题。

1990年之前，广州城市的排水系统基本上是先建设后规划，地上与地下没有同步进行。1990年之后，城市的发展要求排水系统从粗放式排水向精细化转变，改变原有雨污合流的局面。广州市排水系统在原有基础上，划分为雨水排水系统、污水排水系统、合流排水系统和防洪排涝系统，多采用重力自排的方式，依靠地势通过雨水管收集地面雨水，就近排入附近河涌。然而，随着城市建设发展，地表、地貌发生变化，加上原有地形限制，一些地势低洼的地带便成了“锅底”。“水浸街”成了大雨时城市的一道“风景”。

因此，广州在坚持源头治污的同时坚持污涝同治。按照海绵城市的建设理念，将内涝治理与溢流污染治理统筹考虑，从源头调节，以流域为体系，细化排涝单元，算清流域“大水账”，落实“上蓄、中通、下排”的治理思路。

六、依靠单一的工程手段为什么难以取得治水成效?

以往用了这么多技术，治水的成果仍较为反复，城镇污水处理效能依然不高，前文已经分析了各方面原因，如果再继续深挖，其底层的原因在于城市化进程过快产生的后遗症。

广州市域面积7434平方千米，常住人口超过1868万人。人口的急剧增加和聚集、工业化和经济发展、城市规模不断增大，造成生存环境恶化、资源短缺，水生态环境破坏，水污染问题突出。一方面，城市对快速发展有效应对不足，涉水基础设施建设跟不上，雨污合流成为污染的源头。另一方面，对城市建设管控不足，造成水环境的不断恶化；而治理体系不完善，治理不持续，缺乏长期管理保障，导致治理效果反复。同时，在城市里居住的人们，无论是管理者还是普通居民，对城市的快速发展适应不足，人们的思想观念、社会生产方式没有及时转变。这些都导致了广州治水的种种问题。

面对这些问题，广州就像一个生了病的巨人，最开始采用的是“头痛医头，脚痛医脚”的应急办法，表面看是对症下药，实际上是把复杂的问题简单化。希望一次投资不用维护就能一劳永逸地解决问题，希望只截污而不处理污染源头就能治好黑臭河涌。这些方法在实践中都已被证明行不通。

广州河网水系发达，中心城区共有大大小小 231 条河涌，由于历史原因，老旧城区基础设施结构性缺失太多，想在短期内完成改造非常困难。广州市人大代表、广州市社科院哲文所所长曾感慨，治水真的是非常艰难的事情，它具有几个特点：首先是艰巨性，无数的排污点涌进来，而且还不知道这些排污点在什么地方。其次是长期性，污染程度这么深，在短期内把它搞好是不可能的，治水其实应该跟刷牙洗脸一样，是我们每天生活的一个部分。最后是专业性、科学性，治水涉及很多专业知识。

所以想依靠短期项目、单一的工程，寄希望于大投入一次搞定，只能用“理想太丰满，现实太骨感”来形容。治水是一个耗资巨大且非常复杂的系统性工作，广州亚运会前后花大力气大价钱治理的河涌，在此后两三年，水质依然不稳定，丰水期的时候水好，枯水期的时候水差；晴天的时候水质不错，下雨的时候水又黑又臭，还有一些河涌的水质甚至出现了比较严重的“反弹”。

美丽中国应该对应健康城市，一个是外表美丽，一个是内在健康。就好比一个人内在有问题，非要让其短期内容光焕发，只能涂脂抹粉，要想真正实现表里如一，还得加强锻炼，保证内在健康。

城市治水是一个系统性工程，如果治标不治本，单纯地使用一个方法很难达到目的，应该从全流域统筹、系统化治理角度出发，实现污水处理提质增效，“污水入厂、清水入河”，并协同解决水环境、水资源、水生态、水景观、水文化问题，实现长制久清。要做到这一点，就要改变以前应急式的、短期化的、单一性的治水做法，从粗放式建设管理向“绣花”功夫转变，从短期项目向全周期管理转变。跳出改造自然的思维，以尊重自然、顺应自然为原则，从源头查找问题，在源头解决问题。跳出工程治水的思维，注重系统性与整体性，以系统治理、依法治理、综合治理为原则，完善体制漏洞，统筹解决问题。

2016年以来，正因为广州从“调水冲污”向“截污治污”转变，从“末端处理”向“源头治理”转变，从“工程优先”向“强化管理”转变，创新实施综合治理、标本兼治、重在治本的治水策略，才终于在城市黑臭水体治理和城市污水处理提质增效等方面走上了快车道，迎来了广州水环境的巨变。

第三章

一流的城市要有一流的治理

2018 年 10 月，习近平总书记在考察广东时，对生态文明建设作出重要指示，要求广东要深入抓好生态文明建设，统筹山水林田湖草系统治理，深化同香港、澳门生态环保合作，加强同邻近省份开展污染联防联治协作，补上生态欠账。习近平总书记明确要求广州实现老城市新活力，在

东山湖春色

综合城市功能、城市文化综合实力、现代服务业、现代化国际化营商环境方面出新出彩；抓河涌整治要见成效，治理后要能下去游泳。站在我市新一轮高质量发展的崭新起点上，我们要担负起建设美丽广州的职责使命，将治水统揽于奋力实现老城市新活力、“四个出新出彩”的工作部署，将治水融入全市改革发展大局，将治水与推动粤港澳大湾区建设、乡村振兴、产业升级、高质量发展等工作有机结合，为人民群众提供水清岸绿、河畅景美的生产、生活、生态环境。

第一节　为城市发展提供优质的环境支撑

21 世纪，城市特别是国际化大都市，在全球的经济发展中扮演着日益重要的角色。全球化和信息化从多个维度对世界经济、政治、文化、社会、生态环境产生了深远的影响，也极大地促进了城市的全球化发展。随着城市在全球化过程中的作用日益显现，世界各国的城市互联互通，形成了全球城市网络，这其中的关键节点是国际化大都市。从内涵和功能的角度来讲，国际化大都市是在全球经济网络或者全球城市网络中具有中心、支点、支配地位的城市。

一、为什么建设国际化大都市是广州的使命?

追溯世界主要城市发展历程，每次世界经济中心的转移，都伴随着城市的崛起。在工业革命时期，世界经济中心在欧洲，伦敦成为国际化大都市。第二次世界大战以后，随着世界经济中心转向北美，纽约成为国际化大都市。当前，尽管纽约、伦敦、巴黎等老牌国际化大都市在世界城市网络中发挥主导优势，但发展势头已趋于缓慢。自 2010 年爆发债务危机以来，欧洲还面临经济增长乏力、恐怖主义、移民问题、民粹主义泛滥、一体化受阻等一系列问题。除伦敦外，欧洲其余国际化大都市的重要性均在下降。随着世界经济中心东移、新兴经济体国际地位将迅速提升，城市经济综合发展实力突飞猛进，在全球投资、贸易和金融体系中发挥的作用也会越来越大。对于中国来说，建设一批中国的国际化城市，是中国参与全球竞争的紧迫选择，是关乎中华民族伟大复兴的重大战略。近代城市发展国际经验告诉我们，从航运中心到贸易中心，再从贸易中心到全球城市，是国际化大都市成长的普遍规律。广州有航运中心和贸易中心的悠久历史与现实基础，在经济、政治、社会、文化等方面也具备全球城市的基本职能。不同时间、不同维度的两份全球排名显示，广州在全世界的存在感一直在加强。[①] 向国际化方向发展，是广州城市发展的客观要求和必然趋势，也是广州参与全球竞争的必要方式。

国际化大都市是全球经济社会文化活动的制高点，建设国际化大都市

▶▶ 水清岸绿花地河

① 根据全球权威的世界城市研究机构之一 GaWC（全球化与世界城市研究网络）发布的《世界城市名册》和国际知名管理咨询机构科尔尼管理咨询公司发布的《全球城市指数报告》。

是当今世界共同关注的重大主题。国际化大都市的形成与发展与其所在的国家或地区的经济高速发展具有高关联性，同时也与其在全球经济发展中所处地位的提升有着必然联系。20世纪90年代以来，我国经济规模急速增大、经济实力不断增强、对外开放程度日趋加深，在世界经济中的地位和作用日益凸显。在此背景下，国内大中城市的整体竞争力提升和国际化程度深化，国内不少城市，如上海、广州、北京、天津、南京、武汉、深圳、厦门、大连、青岛、西安、成都、昆明等，相继提出了建设“国际城市”“国际大都市”“国际化城市”等发展战略目标。这些城市在未来发展中都有可能崛起成为国际大都市，但能真正与纽约、伦敦和东京相类似具有综合性功能、高层次国际化大都市也许只是极个别。国际化大都市发展于国际化，服务于全球化，一般具有以下特征：一是国际化，体现为全方位实现与世界融合，是国际城市网络中的重要连接枢纽。随着全球化加深，较强的国际化水平，即参与国际分工、利用国际资源、融入全球化进程的能力，体现了一个城市的对外辐射力和影响力，成为国际化大都市最为重要的标志，是真正具有“国际化”概念的城市。二是大都市，GDP总量和人均量都位居前列。国际化大都市要发挥国际经济、金融和贸易中心的作用，必须有相应的体量和容量基础，以强大的经济实力来实现其功能，发展的普遍趋势是总体能级提升和综合性发展迅速。三是现代化，体现在其便捷和联结的特点。城市的现代化改造，不仅使人流、物流更加高效，还使信息流流动更加迅速，带动整个城市的智力和创新能力提升。四是集聚化，体现出国际大都市的资源配置能力。国际化大都市能够在世界范围内聚集、激活和配置有效的资源生产要素，既拥有较强的吸纳外部资源的能力，又对全球其他城市具有较强的辐射力和控制资源的能力。五是创新力强，拥有超群的科技实力，创新资源高度集聚、创新成果转化率高、创新成果丰富。科技创新是城市发展的第一推动力，持续创新能力是国际大都市发展动力自我更新、城市功能自我升级、竞争优势不断塑造的核心标志。六是生态宜居，体现为对人们生活质量的关注。国际化大都市也一定是宜居城市，以全面、协调、可持续发展为目标，追求经济、社会和人的全面发展。可见，国际化大都市是一个综合性、革新性、功能性的城市发展概念，其形成符合城市发展历程，是城市发展的高级阶段。国际化大都市是全球经济、政治、科技、文化等多领域的战略高地，也是我国经济发展的重要增长极、扩大内需的重要抓手、参与国际竞争的重要平台，打造国际大都市是我国向高质量发展阶段迈进的重要任务。

二、如何认识广州国际化大都市的城市定位？

广州是我国古代海上丝绸之路发祥地、改革开放前沿地、中国的“南大门”和国家重要的中心城市，先天就带有国际化城市的基因。乘着改革开放的春风，广州社会经济全面迅速发展，1992 年综合经济实力已跃居全国第三位，全方位对外开放的格局已经初步形成。在此背景下，1993 年，广州出台《广州市十五年基本实现现代化总体发展方案（1991—2005 年）》，提出“到 2005 年，社会主义市场经济体制较完善，国民经济与世界经济相衔接；综合经济实力雄厚，经济、社会发展达到亚洲中等发达国家和地区平均水平；产业结构基本实现高度化，第三产业高度发达，三次产业协调发展；城市环境优美，基础设施完善；科技教育先进，人口素质有较大提高，城乡人民生活富裕；民主法制健全，社会风气良好；初步建成具有强大内外辐射能力的现代化国际大都市”。这是新中国成立以来，广州首次提出建设国际大都市的目标。亚运会之后，越来越多的世界级大会落户广州。2017 年《财富》论坛首次在广州举办、2018 年世界航线发展大会首次在广州举办、2019 年世界港口大会首次在广州举办……以 2019 年为例，广州举办了 69 场（次）国际重要会议会展，新增 6 个国际友好港、2 家驻穗总领馆、友好关系城市增至 82 个，广州计划到 2021 年，与 100 个以上的国外城市建立友好城市或友好合作交流城市关系。广州的国际“朋友圈”不断扩大，在国际舞台上愈发活跃，在全球城市体系中的地位进一步提升。2019 年 2 月，中共中央、国务院印发《粤港澳大湾区

美丽蕉门河

发展规划纲要》，要求广州“充分发挥国家中心城市和综合性门户城市引领作用，全面增强国际商贸中心、综合交通枢纽功能，培育提升科技教育文化中心功能，着力建设国际大都市”。时隔25年，广州再次明确国际化大都市的发展定位，城市发展进入新篇章。

三、为什么说生态宜居是广州迈向国际化大都市的内在需求？

把保护生态环境摆在更加突出的位置，将治水统揽于奋力实现老城市新活力、“四个出新出彩”的工作部署，让“水清岸绿、鱼翔浅底”重现，既是社会对广州的期望，也是广州迈向国际化大都市发展的内在需求，主要原因包括以下三点：

第一，以人为本、生态平衡、宜居宜业、文明创新，成为国际化大城市更高的目标。传统的现代性理念和国际城市发展中，经济发展占有绝对主导的地位，国际先进城市代表着财富的集聚、企业的驻地、商贸的中心。城市的经济发展，是城市发展的主要目标。因此，在20世纪国际化大都市的测度评价指标中，经济是占据主导地位的评价要素。在传统的国际化城市发展的模式中，城市的资源极大浪费，生态环境往往遭到不同程度的破坏。在全球化的推动下，世界形势发生了重要变化，各国高度重视节约资源、保护生态、关爱环境，人们对国际化大城市的认识也有了新的提升。国际化大都市的发展重点已经从单纯追求经济发展开始转向对人们生活质量的关注、对人民日益增长的美好生活需要的关注，生态平衡的宜居环境在城市发展中的地位日益提升，更注重城市社会功能的开发，更注意解决城市的公共服务问题，更注重以人为本、全面发展。城市功能由经济主导型或经济唯一型向综合平衡的更加社会化的功能转变，满足城市居民对美好生活的需求是国际大都市的使命，也是国际化大都市治理的应有之义。忽视环保和生态的发展，无视市民人文关怀和社会和谐的发展，不管未来的资源枯竭型发展，都是我们必须竭力避免的。随着全球化以及国际化大都市相关理论研究的深入发展，国际化大都市评价近十年来在世界范围内迅速兴起，并成为评价城市在国际化大都市坐标体系中的地位以及国际竞争能力高低的重要参照系。据知名咨询公司仲量联行的不完全统计，21 世纪以来各类国际机构相继发布的具有持续性的国际化大都市评价指数排名达 170 多种。从当前具有权威性代表性、受到广泛认可的评价体系来看，生态环境是衡量国际化大都市的重要评价指标之一，也是特大城市治理的风向标。总的来看，未来全球城市发展比拼的是城市的幸福感。除了更开放更高端、具有光鲜的经济吸引力以外，更宜居更美丽、具有独特魅力是广州迈向具有世界影响力的社会主义现代化国际化大都市的内在精髓和必然要求。

第二，国家对于广州的城市发展定位中，生态宜居是重要内容。城市定位是建立在对城市特色和核心竞争力识别的基础上的，城市目标愿景应深刻反映新时代、新征程中国家赋予广州的责任和使命。中华人民共和国成立以来，广州城市定位从广东省省会逐步提升为华南地区中心城市，再提升为我国中心城市。可以看出，国家对于广州的定位和要求广州承担的职责在逐步提升。2005 年，《广州市城市总体规划（2001—2010 年）》获得国务院批复，并提出“广州市的建设与发展要遵循经济、社会、人口、资源和环境相协调的可持续发展战略，转变经济增长方式，调整产业结构和布局，优先发展高新技术产业和第三产业，不断完善城市功能，逐步把广州市建设成为经济繁荣、社会文明、设施完善、生态良好的现代城市”。2016年，《广州市城市总体规划（2011—2020年）》获得国务院批复，并提出“《总体规划》实施要深入贯彻党的十八大和十八届三中、四中、五中全会及中央城市工作会议精神，认真落实创新、协调、绿色、开放、共享的发展理念，认识、尊重和顺应城市发展规律，坚持经济、社会、人口、环境和资源相协调的可持续发展战略，提高新型城镇化质量和水平，统筹做好广州市城乡规划、建设和管理的各项工作。不断增强城市综合功能，提高区域辐射带动能力和国际影响力，逐步把广州市建设成为经济繁荣、和谐宜居、生态良好、富有活力、特色鲜明的现代化城市”。2019年中共中央、国务院印发的《粤港澳大湾区发展规划纲要》，明确提出粤港澳大湾区发展目标，“到2022年，粤港澳大湾区综合实力显著增强，粤港澳合作更加深入广泛，区域内生发展动力进一步提升，发展活力充沛、创新能力突出、产业结构优化、要素流动顺畅、生态环境优美的国际一流湾区和世界级城市群框架基本形成”，并对生态文明建设提出新要求，“以建设美丽湾区为引领，着力提升生态环境质量，形成节约资源和保护环境的空间格局、产业结构、生产方式、生活方式，实现绿色低碳循环发展，使大湾区天更蓝、山更绿、水更清、环境更优美”。国家的定位、习近平总书记的叮嘱，对广州来说，既是压力，也是动力。对此，广州贯彻落实国家和区域战略，结合广州基础条件、资源禀赋与市民对美好生活的需求，践行生态文明理念，坚持生态优先策略，将生态保护作为城市开发的前置条件和基底，来谋划城市发展总体目标。坚持以人民为中心，以山水城田海为基底，以珠江水系为发展脉络，展现广州山水相连的生态特色，塑造依山、沿江、滨海特色城市风貌，建设山城相融、环境宜人、特色鲜明的岭南广州。2018年1月，中国共产党广州市第十一届委员会第四次全体会议召开，提出“面向2020年，我们要按照全面建成小康社会目标要求，突出抓重点、补短板、强弱项，坚决打好三大攻坚战，高质量高水平全面建成小康社会，建设实力广州、活力广州、魅力广州、幸福广州、美丽广州”。2月，通过了《广州市城市总体规划（2017—2035年)》，提出“美丽宜居花城，活力全球城市”的发展愿景。其中“美丽宜居花城”侧重于城市软实力，是在征集市民对城市发展意见的基础上提炼而成，集中体现了广州生态环境、城市风貌、城市特色和市民美好愿望。广州作为国际化大都市，应该拥与之匹配的水环境：河涌两岸绿树环绕，高楼大厦与河涌碧水相映成趣，滨水公园与亲水平台镶嵌在都市之中，人与自然和谐共生。

第三，由于经济发展阶段、工业化城镇化进程不同，与国际先进城市相比，生态环境是国内城市发展的突出短板。国际化大都市一般都是国内最大的经济中心之一，表现为国内生产总值占全国相当大的比重，经济发展处于国际先进水平等。但是，国际化大都市不仅是全球资源战略性配置的地方，同时也是全球充满活力、创造力并且尽显影响力和富有魅力的地方。当城市发展到一定阶段后，看得见的硬实力差距可能会缩小，但软实力对于促进城市升级、提升城市魅力的影响与作用却会越来越突出。典型城市，如纽约、伦敦和东京发展全面、综合，是其他城市难以相比的。这些国际大都市不仅仅是以金融、贸易和专业化服务为核心的国际经济中心，也是国际议程的控制和决策中心，以及国际文化与信息交流中心，同时还是能够满足居民需求，并吸引专业国际移民、技术人才、政府官员和外交官等的国际宜居之城（见表3-1）。

表3-1　四大湾区整体影响力指数得分与排名

湾区	湾区影响力		经济影响力		创新影响力		文旅影响力		宜居影响力		形象影响力	
	得分	排名	得分	排名	得分	排名	得分	排名	得分	排名	得分	排名
纽约湾区	0.527	2	0.423	2	0.358	4	0.816	1	0.543	2	0.494	3

续表

湾区	湾区影响力		经济影响力		创新影响力		文旅影响力		宜居影响力		形象影响力	
	得分	排名	得分	排名	得分	排名	得分	排名	得分	排名	得分	排名
旧金山湾区	0.563	1	0.409	4	0.506	1	0.432	2	0.614	1	0.853	1
东京湾区	0.325	4	0.412	3	0.451	3	0.255	4	0.407	3	0.100	4
粤港澳大湾区	0.466	3	0.634	1	0.494	2	0.291	3	0.297	4	0.615	2

资料来源：中国社会科学院财经战略研究院和中国社会科学出版社共同发布的《四大湾区影响力报告（2018）：纽约·旧金山·东京·粤港澳》。

从各大具有权威性代表性的城市榜单可以看出，纽约、伦敦和东京等全球公认的国际大都市在所有指标上都表现出色，发展的普遍趋势是总体能级提升和综合性发展迅速。而北京、上海和深圳等国内城市则呈现出硬实力表现出众，而非经济指标稍微落后的鲜明特点，“硬实力突出、软实力薄弱”是制约国内城市进一步发展的关键瓶颈（见表3–2）。

表3–2　四大湾区城市宜居影响力二级指标得分与排名

湾区	宜居影响力		经济基础		绿色环境		基础设施		宜居口碑	
	得分	排名	得分	排名	得分	排名	得分	排名	得分	排名
纽约湾区	0.543	2	0.360	2	0.658	3	0.832	1	0.323	3
旧金山湾区	0.614	1	0.667	1	0.671	2	0.464	2	0.654	1
东京湾区	0.407	3	0.213	4	0.966	1	0.448	3	0.002	4
粤港澳大湾区	0.297	4	0.333	3	0.122	4	0.128	4	0.604	2

资料来源：中国社会科学院财经战略研究院和中国社会科学出版社共同发布的《四大湾区影响力报告（2018）：纽约·旧金山·东京·粤港澳》。

建设国际化大都市是一个循序渐进的过程。随着全球化向深层次展开，处于主导地位的国际化大都市为满足内外部的各种需求，正与其他城市进行着激烈的竞争。当前国内城市纷纷提出建设国际大都市的发展目标，这些大都市要发展成为真正意义上的国际大都市，迫切需要以软实力的发展为支撑。由于气候变化与环境危机日趋严重，国际化大都市越来越注重城市的绿色生态环境，打造可持续发展的生态经济体系。健康优质的水资源、清新的空气环境，干净的土壤环境，一座环境优美、绿意盎然、环保休闲的可持续发展城市环境，将有利于国际大都市营造更加平衡、更高水平的聚居氛围。千年商都是广州的名片与标签，是广州建设国际大都市的历史起点。广州既有商贸历史文化积淀，也具备世界级的综合交通枢纽，并已经形成了一定的先进制造业和现代服务业基础，未来完全有条件、有可能在全球城市体系层级中向前一步、提升一级。伴随着改革开放以来经济社会的快速发展，广州生态环境保护压力也会日益加大，要推动广州生态环境质量达到国际先进水平，治水是重要的一环。然而，现实情况告诉大家，广州必然是负重前行。广州市是全国人口最稠密的城市之一。2019 年，广州市常住人口 1530.59 万人。其中人口最密集的越秀区，加上流动人口，人口密度超过 50000 人 / 平方千米。作为超大城市，具有人口密度大、建设强度高、生态压力大、经济基础强等特征。高密度的人口使得广州市的河涌水体环境负担重，黑臭治理工程措施落地难度大。广州历来高度重视治水，从 20 世纪 80 年代的新河浦涌和沙河涌整治，到 90 年代的珠江截污，再到“一年一小变、三年一中变、十年一大变”、亚运治水、全国全面打响污染防治攻坚战，取得了突破性、历史性进展。站在新的历史方位上，广州要坚持“绿水青山就是金山银山”的绿色发展理念，构建城市绿色发展新格局，实行最严格的生态环境保护制度，决战决胜污染防治攻坚战，在更高起点、更高层次、更高目标上推进治水工作，对标国际一流“跟跑、并跑、领跑”，着力推进水环境质量向国际一流迈进。

第二节　全面对标国际一流城市水环境治理标准

放眼全球，凡是经历过工业化或者人口快速膨胀的城市，几乎都经历过河流污染之痛，经历过河道黑臭、水体污染的治理改善过程。污染的原因几乎都一样，未经处理的工业废水、生活污水、农田排水以及其他有害物质直接或间接进入河流，超过河流的自净能力，引起水质恶化和生物群落变化。19 世纪中期，对于河流的生态修复率先兴起于欧洲，随后日本、美国等国相继开展了这一领域的研究，经过近两个世纪的研究与实践，在河流生态修复领域出现了很多值得我国借鉴的成功案例。美国芝加哥的芝加哥河、英国伦敦的泰晤士河、法国巴黎的塞纳河、奥地利维也纳的多瑙河等著名河道，都曾为摆脱污染奋斗过数十年甚至一个多世纪的时间。借鉴世界先进城市治水经验，吸取工业化和人口急剧增长给生态环境尤其是水环境带来的巨大破坏的教训，对标国际一流水环境治理标准，是广州在治水过程中不断思考的问题。

一、如何认识水工业管理体制革命的现实意义？

伦敦泰晤士河的治理成功，关键在于水务体制机制改革创新，被欧洲称为“水工业管理体制上的一次重大革命”。泰晤士河作为伦敦的母亲河穿城而过，将城市划分为南北两部分，能满足城市 2/3 以上的饮水和工业用水，其水资源的分配和水的质量尤为重要，泰晤士河的治理即是伦敦水污染治理的缩影。19 世纪之前，泰晤士河还是河水清澈，碧波荡漾，水中鱼虾游弋，河面禽鸟翱翔。但随着工业革命的兴起及两岸人口的激增，大量生活污水、工业废水未经处理直接排放到河流中，沿河两岸垃圾也随意堆放，致使作为重要水源地的泰晤士河污染严重，水质严重下降，肮脏的河水还成为沿岸疾病流行的祸首，成为世界上污染最早、污染危害最严重的城市河流之一。1858 年伦敦爆发“大恶臭”事件，使政府痛下决心

▶▶ 花地河景色

开始全面治理河流污染问题。为了解决泰晤士河污染问题，自 19 世纪 50 年代开始英国一直坚持泰晤士河污染治理工作。经过 150 多年的综合治理，特别是 20 世纪 60—70 年代的高强度治理，如今泰晤士河已成为世界上治理效果最显著的河流和世界上最干净的河流之一。伦敦泰晤士河污染治理为何能这么成功？

回顾治理泰晤士河的治理经验，主要包括十分重视相关立法，制定了水资源保护、污染源管控、水环境管理、水质监控等方面的法律、法规，实施了地表水和地下水取用的许可证制度；修建伦敦下水管道，建设污水处理厂，形成完整的城市污水处理系统；引入市场机制，发展沿河旅游业和娱乐业，实现水污染防治产业化，解决了城市河流污染治理资金不足的难题等。当然，这其中最为重要的创新举措是对治理体制进行改革，通过成立治理专门委员会和泰晤士河水务局，统筹治水，推动对泰晤士河流域的保护和管理从分散逐步走向协调和统一，从地方行政分割的局面走向对整个流域实行统一管理。将全流域划分成 10 个区域，合并了 200 多个管水单位，建成一个新的水务管理局——泰晤士河水务管理局。随后实行私有化，成立泰晤士河水务管理公司，对泰晤士河流域水量的采用分配、水污染防治、航运防洪以及生态的可持续发展进行全方位筹划与整治。政府则建立专业化的监管体系，负责财务、水质监管等，实现经营者和监管者的分离。

二、如何认识水务基础设施建设的基础作用？

芝加哥通过不断完善排水系统、水管建设、污水处理厂等治水基础设施，极大改善了城市面貌及卫生状况。19世纪下半叶是美国城市化高速发展时期，清洁的饮用水以及污水排放成为困扰美国城市发展的突出问题。芝加哥作为美国迅速崛起城市的代表，在这方面尤为突出。芝加哥位于密西西比河水系和五大湖水系的分界线上，东部毗邻北美五大湖之一，即唯一全部属于美国的湖泊——密歇根湖。由于人口的快速增长和城市的高速发展，再加上芝加哥独特的自然地理条件，为城市水环境带来巨大挑战。芝加哥地势低平，仅略高于密歇根湖湖面，地势低洼，雨水容易富集。在给水设施和排水设施都较为匮乏的时代，居民只能直接将污水、废水倒于地表，污水和路面垃圾极容易囤积且回流到水井中，水污染问题被认为是导致19世纪中期芝加哥霍乱与痢疾高发的主要原因之一。为了克服不利的地势条件，芝加哥通过不断完善排水系统和污水处理设施，在防洪和污染控制上取得了巨大的成功。芝加哥早在1858年就开始修建污水排放系统，这是美国第一个综合性排水系统，在工程实施过程中，为保证排水管道的正常铺设，芝加哥通过提高街道、建筑高度来保障排水管有足够的高度，利用地心引力保证排水。1910年，芝加哥城区开始逐渐建设污水厂，到1970年，建成当时世界上最大的污水处理设施。

三、“重新自然化”理念有何借鉴意义？

莱茵河也是治水的成功典范，尊重河流自然发展规律、基于自然的生态治理、注重工程和非工程措施的结合是最重要的治水经验。莱茵河是欧洲最繁忙、最重要的河流之一，对欧洲社会、政治、经济发展起着重要作用。在欧洲工业化进程中，莱茵河沿岸各国都对其进行了大规模的开发，采取了大量的工程措施，这些工程措施在给人类带来发展的同时，也使河流丧失了应有的水文活力，河流空间因此遭到蚕食，引发了许多不良结果。19 世纪下半叶后，莱茵河流域工农业快速发展造成了严重的环境与生态问题，莱茵河一度被称为“欧洲下水道”和“欧洲公共厕所”。治水初期对这些不良结果的治理依然是通过引入和采取新的工程性措施，如此便形成了恶性循环，水环境依然严峻。当意识到过多的人为作用对河流自然发展规律的破坏后，莱茵河流域治理开始探索从观念上的转变引导治理措施和治理目标的改变，注重工程和非工程措施的结合，更加注重维护、恢复河流的自然特性，在治理和开发过程中，尽可能减少采用截弯取直、固化河岸等快速但违反生态原则的传统手段，并将刚性堤防后退或去除，尽力维护、恢复河流的自然特性，如恢复河流的自然冲蚀、切变、淤积和蜿蜒等特性，对经过人工改造的河流实施裁直变弯、回归自然的改造措施，重新营造出接近自然的流路和有着不同流速带的河流。

对河道形态、河床断面进行“近自然化”的修复，重建河流与洪泛平原的相互联系，利用多种平面形态如河漫滩、湿地等，取代影响鱼类洄游的各种挡水措施，恢复河道的通达性，并起到调节水量、阻挡洪水的功能。此外，运用生物、生态工程的技术与方法，修复丧失的河岸带植被和湿地群落，保护、改善和扩大具有重要生态功能的区域，将治水目标转向更高质量环境的创建和生态系统服务功能的开发上来，为水生生物重建栖息地环境，提高生物多样性。历经多年努力，整个流域实现了人与自然和谐相处，治水过程中的“重新自然化”理念，将河流修复到接近自然的程度，很值得借鉴。

三江汇流

四、如何完善跨界河流的协同治理机制？

跨区域综合管理以及政府、组织与公众协同治理，使多瑙河成为“跨界”（跨越国界）流域治理的典型成功案例。多瑙河是世界上流经国家最多的一条河流，是一个典型的“跨界”河流，既包括欧盟成员国，也包括非欧盟成员国，既有议会民主制的西欧资本主义国家，也有处于社会转型期的原东欧社会主义国家。20世纪50年代到80年代，多瑙河流域修建了69座大坝及水电站，开发利用率达65%。然而，过度开采自然资源、修坝、筑堤等人类活动极大地破坏了多瑙河流域的生态环境，流域环境污染十分严重。水污染跨界治理是一个典型的公共池塘治理问题，需要有效的制度创新和政策创新。

回顾多瑙河的治理历史与成功经验，主要可以总结为两点：一是较为成功的全流域多边管理模式。双边合作机制、子流域多边合作机制以及整个流域层面的合作机制构成了多瑙河多元化的流域协调机制。1998年，为推动多瑙河流域水资源可持续发展，14 个多瑙河流域的国家和欧盟合作组成了多瑙河保护国际委员会（ICPDR），是欧洲最大的流域管理国际组织，以此作为主要平台，为整个流域统一行动提供支撑，推动流域治理以及可持续利用的“跨界”合作。由于其在污染控制、生态资源开发利用等方面发挥着重要作用，在河流管理上有着突出的表现，被授予享有崇高声望的国际舍斯河流奖。二是非常重视公众参与。多瑙河保护国际委员会确立“环境保护是多方参与才能完成的目标”理念，与各国政府组织、国际组织、非政府组织和科研团体合作，吸引众多不同类型的组织参与到委员会的工作中，以观察员的身份参与意见决策，确保多瑙河流域水资源管理是多方面的综合决策。同时，多瑙河保护国际委员会注重宣传多瑙河水管理面临的挑战和问题等，不断提高公众的环保意识。不仅成立了公众参与专家组，而且在管理规划草案出台后向公众发布，寻求公众意见，这一机制反向促进了多瑙河流域管理规划的顺利实施。目前，多瑙河流域的环境保护工作形成了政府、组织、公众三者协同治理与多元主体参与实践的局面，三者在环境保护中的社会动员作用得到充分发挥。多瑙河流域成功的跨区域综合管理以及政府、组织与公众协同治理机制，具有重要的借鉴意义。

五、如何通过水环境治理提升城市活力？

大阪将治水与治城融合，通过打造富有“亲水力”的国际水都，打造城市品牌、提升城市魅力，在全球城市竞争中拔得头筹。市内河道纵横，河流面积占城市面积的 10%，其市中心由 4 条河流所围绕，形成世界少有的“水上回廊”，是一座依靠发达的水运而发展成为地区经济和文化中心的城市。大阪人千百年来与水共存，傍水而生，因水而兴，大小桥梁加起来有 1400 多座，它们将城市和海水连为一体，在明治时期就被称作日本的“水都”。被称为“水都”的城市在世界上为数不少，但是像日本大阪这种被多条河流绕城中心形成长方形地形的却甚为罕见，有着这种“水上回廊”独特地形的大阪被世人称誉为“东方威尼斯”，拥有极高的世界知名度。大阪南部地区的标志，各色餐馆酒吧、鳞次栉比的繁华街“道顿崛”；公共设施完备、充满艺术气息的中之岛；被沟渠环绕、风景秀丽的大阪城；环球影城和海洋馆所在的港湾地区……这些观光胜地大多靠近河流或海洋。

19世纪以后，大阪作为近代工业城市，同样被大气污染和水质污染等问题所困扰。另外，人口增加、城市扩大、汽车量增加等问题也日益严峻。在这种情况下，大阪通过在日本率先出台煤烟限制规定等超前策略，以及开发优良环保先进技术等手段，克服各类问题，创造了如今的美好都市环境。大阪在提出建设水都之初，就积极对外交流，汲取全球经验，融入世界水都发展潮流之中。1990年，由大阪市首先提议，设立推进水都建设的国际组织——国际水都会议，成立的目的是让世界水都共享城市建设和更新过程中的新理念、新方法、新技术和新体系，向世界展示拥有显著特征的水都城市建设范本，通过定期召开会议深入交流迸发出智慧火花，让人与城市的联系更加紧密，创造新的城市文明。2016年11月，大阪市制定了“大阪城市魅力创造战略2020——加速形成全球创意城市和国际休闲城市”，指出要倾注大阪全力提升水边魅力，形成船只在“水上回廊”中交错、人们聚于水边休憩的水都大阪风景。具体举措包括三个方面：一是实施和推动了一系列提升城市魅力的水边项目，营造水边魅力空间，改善水边观光景观，打造水边地标，形成享誉全球的水与光结合的城市夜景；二是进一步激活船运，通过构筑共同航运体制和改善停靠环境，促进游船旅游产品的多样化，打造船只川流不息、休闲人群密集的大阪特色水都风景；三是举办塑造城市意象的活动，以水边为舞台向海内外传播水都魅力，以文化、体育、美食、活动等丰富城市夜间文化和旅游“菜单”，强化城市品牌建设。大阪市历届政府在采取政策措施提升城市魅力、推广观光旅游和弘扬城市文化时，均注重寻回遥远城市记忆中“水都”沿河而居、充满生气的风景，发挥市街水路网和水面空间的潜力，将大阪的水岸重塑为充满活力的热闹场所。

从治理时间看，泰晤士河与芝加哥河从“恶臭河流”到“干净清澈”花了100多年，塞纳河从污浊变清澈花了近50年，埃姆舍河恢复“水清、流畅、岸绿”花了30年，多瑙河治理花了20多年，由于有前面的经验可以借鉴，后面的河流污染治理成功所需时间缩短。从手段来看，通过系统梳理先进城市治水理念转变和治水手段发展过程，可以发现治水成功既有一些共同规律、共性经验，也要因地制宜、因时而变，对每一条河流、每一个断面进行全方位“会诊”；既要抓硬件基础设施，更要抓体制机制创新、强化制度供给；既要人工治理、科学治水，更要因势利导、服从自然规律，逐步恢复水体自净能力，恢复水生态自然循环、自然修复、自然调节功能；既要将治水摆在更加重要位置，更要把治水融入治城，统筹治水与经济社会发展；既要职能清晰、权责明确，更要注重跨区域综合管理、多主体协同治理；既要依法治水、制定并实施严格完备的法规体系，更要提高全民环保意识和爱水护水的综合素质；既要进一步强化政府在治水中的规划、建设、管理和监督职能，又要充分运用市场调节能力，并引导更

珠江上的龙舟赛

多社会力量参与“五水共治”，使政府与市场“两只手”协同发力、相得益彰。基于独特良好的水生态禀赋，广州通过将这些治理手段、治理理念、方式方法灵活运用于治水全过程，迎难而上、精准施策、真抓实干、勇于创新，探索出特大型城市治水新路径，为实现老城市新活力、“四个出新出彩”提供了强力支撑。

第四章

治水、治产、治城相融合

党的十八大以来，习近平总书记高度重视生态文明建设中的水资源治理与保护，围绕水生态、水安全、水环境等作出了一系列重要论述和重大部署。2013年11月，习近平总书记在党的十八届三中全会上指出："山水林田湖是一个生命共同体，人的命脉在田，田的命脉在水，水的命脉在山，山的命脉在土，土的命脉在树。"[①]2017年7月，习近平总书记主持召开中央全面深化改革领导小组第三十七次会议，强调坚持山水林田湖草是一个生命共同体。2021年3月，习近平总书记在参加内蒙古代表团审议时，再次强调要统筹山水林田湖草沙系统治理。2021年7月，习近平总书记在中央全面深化改革委员会第二十次会议上强调，要坚持山水林田湖草沙冰系统治理，严守生态安全红线。自2013年首次提出"山水林田湖是一个生命共同体"理念以来，通过"三北"防护林、天然林保护、退耕还林还草等重点工程，尤其是山水林田湖草沙冰生态保护修复工程的试点实践

① 中共中央党史和文献研究院编：《习近平关于总体国家安全观论述摘编》，中央文献出版社2018年版，第184页。

黄埔下沙村龙舟赛

和理论升华，丰富和拓展了这一理念内涵。这一理念是习近平生态文明思想的重要内容，为统筹山水林田湖草沙冰系统治理指明了方向，关系人与自然和谐共生。

广州地处岭南水乡，水系发达，河网密布。加强河湖治理，提升水安全、水环境、水生态保障能力，实现河畅、水清、岸绿、景美，是建设美丽宜居花城、活力全球城市的迫切需要，也是实现老城市、新活力的必然要求。传统技术性治水手段的治理效果不尽如人意，逐渐落入“头痛医头，脚痛医脚”“边污染边治理，边治理边污染”的恶性循环中，必须打破传统治水的思路，从源头抓起，从“根子”上解决污染源的问题，树立系统观，将治水、治产、治城有机融合到一起。近年来，广州及时转变治理思路，遵循治水、治产、治城相融合的工作思路，开展了一系列创新性的治理实践探索，取得了显著成绩。

第一节　山水林田湖草系统治理

山水林田湖草系统治理是习近平生态文明思想的重要内容，也是习近平新时代中国特色社会主义思想的重要组成部分。这个生命共同体是人类生存发展的物质基础，人与自然生命共同体组成了相互依存、不可或缺的共生共荣关系。只有把山水林田湖草沙冰系统治理作为重大民生实事紧紧抓在手上，对山水林田湖草等生态资源进行综合保护与修复，才能不断增强生命共同体的协同力和活力，推动生态文明建设迈上新台阶。

广州市在传统治水工作中，采取了沿涌截污、就地覆盖河涌、河涌末端截污、应急性的一体化污水处理设施、EHBR 膜、微纳米曝气、石墨烯、生态修复等技术性治理手段，投入了巨大成本。但结果表明，以上传统的技术治理手段收效甚微，水污染问题时有反复、城镇污水处理效能仍旧不高。

山水林田湖草沙冰系统治理重要论断，为广州市治水工作提供了新思路。

一、为什么要把开展河涌自然生态环境本底调查作为治理的基础？

河涌是城市水系空间的重要组成部分，也是自然生态系统的重要组成部分。除了对河涌本身生态系统进行保护、治理与修复外，还需要将河涌治理放置于整个生态系统中，对河涌所处地理环境、区域环境、生态系统中所处的位置有所掌握。因而，要实现河涌水环境的可持续发展，就需要对河涌的自然地理情况、水污染问题与源头等基础数据有清晰的认识，进而为水环境的综合系统整治提供参照。

将河涌放置于流域系统内考量，摸清河涌水域流经的自然地理概况，对河涌上下游、左右岸以及干支流的情况进行系统调查，理清河流所处的地理位置、发源地、流经区域，河流特征、流域地形地貌、地质土壤植被特征、水文气象和水资源特征，流域内历史自然灾害发生情况等。

对河涌生态环境情况进行专业调查，既要关注河涌生态系统格局，明确组成河涌生态系统的类型、数目及分布，组成河涌生态系统的群落特征、动植物组成、生态环境质量等；又要关注水质监测断面及水质类别、水功能区达标率、饮用水源地水质达标率，以及重要控制断面水质达标等情况。

此外，还要对河涌生态系统受威胁情况进行调查，包括入河排污口数量、入河排污量、重点水污染企业和工业聚集区情况，规模化畜禽养殖场、水产养殖场现状及污染治理情况，农药化肥使用、农业面源污染治理情况，进而识别主要威胁要素，尤其是污染源以及与人类生活生产经营活动相关的威胁要素的强度及分布。

二、如何在水环境治理中依据生态单元情况对症下药？

摸清河涌自然生态环境现状，查清污染源后，广州市采取遵循自然规律、依照生态单元情况分类施策的治理思路，对不同状态的河涌采取有针对性的治理措施。

第一，坚持“自然恢复为主，人工干预为辅”的方针，充分顺应生态系统自然演替规律，以问题为导向，设计基于自然的解决方案，科学选择保护修复措施。例如，在河涌内种植本地水生植物，通过水生植物、微生物原位削减污染物，使河道底泥逐步恢复生态，避免了大规模底泥清淤。

第二，充分考虑“山水林田湖草”多种自然要素的协同性和关联性，将同类型、同流域、同目标的相关工程项目进行整合，科学谋划、分区实施，避免工程布局碎片化现象，保障规划落实层面的整体性和系统性。因而，广州在治水管理体系上，在市、区、街镇、村居四级河长基础上设置九大流域河长，流域河长在市第一总河长、总河长的领导下，组织领导责任流域河湖管理和保护工作；并依托全市 19660 个标准基础网格，在河

（湖）长制工作中推行网格化治水，配备网格员、网格长并明确职责，形成以流域为体系、以网格为单元，全覆盖、无盲区的治水网格体系。在治水实践上，考虑河涌水流动力不足、调蓄空间被城市化建设侵占等情况，广州市也采取了重构河湖体系、打造全域水网联通格局的措施。例如，海珠区石榴岗水系通过疏通河道、清淤整治、重建河水闸，实现了河湖水系连通、群闸联控。

案例 4-1：海珠区石榴岗水系恢复水系连通、群闸联控

海珠区拥有丰富的河网水系，但近年由于受到城市化建设的影响，区内河、湖、洼地等调蓄空间逐渐被侵占，河网水系不连通，犹如“动脉硬化”病症困扰着河湖水质。为改善水系连通性，增强河涌及海珠湿地的水体置换能力，海珠区在石榴岗河、大围涌、大塘涌、上冲涌、杨湾涌、西碌涌 6 条河涌交汇处开挖出全市第二大人工湖——海珠湖，内湖水面面积 469 亩，形成了“一湖六脉”的水网格局。另外，对海珠湿地一、二期范围的南丫围涌等多条河涌进行清淤整治、疏通河道。重新梳理河湖水系后，形成了珠江—石榴岗河—海珠湖—海珠湿地—内河涌的河湖水系连通格局，增强河湖水力联系，极大改善了海珠区水生态环境。

“流水不腐”，为有效解决内河涌和海珠湿地水流动力不足和城市排涝安全问题，海珠区重新修建了石榴岗河水闸，水闸采用潜孔式平板闸，总宽 116.5 米，顺水流长度 111.0 米。石榴岗河水闸利用潮汐动力和合理开闸时间，最大限度转换河涌水体，水体经过一定时间沉淀净化后，再源源不断注入石榴岗河水系，成为海珠湿地的动力“心脏”。依靠珠江每日潮汐进行调补水等于“靠天吃饭”，如遇下雨或上游行洪，补水来源浑浊，水质各项指标则不理想。为解决调补水难题，海珠区深入贯彻落实习近平总书记“节水优先、空间均衡、系统治理、两手发力”的新时期治水思路，在开发利用非常规水资源上下功夫，会同广州市水投集团、中铁上海

工程局等机构加快建设沥滘污水处理厂尾水利用工程，经过紧锣密鼓勘察设计、技术攻关，不舍昼夜施工，仅 3 个月就实现了工程达标通水。沥滘污水处理厂一、二期尾水共 50 万吨 / 日，三期正式通水后将达到 75 万吨 / 日，处理达标后的尾水极大改善了河涌水质。珠江潮汐水体、石榴岗水闸与沥滘污水处理厂尾水为区内河涌和海珠湿地提供了多源补水路径，进一步稳定湿地生态系统，有效维护生物多样性，提升湿地品质。

三、为什么要提升河涌生态系统的自我修复能力？

要实现显著的治水成效，就要树立系统思维，将治水放置于生命共同体系统内，发挥山水林田湖草各种生态要素的协同治理作用，把治水与治山、治林、治田、治湖、治草结合起来，通过对自然生态进行系统的保护、治理和修复，不断增强生命共同体的活力。

（一）开展系统生态保护和修复，为河涌腾出生态空间

除了创新性推出“四洗”清源行动以保持河道清洁、帮助河涌修复生态系统外，广州市还大力推进河涌两岸违法建设清拆整治，为河涌水域腾出生态空间。“违建不拆、劣水难治。”河涌两岸建设用地占用、拥堵河网水系，餐饮及生活废水直排入河涌，不仅影响河道截污工程推进、骑压河道影响行洪排泄，更会破坏河涌景观多样性和均匀度，引起河涌空间连通性降低、生态系统破碎化等问题，造成河涌原有的水生态环境失衡、流域的生态系统结构和功能损坏与退化趋势明显。广州治水力度最大的工作之一就是对河涌两岸的违法建设坚决予以拆除，实现通道贯通，一方面，为河涌恢复自我修复能力腾出生态空间；另一方面，让河道两岸既有空间来建设城市绿道、碧道，也可作为汛期洪涝行泄通道，极大提升城市功能与品质。2016 年 8 月以来，河涌违建已拆除面积达 1300 多万平方米。

（二）发挥山水林湖草各生态要素的协同治理作用，提升河涌生态系统自我修复能力

传统的技术性治水，借助外部技术力量对河涌进行治理，往往只能达

到“治标”的目的，难以发挥水系的自身净化功能，进而难以从根源上改善水环境质量。基于此，广州市创新性地探索了河涌低水位运行的治理手段。在完成控源截污后，将河涌水位降低至水深0.3—0.5米，并利用污水厂布局优势，将污水厂尾水再生利用补入河涌，促进水体的流动，保持水体持续低水位运行。这样，一方面，避免高水位状态时河水倒灌排水口、增加流入污水处理厂的污水量，为雨水腾出调蓄空间；另一方面，较低的水位，使得阳光可透进河底，河道底泥在光照作用下进行生物分解，逐步恢复生态，还原河道原貌，河床自然长草，吸收底泥污染物，避免了大规模底泥清淤。此外，经专家指导，广州市在一些河涌河道两岸撒下草种，进一步丰富河道生态系统物种、推动河道生态系统加速恢复。由此，经过一段时间的自然作用，河涌生态系统逐渐恢复，水质改善明显，水草生长茂盛，鱼群嬉戏，形成环境宜人的亲水空间。沙河涌、车陂涌、大陵河等流域均采用了低水位运行的治理措施，成效显著。

案例 4-2：沙河涌治理

沙河涌是穿越市中心城区的重要排涝河涌，流域汇水面积34.3平方千米，干流全长14.14千米。

发现问题：开展沙河涌流域清污分流、“四洗”等工作后，仍存在河水水位高倒灌排水管道、河道淤泥沉积影响水质等问题。

解决措施：(1) 降低下游感潮段的景观水位（降低后上游水深在0.3—0.5米）；(2) 不再引珠江潮水补水（需耗费电及泵站运营、管理调度），以上游各合流渠箱的山溪水（3.5万立方米 / 天）和沙河涌上游京溪净水厂（8.5万立方米 / 天）的再生水为补水水源，促进了水体的流动。

整治效果：降低水位后，阳光可透到河床，一段时间后，河底开始长草，吸收涌底污泥营养物，河床逐渐变白，几个月后，呈现出水清、水浅、有草、鱼游的“鱼翔浅底”的景象。

沙河涌治理前

沙河涌治理后

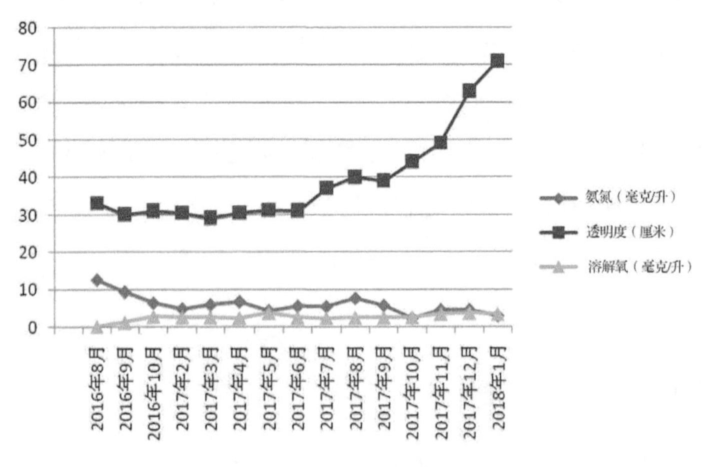

沙河涌整治后水质变化图

（三）以流域为体系核算水账，统筹推进污涝同治

第一，以流域为体系，优化城市污涝治理理念。广州水系发达，共有河涌 1368 条（5092 千米），湖泊 368 座，水域面积 754.5 平方千米，占城市总面积的 10.15%。仅将水治理聚焦于职责范围内的河涌，是难以实现水质的稳定改善与提升的，需要将河涌置于整体流域范围内。同时，广州处于粤中低山与珠江三角洲之间的过渡地带，整体地势由东北向西南倾斜，依次分为北部山区、南部滨海河网、中部高强度开发城区。三级地形中大部分地区地势平坦，水动力条件差，排水相对困难，容易积水、累积污染。针对广州本底特征，制定“强化滞蓄，确保净排，适度渗用”的技

术路线，充分利用河网水系，优化调度运行，遵循“上蓄、中通、下排”的治理思路，构建“上中下协调，大中小结合，灰绿蓝交融”的海绵体系。具体来讲，利用广州市河网水系发达、森林绿地众多、具有良好的海绵基底的基本特征，利用绿色本底实现源头净化减量；完善灰色设施确保安全有序排放；优化水系调度，发掘调蓄空间，实现错峰排放，发挥蓝色海绵作用。

第二，构建多种工程体系，提高流域区域联防调度管理水平。一是空库待蓄。充分利用水库、山塘、湖泊、绿地等调蓄功能，强化综合调度，做好工程达标加固，确保防洪调蓄设施能够按照设计标准运行。二是水系连通。构建江河湖库水系连通体系，通过疏挖淤积河道和断头涌，修建控制设施，形成可蓄、可引、可排和水深适宜的城市水系循环网络，提升区域水安全防御能力。三是蓄排结合。坚持高水高排、低水低排、涝水抽排。流域上游片区，依靠水库、山塘等蓄水滞洪，疏浚整治河道或新建截洪排水沟渠，高水高排。流域中游及下游片区，加固堤防，兴建水闸和泵站，利用涌容调蓄，根据雨洪遭遇情况，自排与抽排。四是科学调度。充分利用河涌水网密布优势，根据气象信息，把握潮汐规律，对水库、河涌、水闸、泵站、人工湖等有关设施调度，充分发挥河涌、湖泊的调蓄排涝功能，提高防洪排涝能力。

第三，科学规划，核算流域“大水账”。一方面，在雨季算安全账。针对广州市九大流域、105 个排涝片区、1368 条河涌、368 宗水库、八大湖泊及众多山塘、坑塘、水闸泵站等现状水利设施调蓄能力进行评估，算清流域“水账”，制订预泄、预腾空计划，科学调度，保障城市防洪排涝安全。另一方面，在旱季算生态账。针对不同河涌类型（感潮、非感潮）计算生态需水量，确定生态补水方式及水量，对生态基流不足的河道，优先考虑利用处理后的尾水进行补水。例如，位于海珠区东南部的海珠湖、海珠湿地及周边河网水系，总面积约 11 平方千米，雨季通过群闸联控，预腾空调蓄容积 200 万立方米，有效解决周边 50 平方米城区内涝问题，

双岗涌

旱季利用潮汐实现水系联动，并同步利用湿地净化，可有效提升该区域水质。

第二节　推动形成绿色发展方式和生活方式

习近平总书记指出："保护生态环境，要更加注重促进形成绿色生产方式和消费方式。保住绿水青山要抓源头，形成内生动力机制。要坚定不移走绿色低碳循环发展之路，构建绿色产业体系和空间格局，引导形成绿色生产方式和生活方式，促进人与自然和谐共生。"①广州市遵循习近平生态文明思想，除了系统开展治水工作外，还将治水与治产、治城工作相融

① 中共中央文献研究室编：《习近平关于社会主义生态文明建设论述摘编》，中央文献出版社2017年版，第31—32页。

合，倡导通过调整优化产业结构形成绿色生产方式、开展城市更新优化城市景观形成绿色生活方式，以实现优质水环境的可持续发展。

一、如何通过对污染源的治理实现治水与治产的融合?

习近平总书记在中央财经委员会第六次会议中强调："要坚持以水定地、以水定产，倒逼产业结构调整，建设现代产业体系。"[1]河涌主要污染源之一是工业废水，因而，从根源上对污染源头进行治理，才能真正改善水环境质量。广州市统筹规划，在各区建立"区委领导、街道主抓、部门联动、社会参与"工作体系，坚持"全覆盖、零容忍、严执法、重实效"工作原则，整合科工商信、水务、生态环境、城管、市场监管、公安等部门及属地街道力量，重拳整治"散乱污"企业，优化提升河道水网环境，为流域实现"腾笼换鸟"打下良好生态环境基础。

（一）重拳出击，出台一系列工作方案

2017 年 9 月，广州市印发《广州市人民政府关于清理整顿重点河涌流域"散乱污"场所的通告》，要求全市各区开展"散乱污"场所清理整顿工作，2019 年 12 月底前，广州市要全面完成 187 条重点河涌流域、流溪河流域、东江北干流及珠江广州河段河道管理范围"散乱污"场所的清理整顿工作。2018 年 5 月，广州市印发了《广州市水污染防治强化方案》，其中对于 2018 年各区"散乱污"场所清理整顿下达约 2.98 万个量化目标。同月，按照工作部署，广州市环保工作领导小组办公室印发了《广州市 2018 年深入开展"散乱污"场所排查工作方案》。

（二）精准治理，运用大数据筛查"散乱污"场所

广州市工信局会同广州供电局建成"散乱污"场所大数据监控系统和信息报送微信小程序，整合用电等数据信息，用大数据手段对各区、街

① 《抓好黄河流域生态保护和高质量发展大力推动成渝地区双城经济圈建设》，《人民日报》2020 年 1 月 4 日。

镇、村、工业园区的用电情况进行统计、分析和监测，并将使用情况异常的名单及时推送至各区街镇进行核查处理。结合“网格化”治水的思路，落实各区政府的属地管理责任，以街镇为落实责任主体开展“散乱污”场所清理整顿工作。大数据平台筛查出的疑似清单，由街镇相关负责人直接通过手机小程序“领取任务”。

（三）对症下药，分类处理“散乱污”场所

考虑到就业、民生等实际情况，对“散乱污”场所不能搞“一刀切”，广州市主要采取“关停取缔一批、整合搬迁一批、升级改造一批”的整治措施，根据场所具体情况分类施策。其中，对于搬迁后留下的物理空间，鼓励采取引入新产业、打造艺术空间或众创空间等途径进行转型。例如，海珠区瞄准现代化中心城区发展定位，聚焦高端高新产业，推动石溪片区融入海珠创新湾建设，制定《海珠区产业发展规划(2018—2035年)》，重点发展新一代新兴技术、科技服务、高端商务，培育以智慧医疗、人工智能深度学习为特色的新兴产业集群，打造集聚前沿技术创新人才的战略型新兴产业创新区；推动石溪片区约10万平方米村社集体物业升级改造，建成东篱创新谷、广州佰达1号汇创创意

细陂河

园等科创园区，引入贝海医疗、花生空间等科创企业，推动片区产业升级，助推所在瑞宝街 2019 年上半年五大行业 GDP 增长 15.5%，地区经济实现“逆生长”。

二、如何实现水环境生态价值、社会价值与文化价值的统一？

良好的生态环境是最普惠的公共产品，已经成为社会共识。将良好的生态环境作为公共产品向全民提供，既体现了执政为民的治国理念，又符合生态文明建设要求。依托优质水环境生态资源，完善便民基础设施，打造优质水生态公共产品，不仅能造福百姓、为民众提供休闲娱乐的公共空间，也可以结合文化资源、产业发展，激发绿色经济发展活力，将水生态公共产品的生态价值转变为社会效益和经济效益。

（一）依托优质水环境生态资源，打造水生态公共产品

在原有绿道与黑臭水体治理成果基础上，广州优先贯通 2000 千米水岸空间，巩固水质环境，完善两岸便民设施，布设休闲、体育、娱乐、科普、文化、创意等多元功能，形成与岸边城市功能带互补互融的滨水公共空间带，拉通全市游憩系统一张网，形成 9 条碧道特色主题游径，串联 6 类 220 处最能体现“广州味道”的文化资源、生态资源和活动空间，为市民和游客提供休闲娱乐场所。例如，阅江路碧道首创“五道合一”，实现水道、漫步道、慢跑道、骑行道、有轨电车等“五道”无障碍贯通，并打造儿童活动空间。同时，通过碧道将大元帅府、第一次全国劳动大会旧址、洲头咀抗英纪念碑、志愿者公园、邓世昌纪念馆、南头难民营（监狱）遗址等一大批散落的红色文化资源串联起来，计划在五年内实现 43 千米环岛碧道全线贯通，直达海心沙、二沙岛及中共三大会址。由此，广州市将生态公共产品的生态价值进一步发掘，转变为具有社会价值、经济价值的文化产品。

（二）树立“大绿色经济”理念，将其生态价值转化为社会经济价值

习近平总书记指出：“绿水青山既是自然财富、生态财富，又是社会

财富、经济财富。”[①] 水环境治理也应当立足长远，与产业规划相结合，依托优质的绿色公共空间，发展绿色经济。例如，阅江路碧道地理位置优越，位于广州人工智能与数字经济试验区琶洲核心片区，经过前期水污染治理、堤岸防洪改造、水生态修复、沿线景观提升、生活配套完善，为生活、创业提供了优质的生态环境。由此形成以广交会为代表的高端会展区、以琶醍为代表的休闲娱乐区、以香格里拉酒店为代表的高端酒店区，腾讯、阿里巴巴、小米等互联网总部企业，广州互联网法院、人工智能与数字经济广东省实验室等项目纷纷选择在此落户扎根。阅江路碧道强大的生态活力点燃了发展新机，进一步带动企业、人才、游客集聚，带来巨大的生态效益、社会效益和经济效益。2020 年 3 月 31 日，全面加快广州人工智能与数字经济试验区建设动员活动成功举办，涉及琶洲核心片区项目 66 个，合计总投资 1446 亿元，全部达产预计营业收入 3000 亿元。预计到 2025 年，琶洲地区营收将达 5000 亿元。从化鸭洞河碧道，结合特色小镇同步建设，盘活闲置滨水产业资源；蕉门河碧道打造现代都市城市客厅和多元化“碧道 +”产业群落，形成“碧道 + 体育赛事”格局。

三、如何通过城市更新实现治水与治城的深度融合?

广州原中心城区公共排水设施采用“市、区两级 + 雨、污分割”管理模式，造成排水设施系统性不强；管网维护管养不统一、截污方式不合理，大量外水进入管网，挤占管网空间，导致污水厂、网效能不高、雨季溢流、内涝现象突出。广州市坚持治水与治城深度融合，把城中村截污纳管、排水单元达标创建、合流渠箱雨污分流、海绵城市和碧道建设等水环境治理工程与城中村、旧工业区、旧厂房等更新改造和综合整治紧密结合，一体化推进规划建设管理，最大限度避免市政重复建设和水体重复污染。

---

① 《习近平谈治国理政》第三卷，外文出版社 2020 年版，第 361 页。

2019年9月，广州市水务局、生态环境局、发改委联合印发《广州市城镇污水处理提质增效三年行动方案（2019—2021年）》，要求着力强化排水户源头管控，全面提升公共排水设施精细化管理水平，加快推进污水收集处理设施的建设和改造。提升污水处理厂的进水浓度，可以让污水处理系统发挥更高效率，节省大量社会资源，减少河涌污水溢流，减少碳排放。但是，广州市污水处理系统总体上存在起点低、改进难度大等问题，污水处理提质增效行动迫在眉睫。

第一，成立“提质增效”专项工作小组。针对辖区的污水处理系统，成立“提质增效”专项工作小组，负责统筹协调各部门联动，制定“一厂一策”，督促开展各项工作。市、区两级建立奖惩制度，每个系统、每个片区都要设立提质增效负责人，定期考核：浓度提高，给予奖励；浓度降低，给予惩罚。

第二，市、区排水公司实体化运作。城市排水公司作为公共排水管网运营管理主体，实现了中心城区公共排水设施一体化管理。排水管网权属单位为政府，排水公司主要通过特许经营模式对管网进行维护管理。排水公司主要职责有：一是负责中心六区公共排水设施的日常运行、巡查养护、维修、更新改造等排水类专项治理及防汛工作，对中心六区排水设施的年度建设计划提出建议；二是受市政府委托，负责对中心六区“排水许可证核发”等行政许可进行技术审查、配合中心六区涉排水非行政许可事项办理、污水处理费征收等工作；三是负责排水设施专业化信息系统建设，配合开展违法排水执法工作。参照市排水公司，区排水公司开展实体化运作，组成专业的管、井、泵站等排水设施管养队伍，专职专岗推进提质增效，实现污水处理“专业人做专业事”，弥补政府精力不足、外包企业不专业等缺陷。截至2020年年底，市、区排水公司已全部投入实体化运作，到位员工人数约3400人，累计接收管理排水管网约21292.73公里，正积极开展排水管网日常管理养护以及推进排水系统提质增效工作，有效保障广州市排水设施安全稳定运行。

第三，建立“厂、网、河”一体化管理。污水进水浓度低表现在厂，问题实则在管网，外水来源于河。推进污水厂收集范围内“厂、网、河”一体化管理，才能实现管网低水位、高浓度。运用信息技术，把污水厂、泵站、污水管网、相关河涌的静态信息（位置、流动方向、设计参数）和动态信息（水质、水量、水位监测数据）放在“一张图”上，通过综合分析，找出浓度低、水位高、水量大的重点整治区域。同时，通过控制相关水闸开合的方式，降低河涌水位，摸清沿岸污水管网排污情况。

第四，推进“排水单元达标”建设。开展支涌整治，清理整顿支涌和边沟边渠违章建筑，精准收纳排水户的污水，恢复支涌支渠的河涌功能，撤销截污闸，实现水系连通，使生活污水应收尽收，实现清污分流；腾出空间埋污水管，取消涌边挂管、涌底管，消除河水倒灌隐患。对于可以进行揭盖的地方尽可能揭盖复涌，不能揭盖的合流暗渠应该在合适位置设置检修口，然后逐个治理合流渠内的排污口，将污水全截走，实现清污分流。首先，根据水质、水量、水位的监测结果划定病害范围；其次，封堵管道上下游逐段排查；最后，采用电子潜望镜（QV）、管道电视（CCTV）等设备找出管网漏点，开展修复工作。全面推进全市“排水单元达标”建设，以排水单元为单位，落实区域雨污分流改造，使雨水在单元内有序滞、蓄、排，根据地形条件，尽量做到雨落管断接，污水走地下、雨水走地面。

案例 4-3：猎德污水系统提质增效

猎德污水处理系统污水处理能力为 120 万吨 / 天；服务面积约 136.2 平方千米，流域内人口约 117 万人。

发现问题：整治前，存在管网高水位运行、外水进入、进厂污染物浓度较低、片区内有 16 条黑臭水体等问题。

解决措施：管网错混接整改、合流渠箱清污分流、洗井洗管。

整治前

整治后

表 4-1　猎德系统南蛇坑涌清污分流前后水质变化表

断面位置	检测时段	透明度 CM	氨氮 mg/L	溶解氧 mg/L	氧化还原电位 Mv/h	COD mg/L	总磷 mg/L
南蛇坑村	施工前	20	4.46	4.48	123	59.3	0.69
	施工后	50	1.17	5.42	85	22	0.27
广弘公司、苏庄村	施工前	27	24.8	1.88	-42	179	1.04
	施工后	40	2.86	4.4	51	28	0.47
南蛇坑暗涵	施工前	16	22.9	1.53	-126	165	2.07
	施工后	42	2.91	4.96	54	23	0.42

整治效果：一是提质增效效果显著。猎德污水厂进水 BOD 浓度提升约 50 毫克 / 升，提升幅度约 35%。二是河涌水质得到明显改善。

结合“三旧”改造优化区域功能，提升人居环境城市环境质量，关乎人民群众社会活动的舒适程度。努力改善城市人居环境、提升民众生活质量，一直是城市管理者的追求。“三旧”改造通过建筑物外立面修整、管网水电基础设施修复完善，可以在物理空间上有效减少污水流入河涌，优化区域环境品质。

旧城镇、旧厂、旧村由于历史原因，往往存在环境脏乱差、管网水电等基础设施不健全问题，导致生活污水、餐饮污水、径流污水等未经处理直接排入河涌，极大影响水环境质量。为全面改善城市风貌、提升人居环境、解决黑臭河涌污染源问题，广州市积极推进“三旧”改造工作，主要包括全面改造、微改造和混合改造三种类型。全面改造，是指以拆除重建方式对“三旧”用地进行再开发，或者对“三旧”用地实施生态修复、土地复垦；微改造，是指在维持现状建设格局基本不变的前提下，以改变功能、整饰修缮、完善公共设施等方式对“三旧”用地进行综合整治；混合改造，是指全面改造和微改造相结合的类型。通过改造，极大改善了城中村、旧厂房的管网水电等基础设施和卫生环境，进而也在很大程度上减少了污水对河涌水质的污染。

四、如何通过推进城市景观优化将治水与治城相融合？

习近平总书记在中央城市工作会议上的讲话中指出："城市建设要以自然为美，把好山好水好风光融入城市，使城市内部的水系、绿地同城市外围河湖、森林、耕地形成完整的生态网络。要大力开展生态修复，让城市再现绿水青山。"[①] 水环境景观是城市景观空间的重要构成，既展现着城市的自然风光、人文风貌，又蕴含着生态修复、观光休闲、科普教育和健身乐活等多重功能，具有较高的公共性和开放性。因此，广州市遵循治水与治城相融合的理念，依托水环境，进行生态空间、体验空间、文化空间及植物空间的优化设计，努力构建"人—水—城"和谐共生的城市水环境景观空间。

（一）高质量谋划推进千里碧道建设，让城市再现绿水青山

广东省在2018年6月8日首次提出建设水碧岸美的万里碧道，在南粤大地打造碧水清流的生态廊道，成为老百姓的美好生活去处。广州千里碧道规划以水系为纽带，统筹山水林田湖草沙冰等生态资源，形成北部山水、中部现代、南部水乡三大片区多个节点的千里碧道布局。截至2020年年底，全市已建成513千米渠道，计划2022年年底建成碧道1000千米以上，到2035年力争建成碧道2000千米以上，最终形成"千里长卷，最美广州"。广州市以碧道建设为引领，统筹全市防洪排涝设施建设和黑臭水体治理。

第一，堤防达标加固。北部地区的白云、花都、从化主要大江大河为流溪河和"两涌一河"（西南涌、芦苞涌、白坭河），主要防洪整治重点为支流河涌整治。中部地区的东江北干流、西福河、增江，规划进一步完

① 中共中央文献研究室编：《习近平关于社会主义生态文明建设论述摘编》，中央文献出版社2017年版，第67页。

善防洪工程建设；西航道等珠江干流河道，目前堤防建设基本完成，部分江心岛堤防尚未完善，规划对江心岛等未达标堤防进行加固达标和重建，确保防洪安全。南部地区规划重点为完善江堤和海堤的防洪（潮）体系，确保广州新城区的防洪（潮）安全。

第二，推进水系整治。北部地区结合“山、水、林、果、泉、湖”的景观特色，保护成片农田、生态绿地、生态公益林区、自然保护区、森林公园、郊野公园、湿地公园、水源保护区等自然生态空间。中部地区着重持续改善河涌水系水环境，保护和利用好众多的江心岛屿，维育好海珠湿地等生态空间，严格控制珠江沿岸的城市开发，着重优化珠江两岸天际轮廓线。南部地区着重保护和合理开发利用滨海河道岸线，科学规划生产岸线、生活岸线、生态岸线，增加滨水空间的开敞性，建设布局开敞、特色鲜明的滨海城市。

第三，优化河道护岸。北部地区尽量保持河流原有的走势和生态格局，采用放坡的梯形断面，分一级、两级或多级斜坡，采用稳定形式的植草护坡，防止河岸冲刷，保护水安全。中部地区维持现有堤防标准，挖掘滨水空间，增加亲水观水水岸空间，局部考虑下沉亲水广场或出挑，增加岸线亲水性。南部地区采用生态护岸，建设海绵城市。考虑河网水系特点和潮汐影响特点，采用具有水系特色的生态护岸。区域建设应体现海绵城市中的蓄、排等理念，避免过度填埋水面，不得擅自占用蓝线内水域。

（二）加强城市园林绿化建设，提升城市宜居程度

广州中心城区中，老城区建筑密度高，建筑、路面等不透水地面占的比例较大；新城区按新的城市规划标准建设，建筑密度相对较低，地面硬化程度也相比老城区较低。市域现状城市综合径流系数为 0.56。城市内涝及水污染问题突出（主要集中在中部城区），季节性缺水和水质性缺水情况严重。这就需要充分发挥中心城区公共空间的绿地生态作用，构建安全、弹性、生态的城市水空间，确保水资源丰沛、水安全可靠、水环境优良，承载城市发展。

城市公共空间，是城市居民进行公共交往、开展社会生活的载体，既包括山林、水系等自然环境，也包括公园、道路、停车场等公共基础设施。公共空间建设的质量直接影响人民群众的生活满意度。城市中的森林公园、湿地等绿色公共空间，是城市周边最具美学和生态价值的自然斑块之一。现代化、人工化的都市景观与充满自然气息、野趣的森林公园、湿地共同构成城市的人居环境。广州市一方面致力于城市绿色公共空间品质提升，通过发挥广州城市绿地生态多样性的优势，打造高质量的、具有广州地域自然特色的公共敞开空间；另一方面重点完善城市公园、森林公园的景观和服务设施，为民众营造环境优美、设施健全的户外休憩、健身、社交空间，致力于建设美丽宜居城市。例如，海珠湿地公园总面积 11 平方千米，是全国特大城市中心区最大、最美的国家湿地公园，名副其实的广州“绿心”，发挥着调蓄水量、健身休闲等重要生态价值和社会价值。

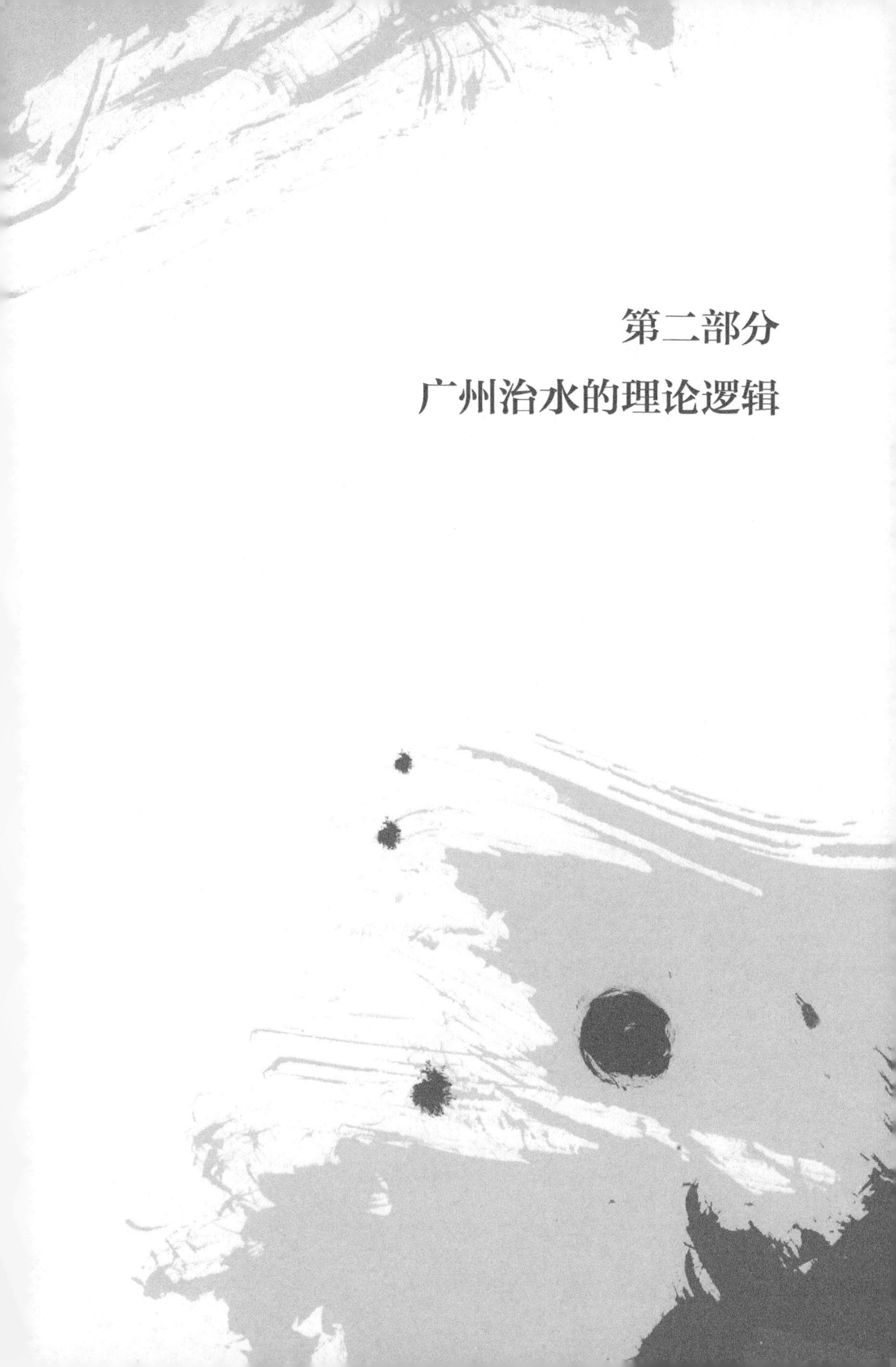

第二部分

广州治水的理论逻辑

第五章

广州治水的系统治理理念

“坚持系统观念，需要加强前瞻性思考、全局性谋划、战略性布局、整体性推进。”① 在习近平生态文明思想的指导下，广州意识到治水并不是单兵突进就能解决的问题，而是要与治产、治城有机融合起来，要以生态管理和系统治理的理念去解决河涌黑臭和内涝问题，要从原来以工程为主的思路转变为系统治理、生态治理、社会治理的思路。

伴随着社会经济的快速发展，城市化、工业化交替演进，广州市水问题交错交织，其治水难度和复杂程度，即使在全国范围内也不多见。在走过了很多弯路、做过了各种尝试之后，广州市迎难而上，面向粤港澳大湾区重塑云山珠水新活力。凭借着身为改革开放前沿城市所惯有的真抓实干、勇于创新的精神，终于探索出一条成功的治水之路，河湖面貌焕然一

① 《〈中共中央关于制定国民经济和社会发展第十四个五年规划和二〇三五年远景目标的建议〉辅导读本》，人民出版社2020年版，第189页。

新，逐步形成水环境治理的“羊城模式”，为解决老城市和特大城市水环境污染问题树立了典范。

2013 年，广州市首次公布广州市部分河涌监测数据，全市 50 条河涌当中，有 39 条河涌水质为劣Ⅴ类，仅有一条河涌水质达标。而到了 2020 年年底，广州市列入国家监管平台的 147 条黑臭水体已全面消除黑臭，数量位居全国第二，成功获评首批国家黑臭水体治理示范城市；9 个水体国考断面全部稳定达标；车陂涌、双岗涌、景泰涌整治入选全国治水典型案例；全市污水处理能力达到 766 万吨 / 日，跃居全国第二；广州市河长制湖长制工作连续两年获得国家督查激励，白云区成功入选 2019 年全国 10 个河长制湖长制激励市县……

更重要的是，广州的治水成效终于得到了市民的认可。2019 年广州市统计局民调结果显示，市民认为在建设美丽宜居花城过程中，工作成效最为显著的就是黑臭河涌治理，位列各项工作第一位。

如今的广州，天更蓝、水更清、地更洁、城更美。

河涌治理见成效

之所以能有如此亮眼的成绩，与治水理念的转变密切相关。在系统治理理念的指导下，广州以河长制为主要抓手，团结一切能团结的力量，压实责任，精准施策，从“源头—过程—末端”全流程、多角度全面开展治水工作。建立长效管理、责任机制，坚持污涝同治、大小同治，倡导“开门治水，人人参与”，形成了政府主导、社会协同、公众参与、全民群治、水陆共治的“共建共治共享”治水新格局。

第一节　治水的全生命周期管理

一、治水到底要治什么？

治水到底要治什么？看起来是个简单的问题，但对这个问题的认识，实际上决定了治水思路，进而左右了治水路径，最终影响到治水成果。思路决定出路，格局决定结局。广州正是在对这个根本问题转变了认识，才转变了观念，改变了治水方法，取得了水环境治理的历史性胜利。

广州对这个问题的回答是：治水治理的对象实际上是被人污染之水，而非自然之水。“问题在水中，根源在岸上。”悠悠河水，涓涓流淌，默默无语，又有何罪？说到底，水污染是社会问题，同人的思想意识、社会生产生活方式息息相关，治水最终要回归到治人。治水要作为社会治理问题来抓，以“共建共治共享”的理念来推进，最终形成全社会的共同行为。所以说，治水先治人。只有人的思想改变了、行为改变了，水环境才能得到彻底扭转，才不会花大钱打水漂，出现反反复复的治水循环。

广州总结过去十几年的治水经验，总结走过的弯路，转变工程思维方式，提出了系统治理、生态治理、社会治理的理念。

水污染主要涉及黑河、臭河、垃圾河这“三河”污染，污染来源包括生活污水、工业污水、禽畜水产养殖、生活垃圾和工业垃圾、农业面源污染等。对城市建成区的河涌来说，最主要的污染来源是生活污水，因此广州市区黑河、臭河、垃圾河的出现，表面原因是污水收集处理系统没能真正发挥效能，背后是管理缺位，以及涉水基础设施建设与城市发展速度不匹配；深层次原因则在于社会治理能力和人们的生产生活方式没有及时转变。

面对这些成因，广州的治水分两步走。

第一步，在水环境治理初见成效阶段，需要解决的是管理缺位和基础设施不完善的问题，通过大力开展污水系统提质增效工作，提高城镇污水处理厂进水浓度和城镇生活污水收集率，使“污水进厂、清水入河”，实现城市水环境、水生态的不断提升。

第二步，在“长制久清”阶段，除制度建设之外，还要普及文化和教育，靠制度管住现有，靠文化管住长远。所谓“治水先治人”，就是要用生态管理的理念，把人类无序的排污行为变成有序的，把对自然的破坏变成可控的，把对生态的影响变成可接受的。全社会形成环保价值观，影响人的行为，改变社会生产方式和人的生活方式。“开门治水，人人参与”，每个人都爱护河涌、保护河涌，真正实现“长制久清”。

以广州番禺区钟村治水为例，钟村街面积 25 平方千米，常住人口近 25 万人，辖区有 11 条河涌和 1 个湖，其中有 5 条河涌——旧诜敦河、诜敦河、胜石河、谢石环山河、钟屏环山河都被列为黑臭河涌。这些河涌都是断头涌，没有源头活水，河水长期无法流动。同时，受以往生活方式和生产方式限制，生活污水、工业废水乱排乱放，居民垃圾乱扔乱倒，导致河床淤泥堆积，成了污水横流、垃圾遍布的黑臭河涌，市民唯恐避之不及。

对此，钟村街从组织领导、机制建设、综合治理等方面着手，在河长办的统筹协调下，设河涌管理组、控源查处组等 10 个小组，每个组各司其职、各展其能，全力改善河涌水质。在源头治理方面，2019 年钟村街打击“散乱污”场所 1364 间和典型排水户 322 家，日屠宰量近两万只的谢村“三鸟”市场屠宰项目被铁腕关停，河涌污染量大幅减少；建设沿河视频监控平台，实时监控河涌偷排偷倒、河岸及设施安全等情况。在河道拆违方面，拆除河道违法建设，全线贯通巡河通道，累计拆除2.3万平方米。在截污清源方面，投入约1.8亿元，对辖内雨污管网进行全面升级改造，新建截污管道19千米，有效阻截污水流入河涌，对多个截污闸等进行合流渠箱清污分流工程，使合流渠箱上游片区实现雨污分流的目标。在补水管养方面，因地制宜制定5条黑臭水体的“一河一策”，引入湖水、污水处理厂的中水，为河涌接入源头活水。

同时，钟村在治水中注意发动全民参与，形成全民共治的良好局面。钟村整合各基层党组织、共青团、工会、妇联、志愿者和广大热心群众力量，成立了5支爱河护河志愿服务队，全面助力河涌治理；组建了近80人的河涌保洁队伍，成为守护干净整洁河涌的重要力量。在钟村的河涌边上，除了竖着河长公示牌，还有一块“水面及两岸保洁责任单位牌”，牌上写着每一位河涌保洁员的名字、工作区域，一目了然。

胜石河碧道成网红打卡点

经过 3 年努力，过去的黑臭河涌终于变成如今的花香河道，多条河涌变身成为城市公园。胜石河旁，街道拆除了涌旁价值近 1 亿元的政府物业，改建为口袋公园，以格言墙、勤劳蚂蚁的雕像等元素展现钟村人民朴实勤劳的形象，成为“网红打卡点”。

二、治水的全过程为什么一个环节都不能少？

水问题是一系列复杂问题的综合体，治水需要把这些问题放在整个系统中，从整体的角度解决问题。在治水的众多问题当中，最直接的是治水工程、涉水设施的建设和管理，面对治污与治涝同步治理的要求，面对设施环节多、牵涉广的状况，必须建立全流程、全周期管控的机制和方法。

在这里，可以将治水工程和涉水设施分为新项目建设和已有设施管理两个方面。已有设施管理将在后文讲述，本部分将重点分析新项目工程建设方面的全流程管控。

针对建设项目各阶段涉水部分的管控短板，广州市从用地和规划的源头阶段落实涉水要求。坚持高标准规划、高品质建设，建立了“规划—设计—建设—验收管理”多部门全流程建设管理机制，实现建设项目涉水部分全流程闭合、全周期管理。通过完善现行工程建设管理流程、增加规划许可前置条件、加强建设工程核查力度等手段，在建设过程中保证工程质量，并且严把验收落实关，确保新建城区或项目涉及的海绵城市及排水设施相关规划有效落地，有效解决污涝分治、治污治涝相矛盾的问题，防止新建城区、新建项目出现“老问题”。

这里面牵涉到了海绵城市和污涝同治的概念。

海绵城市是个非常形象的说法，是指城市能够像海绵一样，在适应环境变化和应对自然灾害等方面具有良好的“弹性”，下雨时能吸水、蓄水、渗水、净水，需要时又能将蓄存的水“释放”并加以利用，提升城市生态系统功能，减少洪涝灾害发生。从 2015 年国务院办公厅发布《关于推进海绵城市建设的指导意见》，到广州出台《广州市海绵城市专项规划（2016—2030）》《广州市海绵城市建设管理办法》，建设海绵城市与整治黑臭水体一同成为广州治水工作的重要维度。建设海绵城市主要是基于保护和修复生态环境的理念，减少城市开发建设对生态环境的影响，并有效防洪排涝。对老城区而言，主要是结合黑臭水体治理，重点解决城市内涝、雨水收集利用等问题。

据不完全统计，广州从1686年花县建县到1949年的264年间，共发生洪涝灾害64次，平均约4年一次，新中国成立后到2015年的67年里，共发生洪涝灾害29次，平均2.3年一次，且2000年之后的16年尤为频密。2014年“5·23”暴雨洪水灾害共造成广州市增城、从化、白云、花都4个地区30个镇（街）受灾，受灾群众达22.05万人，紧急转移了4.25万群众，农作物受灾面积达20.6万亩，倒塌房屋6810间，直接经济损失超过7亿元。

广州雨水充沛，治涝是客观需要。而且治涝与治污之间有着紧密的联系。正因为过量的雨水未经雨污分流，才导致末端截污模式的效果被破坏；而覆盖河涌的治污模式，又使合流渠箱在雨季到来时难以发挥防洪排涝作用，容易在周边区域形成内涝隐患。

所以，污涝同治既是海绵城市建设的要求，也是广州治水的现实需要。毕竟生活在广州的人们，既不想住在臭水沟旁，也不想因为水涝严重在城市里看“海”。

治涝与治污一样，都要从源头开始治理。新项目新开发土地出让的时候，就要进行洪涝安全评估。对于可能产生的洪涝问题实施相应对策，前期早一步规划，后期就少一点整改，不致项目完成后补救。

位于广州市增城区的凤凰城、翡翠绿洲等小区是广州知名的水浸黑点，大雨大浸、小雨小浸、逢暴雨必淹，一觉醒来，也许需要乘船出行，给当地群众带来严重困扰。究其原因，一方面是受自然地理条件的限制，流域上游城市化进程加快，原有山塘、绿地被大面积硬底化，导致调蓄能力不足；中游过流瓶颈多，个别小区在河道上私设水闸、陂头（一种水

白云湖晨曦

坝）等截水设施，多条交通要道横跨河涌，预留箱涵狭窄，过流能力严重不足，雨水无法及时排往下游；下游没有强排设施，暴雨时遭遇潮汐顶托却无力应对，没法快速将水排到东江。另一方面，也与项目规划审批时防涝理念没跟上，没有做相应的防涝规划和评估有关。

因为没有建立全流程建设管理机制，没有前期的政策要求和相应的防洪排涝规划，导致后期要投资 9.7 亿元对周边水库、河涌进行改造整治，建设防洪排涝综合整治工程来补救。

对此，广州在建设项目中落实海绵城市控制要求，将海绵城市建设要求纳入了用地清单、规划设计条件等阶段，并要求在设计阶段编制“四图三表”，包括下垫面分类布局图、海绵设施分布总图、场地竖向及径流路径图、排水设施平面布置图，建设项目排水专项及海绵城市建设指标响应自评表、建设项目排水专项设计方案自评表（城镇公共道路配套排水工程）、建设项目排水专项设计方案自评表（房屋建筑、线性工程类、园林绿化工程类和一般项目排水工程）。

通过这些专业的图表进行洪涝风险论证，在规划和设计阶段就开始落实城市内涝治理要求，实现了事前防护的目的。

位于广州市黄埔区的中新广州知识城是新加坡和广东省政府共同倡导创立的广东省经济转型的样板，未来20年，占地123平方千米的知识城计划建成一座为50万人提供生活、工作、学习、休闲的城市。在治水工程和设施建设上，编制了《中新广州知识城海绵城市建设顶层规划与实施方案》《知识城海绵城市建设工程设计文件编制深度要求（试行）》，细算“水账”。

首先是实施全体系管控，规划建设“大海绵”“中海绵”“小海绵”——从整个片区角度，建设九龙湖、凤凰湖两个雨洪蓄调项目，连同现状水系、水库，打造“大海绵”；建设高标准雨水排放系统，完善中海绵；建设项目因地制宜融入海绵城市设计理念，打造“小海绵”。

其次是实施全覆盖管控，知识城范围内全部居住小区、企业、市政道路、绿化景观项目，无论是财政投资还是社会投资，全面落实海绵城市设计理念，海绵城市建设100%管控。对已完工、在建、新建的40多个市政工程、景观水利工程及所有房建类项目，逐个核查海绵城市设计要求，确保全面融入海绵城市元素。

最为重要的是落实全流程管控。在“两证一书”阶段规划设计条件中增加海绵城市内容；在项目建议书或可行性研究报告编制中必须落实海绵城市专篇或专章，落实海绵城市设计的投资；在项目方案设计、初步设计以及施工图设计中，把海绵城市设计作为专篇或专册图纸组织专家评审，按专家评审意见修改后的图纸再报送主管部门审查，通过后，阶段性的设计成果才能得到确认；施工阶段，确保海绵城市设计在项目中的应用，使海绵城市设计落到实处，否则无法通过竣工验收。

三、基于城市水循环的水务“全周期管理”

按照习近平总书记“补齐治理体系和治理能力短板”要求，树立“全周期管理”意识，广州基于城市水循环理论，探索超大城市水务管理新路子——城市水循环的水务全周期管理，构建党组织领导的共建共治共享的城乡水务综合治理体系。

具体来说，水务全周期管理是应用全周期理念，从“降雨—蒸发—入渗—产（汇）流—取水—输水—供水—用水—排水—回用”水循环的全过程、“空中水—地表水—地下水”水分布的全方位、“水—工程（设备）—技术—资金—人员—政策法规”水务对象的全要素、“规划—设计—建设—运维—监管”水事活动的全流程、“党政—行政—业务—执法—监督”水务管理的全机构、“流域—区域—城乡”水务管理的全体制、“政府—企业—公众”水务管理的全主体等各环节开展水务闭环管理，做到环环相扣、协同配合、权责清晰、系统有序、运转高效，实现水安全保障、水资源供给、水环境达标、水生态健康、水景观优美、水文化浓厚、水经济发展、水管理智慧，进而实现水资源的良性循环和水务行业的可持续发展。

其总体设计思路：基于城市水循环的全过程，考虑水分布的全方位，梳理各个业务环节，确定每个环节所覆盖的对象，针对每类对象的管理全流程，分析所涉及的全要素，统筹水务管理全体制，界定水务管理全机构

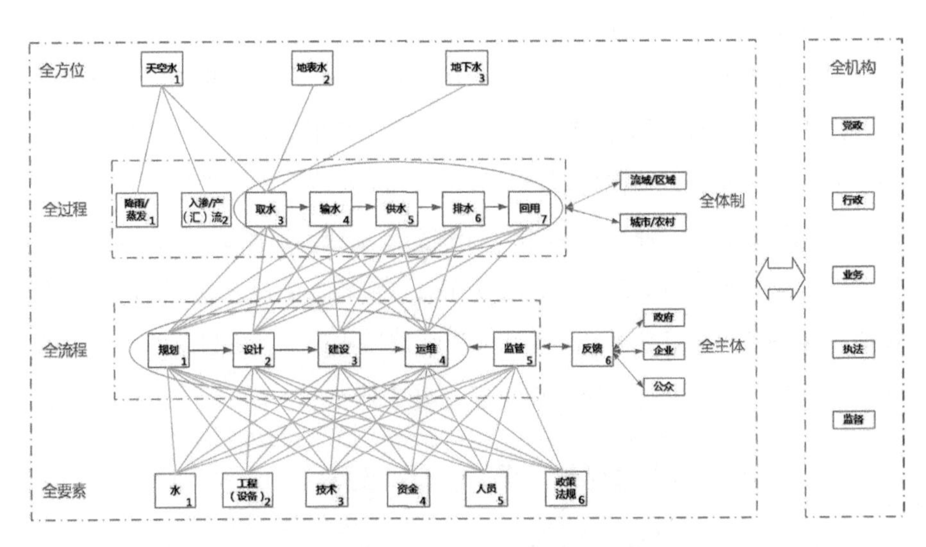

图 5-1　城市水循环的水务全周期管理概念图

及其权责，强化水务管理全主体的职能，实现环环相扣、协同配合、权责清晰、系统有序、运转高效的水务管理。

全方位：城市的水可以储存于大气、海洋、湖泊、河道、溪流、土壤和地下水含水层中，并通过蒸散发、凝结、降水、入渗、渗漏和径流等过程在不同载体中流动。所以我们从水分布的全方位来考虑，包括空间水、地表水和地下水。

全过程：城市水循环的概念阐述了城市水资源与人类活动之间的联系以及相互依赖关系，指出了水资源综合管理的必要性。为满足这一需求，我们引入了城市水循环全过程管理的概念，包括降雨、蒸发、入渗、产（汇）流、取水、输水、供水、排水和回用，归纳为供水循环、排水循环、河湖循环、水资源循环、农水循环等业务环节。

全流程：水务对象需要从源头到末梢进行全流程管理，包括规划、设计、建设、运维、监管。其中，监管过程覆盖规划、设计、建设、运维全流程。

全要素：城市水循环的每个业务环节都包括多种管理对象，每种对象可通过一种或多种要素进行管理。我们按照“人机料法环测”论述，将从各个业务环节及对象中提炼出水务对象的全要素，包括水、工程（设备）、技术、资金、人员、政策法规等。

全体制：水务管理需要统筹流域、区域、城乡的各方合法权益，构建以流域为载体的城乡一体化全体制水务管理体系。

全主体：水事活动的全流程管理除了政府和企业的监管外，还需加强公众的监督反馈，构建“政府、企业、公众”全主体的水务监督管理体系。

全机构：水务管理机构在履行防汛抗旱、城乡供排水、节约用水、水生态水环境建设、水行政管理等工作职能过程中，需要加强党对水务管理工作的集中统一领导，加强相关业务领域的监督检查，打造“党政—行政—业务—执法—监督”全机构参与的水务管理体系。

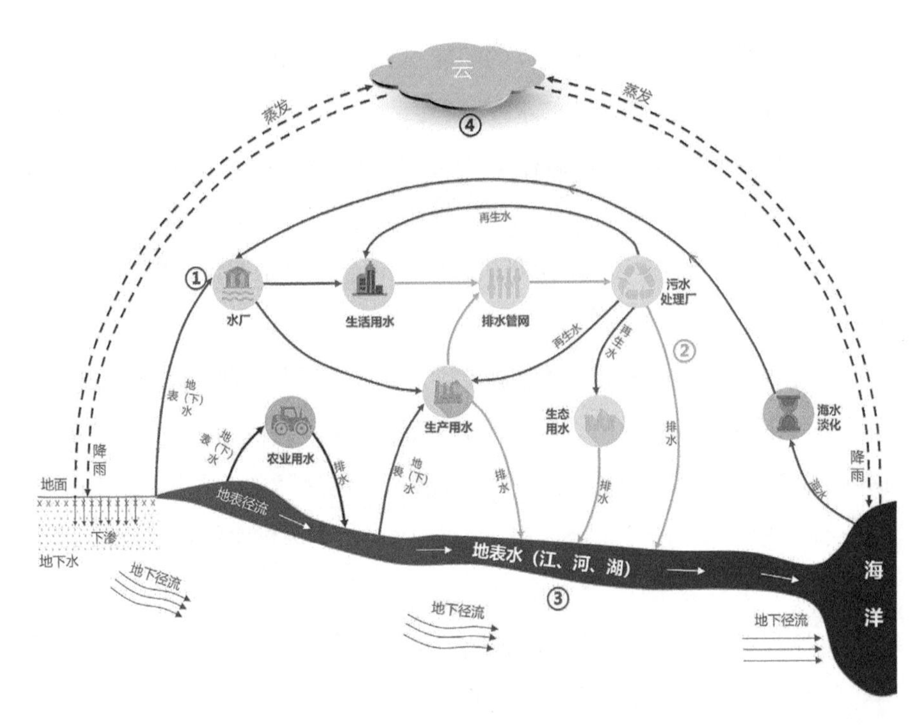

图 5-2　城市水循环概化图

城市水循环过程：地球表面的水体、土壤、植被等通过蒸发、蒸腾作用将水汽传送到大气中，大气中的水汽向某些区域汇集，在这里成云致雨；降水被地表水体容纳、土壤吸收，一部分汇集到河川中，形成径流；一部分再蒸发，或被植被吸收后蒸腾，返回大气；还有一部分透过岩石、土壤孔隙下渗，形成地下水。地下水也有水平流动，不断补给河川，河川最终汇入海洋。

人类为了满足生活和生产的需要，要从各种天然水体中取用大量的水。这些生活和生产用水经使用后，混入了生活和生产过程中的各种污染物质，成为生活污水和生产废水，它们被排放出来，经过一定的处理，去除污染物质后最终又流入天然水体。这样，水在人类社会中构成了一个局部的循环体系，这就叫作水的社会循环。

水务闭环管理：水务管理紧密围绕城市水循环过程，从覆盖“取水、

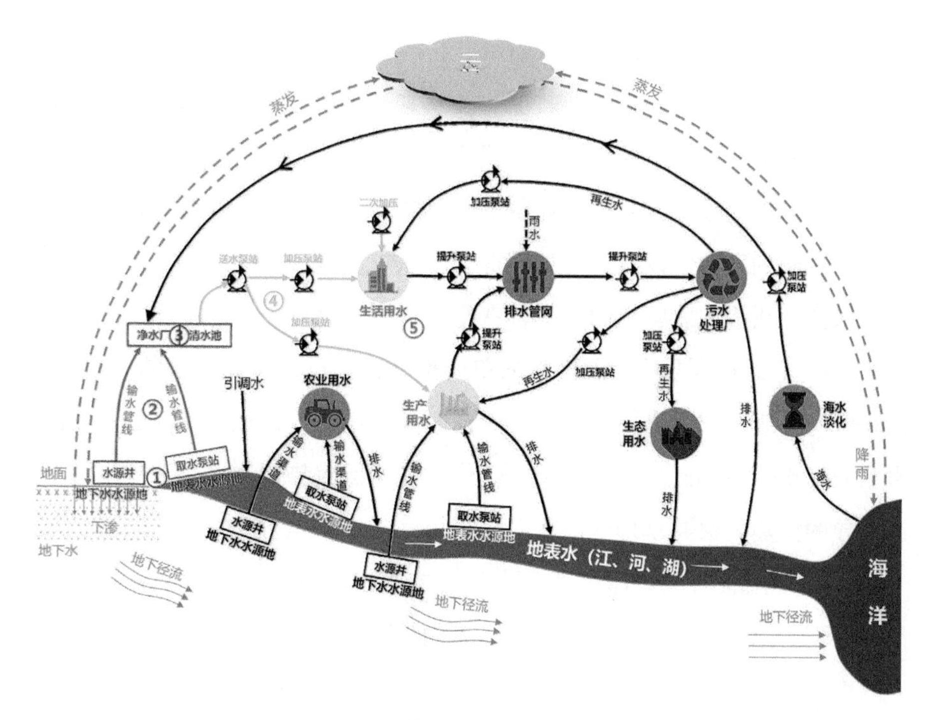

图 5-3　供水循环过程详解图

输水、供水、用水、节水”的①供水循环，覆盖“排水、污水处理回用”的②排水循环、覆盖产（汇）流的③河湖循环，以及覆盖全境域的④水资源循环等各个业务环节，以全周期管理思维推进水务闭环管理。

第二节　治水主体的多元性

一、为什么要保障排水单元达标？

治水有了正确的理念、配套的机制之后，还有一个非常现实的问题，那就是由谁来治，怎样落地？也就是“人”的问题。只有全社会形成环保价值观，社会生产方式、人的生活方式得以改变，每个人都爱护河涌，保护河涌，才能真正实现“长制久清”。

以往，广州治水的主体比较单一，基本上是政府主导、部门分工，最多再加上些地方自主。治水主体和线条的单一性，导致了广州治水虽然关注度高，但参与度不高；虽然有高度，但缺乏深度和广度。没有做到横向到边、纵向到底，也没有做到群策群力、众志成城。

如今广州治水能够走向成功，在很大程度上有赖于参与主体的多元性和广泛性。治水不再是自上而下的单向推动，不再是政府一家的独角戏，而是政府各级开门治水、社会各方广泛联动、市民公众积极参与的多元治水格局。正因为如此，广州的治水工作才能蔚然成势，这也是习近平总书记倡导的共建共治共享理念的生动体现。

在多元化的治水主体中，首先是官方规定的排水单元设施养护“四人”，即排水设施的权属人、管理人、养护人、监管人。

由于历史规划原因，广州不少地方采取雨污合流方式排放雨水和污水，不仅增加排水管网压力引发内涝隐患，还使雨污混流的污水在大雨过后污染江河。为改善历史规划遗留的雨污合流排放问题，2019 年 9 月，广州市发布第 4 号总河长令，在全市开展“排水单元达标”攻坚行动，推动全市 2 万余个单元红线内部排水设施的权属人、管理人、养护人、监管人“四人”到位，以雨污分流原则，消除管网错漏混接，确保雨水、污水各行其道，实现“排水用户全接管、污水管网全覆盖、排放污水全进厂”。要求 5 年内全市建成区雨污分流率达到 90%，2020 年年底前，全市排水单元达标比例达到 60%。《2020 年广州市政府工作报告》也将“推进排水单元达标攻坚战”，写入 2020 年发展主要目标和下一阶段主要工作中。

具体来说，就是要求机关事业单位（含学校）、商业企业、住宅小区、部队、各类园区按照雨污分流原则完成排水单元达标建设和公共排水管网建设，并明确内部排水设施的产权、管理权，落实好养护人、监管人，确保内部排水设施养护专业化、规范化。

实际上，排水单元达标工作也好，“四人”到位机制也好，都是为了将工作细分到底，让治水责任清晰地落实到具体的人和单元上。这一举措也取得了预期效果。2020 年年底，广州顺利完成机关事业单位（含学校）类排水单元达标工作，达到了 68.89%的排水单元达标比例。

二、如何保障排水单元达标？

广州市组织的排水单元达标创建，并不是走过场，而是下大功夫、啃硬骨头。从 2020 年 7 月起，广州市以流域为单位，按照不低于 5%的面积比例随机抽查核查。对上报已完成工程、管理措施的区域进行检查，看是否真的达标。如果在抽查核查中得分过低，相关责任单位将被通报整改。核查的指标非常详细且严格——存在污水管和雨水管错接漏接混接的情况，扣分；排水单元周边自然水体水质出现氨氮超标、污水直排等现象的，没分，乃至倒扣分；一些和城市未来发展相适应的设施，如与海绵城市理念衔接的排水单元，实施雨水断接的排水单元，得分；雨水口改造为溢流式雨水口，积极建设雨水花园、下沉式绿地、绿色屋顶等海绵设施的排水单元，额外加分。

花都区河长制办公室增设了排水单元达标攻坚工作组，组织召开了花都区排水单元达标攻坚工作动员及培训会议，制定了《花都区攻坚排水单元达标实施方案（2019—2024）》。要求属地镇街、区水务局、区住房和城乡建设局、区卫生健康局、区教育局、区市场监管局、区科工商信局、区人民武装部分别按职责分工落实工作。到 2020 年 7 月，花都区已完成 2338 公顷（590 个）排水单元的改造，并顺利开展首批 24 个排水单元达标验收工作。

天河区不仅下达了“天河区总河长令第 3 号”，专注于开展排水单元达标创建工作，还针对全区 21 个街道分别编制了对应的“任务图册”，甚至巧妙运用绿、黄、红“颜色标识”，让人能够一目了然、十分清晰地辨别出工作目标。任务图册上的排水单元编号也暗含深意，编号相当于排水单元的“身份证号码”，而最接近数字的那个字母相当于排水单元的

▶▶ “广州市排水单元达标单位”和“广州市排水单元信息公示牌”

“性别”，代表了排水单元的类型，便于常态化、信息化管理。正是在这样的高度重视、精心谋划和细致工作下，天河区排水单元达标创建工程位居全市前列，在 2020 年 8 月即已超额完成广州市第 4 号总河长令下达的 2020 年目标任务。

位于天河区新塘街辖内的广州市自来水有限公司大观路加压站，大门口墙壁的醒目位置挂着两块特殊的门牌，上面显示“广州市排水单元达标单位”和“广州市排水单元信息公示牌”，公示牌上清晰地记录着排水单元名称和类型，权属人、管理人、养护人、监管人等“四人”职责，还有监督电话等关键信息。能够挂牌，表示已经实现了雨污分流并经过专业技术机构审查和水务部门验收合格，而这样的门牌，在广州的医院、学校、机关企事业单位、商业企业挂得越来越多。

位于广州番禺区毓秀东路的顺景苑，是某房地产开发公司在 20 世纪 90 年代建设的老旧小区，由于历史原因，该小区一直采用雨污合流的排水模式，排水管道老化，以往夏天一下雨，小区雨水带着污水排入下水道，在影响排水通畅的同时，还造成河道水质污染。

为完成该小区的排水单元达标工作，钟村街由城建中心督促开发商，根据该小区特点，开展雨水设施重置工作，包括新建天面雨水立管，把原来的混合立管作为污水立管，并设置排气口；摸查每户业主污水管网的接驳情况，利用修建雨水管网的契机，把原来的管道错漏接情况全部改正；新增雨水箅子，新建小区雨水管道，直排旧诜敦河。

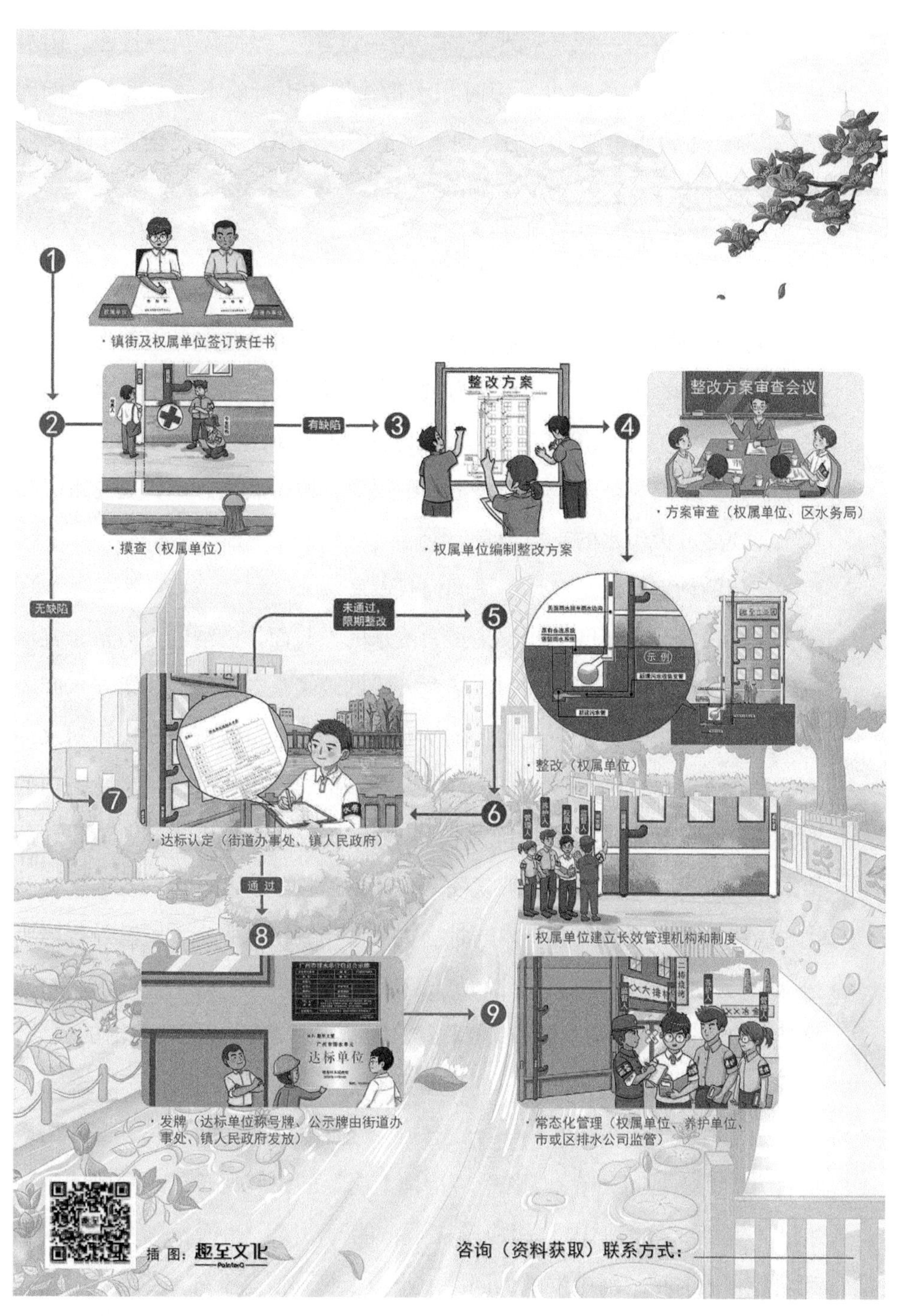

排水单元达标工作流程图

经过以上改造，顺景苑地下的“毛细血管”“微循环”被打通，雨水从专门管道排走，既减少了短时积水带给街坊出行的不便，缓解汛期内涝；也避免了污水可能对河道、地下水造成的污染，为居民创造了水清城绿的生活环境。

三、为什么要建立民间河长制度？

在广州的治水格局中，除了官方力量，人民群众是水环境治理的最终检阅者，更是水环境治理的重要力量。那怎样主动吸纳、鼓励公众参与治水、护水，形成全民治水的良好氛围？广州的做法是，通过践行“开门治水，人人参与”理念，不断拓宽各种渠道，改变居民意识，提高市民参与感，使之成为治水的支撑力量。

广州的创新做法是设计了民间河长制度。

建立民间河长制度的初衷是扩大治水的参与面，广纳四方力量，发动热心市民参与到水环境治理中。毕竟人民的眼睛是雪亮的，如果涉水问题得不到及时上报，污染问题得不到及时处理，就会造成链式反应，对水环境造成严重危害。而广大公众，包括企业和社会组织等，都是最密切的“利益相关者”，尤其是“民间河长”，他们不仅对水环境具有急迫改善的需求，还具有一定的治水专业素质。广州通过构建多元开放的政府社会互动平台，动员和吸纳社会资本与社会力量参与到治水中来，既有效保障了公众参与治水的权利，又充分满足了公众获取水环境治理信息的需求，建立起公众参与和政府主导的有效联结，形成政民合力、社会共治的模式，呈现出治水参与“百花齐放”的亮丽景象。

“民间河长”有两种不同的认定，一种是狭义的民间河长，即作为政府官方招聘、通过了专业测试、“持证上岗”的民间河长。这种民间河长在“广州河长”APP内有相应的权限，能通过“广州河长”APP记录巡河轨迹，及时把巡河中发现的问题上报河长管理信息系统，成为官方河长的重要补充力量。另一种是只要参与治水护水活动，为改善、保护水环境出力的志愿者、社会工作者等都能称为“民间河长”。

据统计，广州目前共有民间河长 8811 名，其中党员河长 3867 名、企业河长 232 名、学生河长 188 名、志愿者河长 3599 名、热心市民河长 925 名，日常自发、自愿、自费的巡河、护河志愿者更是不计其数。社会力量被高度动员起来，极大分担了基层河长的治理压力，同时也扭转了“官员干，百姓看”的被动局面，使河长制焕发出了强大的生命力。

广州通过河长系统开通民间河长账号，民间河长可以直接在河长系统反映和上报水污染问题；可以在手机端了解问题处理进度，实现了向民间河长“赋权”，有效提升了民间河长治水积极性。民间河长成为官方河长的有力补充，与官方一道齐心协力共同治水。

四、民间河长发挥了什么作用?

白云区民间河长小代是一位摄影爱好者，在谈及自己为什么会成为一名民间河长时，他说自己经常到市内一些河段拍摄自然景观，拍完之后一般都要对照片进行后期美化处理，但做后期时，由于河水被污染，往往要在河涌水面色彩上下很大功夫。他说：“照片可以美化，但遗留在自己内心的感受却如鲠在喉，说不出的滋味。”由此，小代成为一名民间河长，利用自己的闲暇时间进行义务巡河。

除了像小代这样的个人民间河长外，在民间社会发达的广州，还有很多自发形成的民间巡涌队、护涌队，如今在民间河长制度下，都变成了强大有效的治水力量。

驷马涌荔湾段的沿线住了 20 万人口，过去生活污水直接排到河涌中，污染非常严重，住在河涌边上的居民都很少开窗户，因为江面的垃圾很多，蚊虫很多，最主要的还是恶臭味太难闻。2014 年以前情况最差，居民经常投诉，投诉量最多的时候一天超过了 100 件。住在荔湾区驷马涌旁的慕容燊林还记得，2013 年的时候，当他自发成立“乐行驷马涌”小组，定期巡查驷马涌时，周边街坊们表示出不理解。“很多人觉得我们在做无用功，说你们这么努力去巡河涌，又能改变什么，你们的声音会被听见吗？”当时慕容燊林只是觉得，大家都生活在涌边，总应该用实际行动去为这条涌做点事情。“乐行驷马涌”小组成立之后，组员每周巡涌一遍，来回路程近4千米，耗时2小时左右。多年来，小组的巡涌活动从未间断。这支巡涌小组一共有17个人，大部分都是住在驷马涌周边的街坊。每次巡涌，志愿者都会在驷马涌的彩虹文化广场、铁路桥西段、澳口这三个点取水检测河水的水温、溶解氧、氨氮等，并做好数据登记。当时广州河长制还没有建立，他们经常到处打电话投诉。随着2017年民间河长制建立以后，住在驷马涌的街坊们反映河涌问题的渠道变得越来越多，政府往往应声出动，反应非常迅速。

如今驷马涌治理走上快车道，在2017年的一项治水工作民意调查中，驷马涌沿线的居民对驷马涌的整治工作满意度达到了98%。荔湾区河长办负责人覃先生表示，驷马涌的治水工作能够取得这么好的效果，能够获得这么高的民意支持，与“乐行驷马涌”民间团队的热心付出密不可分。“他们一方面经常巡河帮我们发现问题，另一方面也帮我们向公众宣传和解释。”对此，现已成为民间河长的慕容燊林感受颇深，“我相信，政府与民间对于河涌治理，目标是一致的。遇到问题，合力找方法解决，会越来越好的”。

家住车陂涌旁的陈长春是晨跑爱好者，每天清晨7时许，都会如常穿上跑鞋，踏上家门口的绿道晨跑。晨跑坚持了十几年，河涌一带成了他的“健身场”，但黑臭的河涌让围绕车陂涌绿道晨练的老陈倍觉不便。他说，自己将河涌绿道当成自家“健身房”，“健身房”脏了，作为与之息息相关的人，自然不能坐视不理。于是老陈和区水务部门密切联系，一个月就举报了河涌问题30次，在广州水务的微信投诉平台，他反映过的河涌问题数量一度排行第一，按规定还受到了奖励。以晨跑为媒，老陈组建了一支名为“慧龙勇跑队”的公益跑团，跑团里的跑友都是他平时沿河涌跑步认识的街坊，老陈呼吁大家一起在跑步之余关注河涌水质，大家都十分认同这样的公益理念。久而久之，每天巡涌就成为跑团成员的附加任务，看到污染问题就会反映。广州建立民间河长制度后，陈长春获得广州市的民间河长任命。有了新的身份，他充满了使命感，保护河涌的信念更加坚定。2018 年 8 月，他曾为追查黄泥水源头逆流查找了 2 个多小时。后来，执法人员在他的帮助下，整治取缔了一个山寨“亚洲工业园”，拆除该园违规搭建 82 处，面积 86520 平方米。

车陂涌的民间河长并不止老陈一个，民间护涌队也不止“慧龙勇跑队”一家。如沙美女子凤舟队，她们不仅是支龙舟队，更是一支护河巡逻队。凤舟队进入车陂涌时不仅要训练，更要担负起巡涌护河的重任。一旦发现车陂涌有不寻常的情况，凤舟队会马上拍照或者录下视频，附上情况说明上传给居委会。居委会根据照片和视频确定具体地点，马上进行处理。像这样的志愿团队还有很多，再比如车陂涌悦和志愿服务队、车陂涌护水志愿者服务队等。据统计，车陂涌流域有民间河长 29 人，“巡河护涌”志愿服务队 17 支、志愿者 490 人。他们自发组织而成，利用业余时间巡查车陂涌两岸。志愿者有的是普通居民，有的是在校学生，几乎都生活和工作在车陂涌两岸，对车陂涌水环境的变化也最为关心。除了肉眼观察，他们还“发明”了各种护涌办法，比如用无人机航拍给车陂涌来个“全身扫描”，看河水颜色的变化情况判断有没有污染等。

民间河长与天河区河长办共同建立了车陂涌护水微信群，发现污染问题，志愿者就向“官方河长”报告，由政府部门介入处理。政民之间相互支持，形成了良好的互补关系，形成了政民共同治水的局面。例如，他们曾联手找到困扰车陂涌许久的一处泡沫水污染的源头，天河区河长办接到情况汇报后，初步确认车陂涌内白色泡沫水就是来自一家清洗洗涤剂桶的小作坊，已经对其进行查处，督促搬离。

原来自发的民间环保人士，现在终于有了与政府面对面交流的平台。广州公益环保组织新生活环保促进会秘书长高毅坚表示，以前公众对于治水往往停留在基本观感上，所以在一些治水的方式方法上，政民之间往往难以站到同一认知领域上讨论问题。但如今随着全民治水的氛围日渐浓烈，一些民间河长在治水方面的专业性越来越高，政府部门也越来越愿意听取来自民间的意见。

另一个重要的民间河长力量来自企业。2018 年以来，广州市黄埔区开始尝试企业河长治水模式，通过选择业内信誉高、龙头带动强、环保效益优的企业担任“企业河长”，颁发“企业河长”证书，由区政府与企业河长签署合作协议，明确企业责任，构建起了“政府主导、企业认养、多元参与”的企业河长工作格局，不断丰富“河长制”的内涵。

广州娃哈哈恒枫饮料有限公司、广州光明乳品有限公司、广州旺旺食品有限公司、帕卡濑精有限公司等行业龙头都设立了“企业河长”，以“官方河长 + 企业河长”的双河长模式开展企业厂区内管网自查及整改工作，2018 年，组织了 120 多人次活动，对厂内外 63 处排污管口及雨水井口等进行了排查，完成了 10 处隐患问题的整改，完善了雨污管道分流。

企业河长模式的创新，一方面弥补了河道整治任务重、政府财力有限的不足，为河道整治注入有生力量；另一方面可以起到示范作用，带动其他企业增加环保投入，加强污染治理。许多企业由政府的重点监管对象，变成与政府携手共建美丽环境的伙伴。同时，企业河长参与河道巡查、整治，自身治污控污也有了更大的动力和压力，只有自身环保过硬、榜样作用强，监督其他企业才有说服力，自然就会加强自我约束，在河道生态治理方面积极参与，出谋划策。

企业的违法排污行为是造成水环境污染的重要原因，但企业偷排通常具有隐蔽性，由于“企业河长”对污染物的排放十分清楚，由他们协助管理河道，是内行监督内行，违法偷排自然难逃企业河长的眼睛；同时，担任河长的企业在行业内具有较大影响力，由他们紧盯污染企业具有较强的约束效果，可以对有关部门的监管起到辅助作用，加强河道管理和日常保护工作。

五、如何调动群众举报违法排水的积极性？

水环境治理能否成功的一个关键因素，就在于能否拓宽公众参与渠道，提升公众参与感，形成强大的合力。对于怎样才能充分调动民间力量参与治水，务实的广州人在这方面从不缺乏办法。如果说“民间河长”制度是赋予民众一定的“权”，调动的是热心的、治水与切身利益关联较大的那部分民众，那怎样才能进一步扩大参与面，最大限度地发动广大群众踊跃举报违法排水行为呢？

答案是有奖举报。简单，有效。

广州市就河湖管理问题设置了多样化举报途径，公众可通过“广州治水投诉”微信公众号投诉页面、河长电话、12345 政府服务热线、广州治水投诉电话等方式对违法排水行为进行投诉。只要被认定为有效举报，即可获取奖励，基础奖励 300 元。举报人只需要提供有效身份证件等材料，直接签名就可以领取奖金。而且根据核查结果视情况对举报人进一步嘉奖，如果被举报人因被举报事由被移送司法机关追究刑事责任，并受到罚款类行政处罚的，举报人最高可获得人民币 100 万元的奖励。另外，对举报重大排水违法行为的举报人，除给予物质奖励外，还可以给予相应的精神奖励及表彰。

在过去，由于参与渠道不足，公众与水环境治理在某种程度上是两条平行线。尽管治水与每个人息息相关，又存在许多问题，但公众就算看见问题也很少上报。一是由于传统的上报手段和渠道比较少，加上宣传力度低，许多民众压根不知道可以投诉上报，认为治水只是政府“一家之事”，缺乏改善身边环境的意识，缺乏全民参与的意识；二是由于传统的问题上报手段成本较高，上报方式不便，消耗了公众参与的热情，人们干脆懒得报。用车陂涌陈长春的话说，如果投诉总是石沉大海，居民就没有积极性，拿举报奖励不是目的，联合大家一起治水、改善居住环境才是目的。

有奖举报的设置，不仅拓宽了公众参与的渠道，也降低了公众参与的成本，促使更多公众“能参与、想参与、会参与”。使用“广州治水投诉”微信公众号非常简单，只需要实名认证后点击定位、拍照并描述问题后就能完成上报，问题被推送到“广州河长”APP进行流转处理，投诉信息及办理情况在微信投诉页面和APP都可以同步浏览，处理过程公开透明。有奖举报既用便捷化手段提高了居民参与治水的热情，又能减少治水相关部门“懒政、怠政”问题的发生，推动了水环境治理工作高效有序进行。

拍个照，点发送，动动手指就能领到奖励，公众的治水参与热情被充分激发点燃。以往发现问题需要寻找到“相关部门”进行反映，如今只需要点击上传就能直接交由后台处理。有居民说，“平时吃完饭喜欢到河边散步，看到有问题也会拍下来，点开微信帮忙举报上去”。据统计，2017年9月27日至2020年年底，市河长办举报受理小组收到举报线索9830宗，向各区交办线索9830宗，已回复9569宗，查获违法排水行为4066宗，申请奖励2616宗，发放奖金143万元。公民的参与不仅践行了广州开门治水的理念，更推动着广州治水共同体的形成，让全民治水观念深入人心。

有奖举报

六、有奖举报取得了哪些成效?

2018年1月20日凌晨4时，夜阑人静，人车稀少。广州市天河区五山街道广园快速路瘦狗岭551号附近，一辆载满泥浆的槽罐车正停在一处检查井上方。一个人钻进车底，将整车的泥浆向市政管网里偷排，另一个人则站在车前把风。五名路过的热心群众发现这一幕后，立即上前制止，把风的人撒腿就跑，在车底下偷排泥浆的人则被抓个正着。五名群众报警把涉案嫌疑人交给了及时赶来的警察，后通过“广州水务”（后改为“广州治水投诉”）微信公众号向广州市河长办举报其违法排污行为。这一偷排行为造成市政污水管淤塞，修复疏通费用达数万元，偷排者被判处有期徒刑一年九个月。根据《广州市违法排水行为有奖举报办法》规定，2020 年 1 月 17 日，广州市河长办举行现场奖励仪式，隆重向五名举报人发放奖励金共 20 万元，对他们的据实举报行为表示充分赞扬肯定，并呼吁广大市民积极举报违法偷排行为。

广州市政协委员付伟认为，通过践行开门治水理念，广泛发动群众参与，广州碧水保卫战正在成为营造共建共治共享社会治理格局宽阔而精彩的舞台。一方面，无数双“火眼金睛”已经形成一张“天网”，让水污染违法违规行为无处遁形；另一方面，“民间河长”等创新机制增强了民众的参与感、责任感和荣誉感，“我爱我家，我护我水”的行动助推了治水长效机制。

在付伟看来，“民间河长”在治水过程中主要扮演“五员”角色：一是情报员，第一时间为政府部门提供真实、准确的河涌水质信息，积极举报污染问题，反映群众意见。二是宣讲员，为社区或周边居民宣传介绍治水政策，解疑释惑。三是巡查员，义务巡河，发现违法违规行为及时制止。四是参谋员，为政府部门治水建言献策，出好点子。五是监督员，指出政府部门和工作人员在治水中存在的不当和失职行为。

杨某曾在广东惠州博罗县石湾镇经营电镀厂，因排放有毒废水被查处后，又到广州市增城区石滩镇上围村租用了一间违法电镀厂。电镀厂面积约 300 平方米，雇请了同案人曾某、宋某、张某等 7 人，在没有取得证照和建设环保设施的条件下生产电镀产品，并把所产生电镀废水在未经处理的情况下直接通过地下管道排出厂外。2019 年 6 月 6 日，增城区河长办接到群众在“违法排水有奖举报”平台上所反映的线索后，属地石滩镇政府联合广州市生态环境局增城区分局对石滩镇上围村进行检查，发现情况属实，经过现场勘查取证后，执法人员对该厂涉案9人立案调查移送公安（后被判刑），并第一时间对该厂进行查封。按照《广州市违法排水行为有奖举报办法》，增城区河长办认为该线索符合二次兑奖，于是在已发放300元基础奖励之后，再次为举报者发放奖金。

类似的政民共治案例还有很多。2018年5月11日，接群众举报，从2017年开始，广州市白云区保利西子湾前面的河涌有从南海流过来的污水，在每天下午五六时后偷排进珠江。接此举报的当天，白云区水务局、环保局及金沙街组织人员，会同佛山市南海大沥镇政府工作人员立即到现场核查情况，发现南海大沥镇方向一条污沟暗渠有污水排放至荣基里内涌，然后流入沙贝涌。查看完毕，白云区及佛山南海区共同商定，金沙街加大巡查力度，及时发现问题并向大沥镇河长办通报，大沥镇组织人员沿污水沟暗渠往上溯源整治，切实把问题来源搞清楚并完成清除，同时继续保持畅通渠道，从严查处跨界污染问题。

2018年5月12日，市民微信投诉反映广州市荔湾区新市涌河面漂浮垃圾较多且存在黑臭现象。荔湾区河长办立即组织现场勘查，发现新市涌为白云区和荔湾区交界河涌，因上游排水口未完善，且连日暴雨导致河涌漂浮垃圾较多，存在黑臭现象。确定原因后，西村街河长办于当天下午立即派员清理增埗河新市涌段河涌垃圾，积极与市城管委联系清洁河涌，由市城管委的水面环卫部门对河涌垃圾进行打捞，组织城管执法队加强布控及巡查，严禁出现向河道抛弃垃圾等行为，并对涌边绿化进行维护。当天召集区城管局、区水务农业局和街道村（居）级河长参加现场协调会，组织区环保局、水务局等部门严密监控排水口，严防污水直排河道。对这次群众举报，当地河长办从会商研究、落实责任单位、安排部署整改落实，到形成整改方案，一共不到48小时。

2018年5月13日，黄埔区河长办接到群众举报，反映黄埔区开创大道 262 号存在污水乱排现象。接到举报当天，黄埔区河长办工作人员迅速到达现场核查情况，发现雨水口确有污水排出，原因是时代城内部管网存有错接、混接情况，导致时代城内部分生活污水混进雨水管网，通过宏明路雨水管，最终排入南岗河。查明原因后，该办工作人员对投诉当天处理、立行立改，当场向时代城管理方下达《责令限期改正通知书》，要求时代城管理方完成如下两点整改工作：一是两天内采取应急措施对污水混接口进行封堵，将污水通过水泵抽到市政污水管网，确保不再有污水进入市政雨水管网；二是一个月内完成内部错接、混接管网的整改，彻底实施雨污分流。

上述案例不仅体现了广州相关治水部门严肃查处各类水环境违法行为，对水环境污染事件“零容忍”的态度，更体现了“违法排水有奖举报”平台所发挥的实实在在的作用。

七、学生参与治水管用吗？

在广州的治水大军中，还有一道亮眼的风景，那就是朝气蓬勃的青少年。

广州市水务局联合团市委，以“线下组织＋线上发动”的方式，开展“河小青”公益活动，广泛发动青少年志愿者勇当“河小青”，参与河湖治理和保护工作，开展公益巡河活动。号召人人成为河长，在平常生活中保护水环境。广州市河长办与志愿者行动指导中心联合策划了广州青少年“一起来巡河”系列志愿活动。依托各区志愿组织，在 11 条“河小青”志愿巡河路线上，围绕河道垃圾清理、文明劝导、环境美化等开展集中性巡河护河活动，通过“随手拍、随手捡、随手护”等行动，培养广大青少年保护河湖环境的意识，让越来越多的青少年，尤其是学生，参与到志愿治水和生态环境保护行列中来。

这一系列活动营造了“开门治水、人人参与”的良好治水氛围，推动了治水效能的提升，同时也弥补了河长注意力分配的不足。在活动中，市河长办还充分利用机会，向公众宣传治水知识，通过海报展板，展示了广州近年来的治水成效和治水思路，现场演示了河涌水质的检测方法，向市民派发了治水宣传漫画，并通过参与抽奖的形式，吸引公众参与到治水宣传活动中来。

在青少年治水的行动当中，校园是有效推动青少年广泛参与的绝佳阵地。治水、护水是长期行动，而观念是行动的指引，从小抓起，从校园抓起，培养青少年学生的水体生态保护意识，才能从根基上创造人人爱水、人人护水的良好环境。因此，广州积极开展河长制进校园、爱河护河志愿活动进校园，引导青少年学生积极投身保护河湖、珍惜生态的社会实践，教育学生从自身做起，从身边小事做起，争做水体生态保护者、文明生态的宣传者。

驷马涌是西关一条古老的河道，多年来在汇龙小学门口静静流淌着，学校师生见证了驷马涌从昔日的“臭水沟”重返河畅水清的全过程。这所

▶▶ 民间小河长

开门见河、与河涌共生的学校诞生了全国首批14位民间小河长。汇龙小学校长梁丽珠发挥其作为驷马涌民间河长的身份优势，在小学里开设“学校门前的驷马涌”必修课，并且将小河长行动与学校的德育活动、特色项目和课程建设整合，开创了城市水环境治理课程化的全国先河。

在汇龙小学的实践中，民间小河长不是一种形式，更不是一个名头。梁丽珠校长开创性地设置了小河长导师、小河长、预备小河长三个层面的岗位，把参与治水发展为全校关注、全员参与的可持续实践探究行动。至今，汇龙小学已培育了两批小河长、两批预备小河长、一批小河长导师共70多个“持证上岗”的协同治水小志愿者，引起了政府及媒体的积极关注。

汇龙小学与荔湾区农业农村和水务局合作，设计适合小学生的课程内容，为校内的小河长进行“岗前培训”。带小河长外出考察了解水环境的现状，引导学生绘制环境地图、做调查问卷，让他们逐步了解身边的河流和广州市内河流的治理现状。除了赋予学生民间小河长的身份外，汇龙小学还鼓励学生自己动手研究，在研学式治水中渗透德育、智育、体育、美育、劳育。既将课程学习与传统文化传承相结合，开展以驷马涌治理为主题的广绣、广彩作品创作活动，又让学生在“做中学”，把课程所学转化为创客行动，创作了以驷马涌治理为主题的作品，例如创意搭建作品“河道垃圾智能处理中心”“河岸落叶智能处理中心”“河涌景观监测摩天轮”“水质监测旋转飞椅”，发明创造实体作品“新型捕捞船”等。通过一批又一批民间小河长在课程研修过程中深度参与治水护河，汇龙小学进一步加大了水环境治理的宣传力度，使之深刻地融入青少年的学习生活当中。

民间小河长不仅自己积极参与治水，还能带动背后的家庭，联动家人朋友，吸引社区居民共同参与治水。自2019年2月始，汇龙小学通过“致家长的一封信”，发动四、五、六年级的学生及家长开展“小手拉大手”假期亲子巡河活动，至今已有300多个家庭参与其中，形成了300多份亲子巡河记录。在与孩子一起巡河调研的过程中，也勾起很多父母长辈对记忆中河流的印象，为孩子讲述更多的河流故事。亲子巡河也带动了更多的家庭关注水资源保护、水环境治理，关注生态文明建设。住在附近河柳街的陈婆婆说："有一次，一位阿婆往河涌里扔塑料袋，一位小河长马上告诉她保护河涌的重要性，婆婆很不好意思，连忙说再也不这样做了。"

"直接告诉学生答案只需三分钟，但我更想做到的是让他们学会自己去探究。研究之后，他们会慢慢了解为何在拥有成熟的治水技术下，驷马涌的治理仍不能有立竿见影的效果，得出不同的水环境需要有不同治理方案的结论。这也是他们逐步成长的过程。"梁丽珠说。

热心治水的不仅有小学生，更有高校的大学生。广州高校数量多，分布广，大学生视野广，行动力强，是重要的治水有生力量。

早在 2014 年，广州市绿点公益环保促进会联合珠联，发起"珠江流域（广东境内）水环境观察调查"以及"我为地标测水"项目，一共召集 7 支大学生团队参与调查和水环境检测。2016 年，广东女子职业技术学院绿意环保协会、广东工业大学绿色行动环保协会（龙洞校区）、广东金融学院绿时环保协会、华南师范大学绿色文明社团大学城校区分社、广东农工商职业技术学院（北校区）绿色环保协会、广东环境保护工程职业学院晴心环保协会、仲恺农业工程学院白云校区环保协会 7 所大学生环保社团联合发起"高校水联合行动项目"。这个项目依托高校环保社团，为大学生参与水环境治理提供行动、交流的载体，构建社会支持网络，链接外部资源，组织青年志愿者积极参与治水。通过相关活动的开展，大学生们在治水志愿中展现了应有的专业素质和责任担当，对社会事务表露出了足够的关切，并身体力行加以实践，进一步将治水志愿服务内化于心、外化于行，增强了社会责任感和城市归属感。

八、为什么要促进民间组织参与治水？

在上面所说的民间河长和青少年志愿者当中，一个重要的角色是民间组织（NGO）。无论是各个护涌队，还是公益环保组织，广义上都属于民间组织的范畴。广州市在广纳各方力量共同治水的过程中，日益重视第三方力量在水环境治理中发挥专业优势，积极发挥社会治水组织的专业优势和社会动员能力强的优势，开创“治水＋志愿服务”的治水新模式，更好地实现了社会协同、官民共治。

在官方，广州市依托广东省“i 志愿”平台，构建起以“共筑清水梦”IP 为核心的“河长制 +i 志愿”体系。广州借力团市委志愿者行动指导中心，利用 i 志愿平台等载体，携手培育专业的民间河长团队，推动河长制进社区、进校园，打造“共筑清水梦”“河小青”系列志愿活动。用“共筑清水梦”漫画形象，打造广州治水大 IP，提高公众参与的趣味性。指导各区开展河湖长制宣传 1000 多场次，发动青少年志愿者开展公益巡河 100 多场。

在民间，治水民间组织通过深入每个社区，直接与居民进行接触，丰富治水活动理念，让参与者不仅仅参与治水活动，更为大众提供一个接受技能培训、学习治水知识、参与河流治理的平台。通过社区宣传、巡河调

水乡人家

研、保护水源等行动，持续地推动河流保护，扩大公众参与，协助促进广州和周边城市的水环境治理。并从社会现实需要出发，发挥自身优势，因地制宜地为广州水环境治理出谋划策，贡献力量。比如“新生活”主打培育民间河长，打造民间河长“后备军”；“绿点”主打校园内大规模治水课程培训活动，提升中小学和高校学生对水环境治理的关注与热情；“青城”开发沙盘推演，面向公众推广治水知识；“CECA”主打“政策倡导”，对官方河长治水中不合规范的行为及时提出意见，为流域治理和河涌治理提供有参考价值的倡导。

以新生活环保促进会（以下简称“新生活”）为例，2010—2019 年，该组织着力于培养广州社区民间河长，促进对黑臭水体治理的调查研究，多次介入水环境治理相关事件。通过借助媒介渠道曝光问题，撰写专栏文章表达诉求，形成研究报告等方式，共提交河流保护和黑臭水体治理相关意见建议 54 次，提交给 64 个相应的政府部门。其中，关于水源规划 10 次，关于饮用水源地 5 次，关于治水 19 次，回应意见征询 30 次，促成座谈会 9 次，促成整改 3 次。与广州市市级和区级河长办合作座谈会和联合行动 45 次。

2017 年 7 月，广州市河长制办公室公开招募“民间河长”，邀请新生活承担公众参与的协助工作，共同推进民间河长项目建设。在此过程中，该组织通过资源链接、专业培训等方式，组建培育社区民间河长队伍 20 多个，大学生民间河长队伍 10 多个，民间小河长队伍近 10 个。其中广州著名的民间治水组织“乐行驷马涌”“慧龙勇跑队”等，都是在新生活的帮助下成立的。

在2017年广州市重点整治的35条黑臭河涌名单中，车陂涌位列榜首，但其截污管道铺设的工程，却在最后的 300 米处因遭村民反对而难以继续推进。民众担心工程影响房屋建筑安全、噪声扰民以及周边生意受影响，用各种方式阻碍工程进行。新生活积极寻找事件解决突破口，为相关部门与民众连接沟通渠道，促进双方了解互信，在推动车陂涌治水工程进度上发挥了重要作用。

车陂涌龙舟文化促进会，是在车陂村委会的支持下成立的民间组织，该协会成立后的第一件事就是改善车陂涌水质。在“一水同舟，守望相助”的号召下，各种治水小分队在社区如雨后春笋般生长起来，车陂涌逐渐重现生机。龙舟文化促进会将社区环境改善和民俗文化保育同步进行，举办一系列龙舟文化活动，建起全国首个社区龙舟文化展馆，举办历时超过半年的国际龙舟文化节。2017 年，“车陂村扒龙舟”成功申报为广州市第六批非物质文化遗产代表性项目，2019 年该组织公益项目获第四届广州市社会创新榜“最佳社会共融项目”。

广州市“绿点”公益环保促进会（以下简称“绿点”）以青少年学生为核心服务对象，一直坚持用温和的教育实践改变青少年的环保意识。针对治水领域的志愿服务缺乏针对性指引、青少年未被广泛调动、参与度不深等问题，绿点坚持推进水环境治理议题入校园，通过开展“绿豆丁爱地球”环境教育项目、高校水联合行动项目等，为青年学生链接治水资源、提供培训，推动青年乃至社会公众树立可持续发展观念，参与环保行动，提高青年志愿者参与治水的积极性和持久性。

“绿豆丁爱地球”环境教育项目运营至今已有 12 年历史，课堂创新性十足，除了常规的 PPT 讲解，还应用多种新颖的教学手法，包括探究式教学、主题互动教学、戏剧式教学等。孩子们可互动、可动手，和老师一起营造趣味十足的环境教育课堂，在快乐的学习过程中了解治水的知识，提高学生的学习接受程度。通过由专业人士带领学生到河涌边，现场教学测水质，并进行走访实践教学等活动，以趣味性的教学手段提高学生对治水的兴趣，真正做到“寓教于乐”。该项目在广州市 170 所中小学开展，覆盖全省 4.5 万名小学生，联动 80 多个高校社团，每年超过 1000 名大学生志愿者参与其中。其项目模式及标准化课件、教具等已复制到中山、佛山等 6 个城市，共培育志愿者讲师人数 6640 人，接受绿点的环境教育科普小学生 21608 人次，开展了 593 小时环教课堂。荣获第五届中国青年志愿服务项目大赛银奖、2020 年广东省生态环境公众参与十佳案例等一系列奖项。

第三节　治水责任的协同性

一、基层河长如何有效调动上级部门的力量?

广州治水有如此全面的流程管理，有如此多的主体参与，还有一个重要的问题，怎样将这些环节和主体串联起来，怎样确保每个治水参与者的责任到位、协调一致？

面对这些实际问题，广州的解决办法是建立河长制，从原来的“多头管理”变为由河长统领、统管，打破了当前制度和监管体系的局限，最大限度地调动了各级、各部门的资源优势，做到“河长领治、部门联动”。

河畔群鹭

2017年3月，广州开始全面推行河长制，建立起“市总河长—流域河长—市级河长—区级河长—街（镇）河长—村级河长—网格长”的多级河长湖长体系。以往冗杂的部门协调、公文往来都被统一在“市、区、镇（街）、村（居）”纵向协同体系和“河长吹哨，部门报到”的横向分工体系内。

简单来说，市级河长是总协调员，负责河长制的组织领导、决策部署和监督检查，解决重大问题。区级河长是本区的第一责任人，对本区河湖管理保护负总责。镇街级河长是操作员，具体负责落实河湖的整治与管理保护工作。

在实际落实当中，最有效的是设立了“河长吹哨，部门报到”的制度。具体来说，在日常巡河的工作中，河长一旦发现涉水问题，即可借助手机登录信息系统，进行问题的快速上报，系统会通过上报设备自动定位地点。河长办主要扮演着“中转站”的角色，根据平台上的上报信息进行确责，分派治理任务，按问题类型分别由水务、工信、环保、城管、农业、住建、园林、交通等部门牵头落实整改、解决问题。受派的部门需要根据有关要求和实际情况进行问题处理，同时也有权限将问题退回至“中转站”，进行二次分配。

以前治水，基层河长是“看得见管不着”，职能部门是“管得着看不见”，现在变成了基层河长“看得见也管得着”，上级河长也能够真实把握信息，科学快速决策。以往治水调动职能部门的参与，需要经历公文拟定、邮件发送、接收回函等一系列过程，现在则转变为线上全流程管理，突破了部门壁垒，大大提升了效率。

这种“一龙管水，九龙治水”的整体性治水模式，通过流程管理，把各层级河长办、各职能部门统一于问题流转的框架下，通过“河长办分派，职能部门反馈”的信息流动，相关部门的权责匹配得以实现，促进了职能部门主动作为。这一模式不仅能减轻河长履职压力，让河长专职、专心排查污染源，还能发挥各职能主体的专业性和权威性，推动治理问题更快更好得以解决。

沙河涌曾是广州出名的黑臭河涌，如今的水质却可以用“清澈见底”来形容，而且水底还长出不少水草。在沙河涌的白云区元岗桥段，负责河涌保洁的老秦称：“上游有白云山的溪水流下来，水质越来越好了，草是自己长出来的。”负责该段河涌巡查的河长宋先生表示：“我们每天要骑行十几千米，每1—2周会做一次水质检测。虽然由于生活污水溢流的问题，有时氨氮会超标，但这里的水质已经从以前的劣Ⅴ类，到现在基本达到Ⅴ类水标准了。”宋先生说，一旦发现有污水直排或者垃圾等问题，会立即通过“广州河长”APP报告，很快会有人处理。自2017年8月以来，沙河涌各级河长均安装“广州河长”APP，按照要求巡河，发现问题及时处理，防止问题累积。

乌涌全长约24.13千米，流经广深铁路和黄埔中心城区，以及广州本田汽车制造厂等多个大中型企业，是黄埔区内的一条重要河涌。联和街位于乌涌中游，辖区内乌涌主涌长度达16.5千米。2017年8月11日晚、8月12日上午，市水务设施管网巡查员和联和街综合执法机动巡查队连续发现两起发生在联和街辖区内的向管网及河涌偷排事件。当地街道负责人描述：“11日晚在科学城彩频路段有槽罐车向市政污水管网偷排泥浆，5吨的泥浆在8—10分钟内全部排完，而且槽罐车周边有遮挡，作案手法隐蔽。今年以来每个月都会抓到一两宗，粪便、污水通过雨水管道直接偷排进入了乌涌，对水质影响很大。”

上述偷排事件，通过河长信息上报系统得到迅速协调和处理。黄埔区水务局局长立即牵头统筹，协调相关部门按照各自职责协同联和街查处。乌涌联和段河长、联和街街道办事处主任马上赶赴现场处理，区公安分局、区环保局等部门接到通知也立即赶往现场，联合执法，启动问话、笔录等取证工作。联和街河长主持召开现场工作会议，研究非法偷倒事件的处置方案。两名涉事人员由区公安分局扣留，涉事车辆由联和街城管执法中队扣置，依法从严处置。

二、为什么要把治水责任纳入网格？

河长制是中央在全国推行的治水制度，并非广州独创。河长制的好处是通过以问题为核心的流程设计，打通了部门墙，理顺了解决问题机制，但还有一个重要问题是：由谁来发现问题？

广州的做法是把发现问题的环节前移，增设网格员，在第一线发现问题。网格长是离水最近的那只“眼”！

因此广州的河长制与其他地方不同，一般地市的河长制是“总河长—市级河长—区级河长—街（镇）河长—村级河长”五级河湖长体系，广州在此基础上，向上延伸设置九大流域市级河长，向下延伸设置1.8万余名网格长，发挥一线“岗哨”作用，形成了七级治水体系。

2018年以来，广州市下达10道市总河长令，推动河湖长制工作开展。其中第3号总河长令提出，依托全市19660个标准基础网格，在河湖长制工作中推行网格化治水。各网格要配齐网格员、网格长，形成以流域为体系、网格为单元，横向到边、纵向到底，全覆盖、无盲区的治水网络体系。同时建立“发现问题”机制，将网格人员信息接入“河长制信息化平台”，形成“网格员、村级河长巡查发现问题，镇级河长处理处置问题，区级以上河长统筹协调解决问题”的多级联动机制。

广州之所以设置网格长、网格员，有两个主要原因。一是原来的村级河长管的区域偏大，现在把发现问题的责任放到网格员身上，网格员管理的空间更小，责任更具体，更容易落实。二是广州有网格化治理城市的基础，早在2014年就建立了城市社区网格化服务体系，将全市划分为2万多个网格，每个网格安排一名专职网格员，为市民进行社会服务和城市管理。

按照“流域为体系、网格为单元，挂图作战、销号管理”的思路，广州已在全市建立起以网格为单元的治水体系。绘制网格“作战图”22380张，在每张网格作战图中明确标注“散乱污”场所、违法建设、垃圾黑点等内容，推行网格化治水。由村居负责人、网格员发现问题，并通过“广州河长”APP上报，形成“作战图”，相关部门对污染源逐个整治、逐个销号。全市2019年度污染源整治销号污染源54504个，2020年整治销号污染源18196个。

把发现问题的责任放到网格员身上，能够实现“小切口，大治理”，能够把散乱污治理、违建拆除、管网建设、巡查管理等治水工作落实到每个网格单元，实现河长巡查工作由“水”向“岸”深化、控源重点由“排口”向“源头”转换。通过网格化治水，广州让网格员成为基层河长的左膀右臂，实现河长履职事半功倍和治水力量的乘积效应。

位于白云区的大源村，总面积25平方千米，是广州著名的“巨无霸”城中村，常住人口超过20万人，被称为广州“最大城中村”。由于外来人口众多，物流发达，出租屋多，居民成分复杂，承担了巨大的社会管理压力。在水环境整治和产业升级前，大源村的产业以化妆品、服装、制鞋等不成规模的个体制造业为主，存在很多散布于民宅区的无牌无证小作坊，加上不完善的“三废”处理程序、不齐全的相关手续，让这些藏匿于居民区的小作坊成为散乱污的“主力军”。导致大源村水环境恶劣，黑臭水体较多，脏乱差随处可见，还建起了侵占河涌6米红线的违法建筑群。

与其他地区采用兼职网格员的情况不同，大源村对网格化治理进行了创新，雇用合同制人员担任专职网格员。网格员的收入并不低于一些当地职能部门的管理岗位的收入，因此网格员工作积极性也更高。如今在大源村一共组建了111个网格，每个网格覆盖70—80栋楼房。每个网格建有支部或党小组，并划分了212个责任区，约280名本地党员和1000余名流动党员按责任区履职服务。并建立了网格党员微信群，每个党员均要去网格报到，参与网格治理及服务，形成了“党委—支部—网格—党员”四级管理架构。

经过治理，大源村黑臭河涌水质有了显著提升，沿河建设的2.6千米绿道、文化广场、文化公园、文化长廊等休闲文化设施改善了沿河人居环境，曾经的臭水沟变成了居民休闲的好去处。大源村实现“社会、经济、生态”三个效益齐头并进，被评为“全国乡村治理示范村”。

南沙区是用好网格管理的另一个例子。该区在治水进程中，用网格实现基层服务“加码”，建立“区—镇（街）—村（社区）”三级网格，对现有村（社区）网格在规模上进行细分，将全区作为1个大网格，9个镇（街）作为中网格，再划分158个村（社区）作为小网格，最后结合地域面积、人口密度、区域特点及管理复杂程度等因素，精准划分为N个基础网格，形成“1+9+158+N”网格体系。打造复合型的基础网格员队伍，对信息采集、代办服务、网格事项、宣传指引和城市管理等入格事项类别进行全面梳理，扩大网格事项覆盖面。通过精准细分基础网格、加强社会化服务建设、优化网格架构，促进镇街网格化服务管理向优化管理、深度服务升级转变，不断提升网格化服务管理水平。

南沙区还建立了网格化服务管理与综合行政执法联动机制。镇街综合行政执法队设置若干执法分队，每个分队对应若干个小网格。网格员在巡查过程中通过智慧云平台同步向镇街综合行政执法队和区综合行政执法局推送相关信息。其中大部分事项由执法分队第一时间进行处置，实现“网格呼叫，执法报到”，确保“小事不出村居、大事不出镇街、矛盾不上交到区”。如果遇到需要由镇街和区级共同执法的事项，则由镇街综合行政执法队及时协调，组织相关部门共同执法。

通过推进综合行政执法改革，整合行政执法权，资源下沉，南沙区增强了基层的组织执行能力，缓解了事多人少、权多责少、多头执法、重复执法、推诿扯皮等治理困境。通过权力合理划分，保证权力“放得开、接得住”，推动了治水工作进展。

三、信息技术是如何助力实现“掌上治水”的？

广州的河长制之所以落实到位、效果出色，除了机制合理、执行到位、高位推动、严格考核等因素，也离不开信息化手段的运用。

广州市在整合多方资源基础上开展“互联网 + 河长制”行动，建立了“信息化、体系化、可量化”的河长管理信息系统平台及配套运行管理制度，搭建起 PC 端、APP 端、微信端、电话端、门户网站端“五位一体”信息化管理平台，开启了“掌上治水”新模式。上文提到的民间河长通过“广州河长”APP 进行信息上报、群众通过“广州治水投诉”微信公众号进行违法举报等都是信息化应用的展现，而这仅仅是广州河长管理信息系统的一小部分。

（一）利用信息系统打破部门信息壁垒

河长管理信息系统整合了各部门间的相关治水数据，并构建了部门间沟通的平台。广州市把市、区、镇、村四级河长、流域河长、网格员、一线工作人员、公众，与市、区、镇三级河长办，以及所有相关涉水职能单位都纳入河长管理信息系统中，每个成员单位均有“联络人”负责相关问题的接收和处置。当基层河长遇到的问题事项超出了自身能力或者权限时，能够通过河长信息系统呼叫水务、生态环境、城管、工信、农业、住建等职能部门协同，促进和完善“河长吹哨，部门报到”机制，帮助基层河长解决治水“最后一公里”的问题。

在传统的河湖管理模式中，由于不同主体之间存在较为严重的信息不对称问题，数据共享机制不健全，不同部门之间相互封闭，形成了不同的信息孤岛，最终导致跨部门数据共享难度大，数据格式不统一，信息没打通也不能重复利用，变成“死数据”。河长管理信息系统建立以后，明确了部门间信息共享的责任与内容，各部门通过在 PC 端开放数据接口或直接上传数据的形式进行基础数据和专业数据的开放与共享，最大限度地整合了涉水部门数据，保障了河长办统筹协调作用的发挥。同时，还明确了“谁主管，谁提供，谁负责”的数据交换原则。具体到河长办与其他职能部门共享数据上，农业局会定期共享关于畜牧养殖和鱼塘养殖的数据、城管委共享垃圾堆放点和处理点数据、环保局共享水质监测数据等，从而促使部门间建立起了规范的治水共享信息平台。在实际的问题处理过程中，各涉水部门都能通过治水数据中心获取其需要的其他部门的数据，缩减了部门间数据共享的制度性成本，提高了水环境问题治理的效率，有效解决了部门协同中由于数据不畅通导致的权属不清问题。

河长管理信息系统的使用，打破了过去部门信息壁垒、部门本位主义的情况，带动部门间的多元协同，构建了“横向到边、纵向到底”的水环境治理体系，以部门合力增强河长办治水能力。

（二）利用信息系统优化履职流程

以高效的数据流转速度以及多样化功能，压实河长职责、激励河长履职、提升河长履职水平，提高了治水工作效率，提高了社会公众参与度，也提升了河涌治理和管理的能力。

“广州河长”APP是河长管理信息系统的主力APP之一。该APP覆盖全市1400余条河涌，串接各级用户1万余名、各职能部门600余个，各级河长应用“广州河长”APP巡河超过140万次，完成事务处理超过10万件，累计上报事务11万多宗。“广州河长”APP高效推动事务处理、指令下达、统计分析、信息查询、沟通交流，实现了河长巡河、问题交办实时监控，助力“互联网+河长制”落地开花。

2020年2月26日，市白云湖水利工程管理中心在“广州河长”APP上报增城区的鸡心岭水库发现存在有排水设施损坏的问题，在收到问题上报后，问题信息在平台上快速流转，市河长办作为首个受理部门及时下达任务，要求区河长办跟进，区河长办又迅速要求增城区荔城街道河长办处理问题，增城区荔城街水利管理所快速收到指令，在2月27日修复好排水设施。问题信息在平台间高效流转，“排水设施损坏”的问题在短短的一天中完成了上报、流转与解决，凸显“广州河长”APP在治水工作中的高效性。

与“广州河长”APP类似的还有广州排水设施巡检APP、广州排水户巡检APP等，这些仅仅是手机APP端应用的一部分，而APP端又只是PC端、APP端、微信端、电话端、门户网站端“五位一体”的河长管理信息系统中的一部分。通过综合信息的应用，广州治水实现了管理范围、工作过程、业务信息三个全覆盖和污染治理、河湖管理、河长管理三个精细化，实现了履职过程和河湖事务管理全闭环管理，可追溯可倒查。

（三）利用信息系统加强履职监督

信息化还可以用来督促和帮助河长履职。在河长管理信息系统的PC端，各级河长办能够及时掌握全市3000多个河长巡河时长、巡河距离、巡河轨迹等情况，以及河长管辖的1368条河涌的问题情况，通过数据监管河长的履职过程与成效。在APP端，河长也可以利用手机实时掌握自己的履职情况和所管辖河段的问题情况，做到自我监管。微信端、电话端让全体市民更直接参与治水，通过上报河涌问题、河长履职问题，监督河长履职。门户网站端定时发布相关河涌、河长的管理信息，让广大市民与河长能够第一时间掌握最新治水动态及河长履职要求。“五位一体”监管平台的建立，有效实现了“管理范围全覆盖、履职过程全覆盖、业务信息全覆盖”。

在对河长履职全过程进行系统监管的基础上，广州河长管理信息系统还能利用履职数据进行量化考核评价。借助河长管理信息系统，广州建立了一套科学有效的河长履职评价体系，以数据统计的方式对各级河长的巡河、问题上报、问题处理、下级河长管理、水质、激励问责等方面进行量化评价，并以不同指标的评价结果为依据，对各级河长按照文件要求开展工作的情况、工作取得的成效进行监督管理。更严格的是，在信息系统里设立了“红黑榜”，每周通报河长履职情况。通过电话随机抽查和河长周报中履职数据的连续性变化分析，监控河长履职变化趋势，对河长的巡河轨迹、责任河涌水质、下级河长履职情况等多方面分析评估，对履职优秀、分级管理到位和积极推进治水工作的河长利用红榜进行示范表彰；反之用黑榜进行公开督促和提醒。截至2019年年底，红榜上榜65人，黑榜上榜145人。

在“动真格”的压力下，河长的巡河达标率大大增加，村（居）级河长巡河达标率从2019年年初的77.02%提升至年底的93.77%；消除了以往河长“零巡河”“零上报”的现象，镇（街）级一般河涌巡河不达标且“零上报”问题人数从2019年第一季度的283人降到2020年第三季度的5人，河长上报问题积极性明显增加。问题办结率也明显提高，由2017年的79%提升至2019年的98%。在河长和各方力量的共同努力下，河湖治理成效明显提升。

值得一提的是，广州河长管理信息系统不仅是河长的办公系统，也是一个能够助力全民参与治水的开放的系统，以“广州河长”APP为例，它不仅是河长日常事务管理工作的平台，也是市民举报水污染问题的平台，为公众参与治水工作提供了很多便利。民间河长可以通过系统上报河涌问题，以及查阅上报问题的流转、办结信息，同时还能通过该系统浏览水环境治理相关新闻动态、政策法规、经验交流以及河长信息、河湖信息、水质信息等河涌的实时动态信息，“广州治水投诉”微信公众号也有类似功能，而且面向所有公众开放。广州通过搭建信息化平台，以信息开放提升公众治水感知，通过平台普及治水相关知识来提高公众参与治水工作的能力，进一步提升了公众参与水环境治理意识、扩充了公众参与治水的渠道，并且提升了公众监督力度，推动治水工作实现机制化、规范化、长效化。

第六章

广州治水的依法治理理念

2018年5月，习近平总书记在全国生态环境保护大会上强调："用最严格制度最严密法治保护生态环境。……要加快制度创新，增强制度供给，完善制度配套，强化制度执行，让制度成为刚性的约束和不可触碰的高压线。"[①]用制度和法律保护生态环境，也成为广州治水的理论逻辑的一项重要原则。要想实现生态环境质量持续改善，必须发挥法律和制度的刚性约束作用，使生态环境治理与保护工作走上法律化、制度化的轨道。

对于水环境治理，很多城市曾经陷入"污染—治理—再污染—再治理"的恶性循环中，导致水环境问题久治不绝，难以形成持续稳定的改善趋势。究其原因，关键在于水环境治理中没有充分发挥法律和制度的刚性约束作用，导致治理举措没有威慑力。广州市在开展治水工作过程中，除

① 《习近平谈治国理政》第三卷，外文出版社2020年版，第363页。

了坚持系统治理的思维，还始终遵循依法治理的思想原则，全力建设法治型政府，出台系列工作制度，完善顶层政策设计；加强立法保障，发挥法治的刚性约束作用；接受人大监督，推进多项议案落实。基于此，广州市的依法治水工作得以持续深入推进落实。

第一节　完善顶层政策设计

广州的治水实践过程中也暴露了多部门多头管理、城乡发展无序管理等问题。广州治水开始转变思路，以河长制为统领，完善顶层设计，原来的“多头管理”变为由河长统领、统管。先后出台 36 项河长制工作制度，23 项治水专项方案，特别是发布 10 道总河长令，把治水从之前的改变自然、征服自然转向调整人的行为、纠正人的错误行为上来。

一、如何通过建立健全配套制度体系和组织架构全面推行河长制？

全面推行河长制是以习近平同志为核心的党中央从人与自然和谐共生、加快推进生态文明建设的战略高度作出的重大决策部署，是破解我国新老水问题、保障国家水安全的重大制度创新。

长久以来，中国水环境治理质量并未得到很好的改善，水污染治理形势仍然不容乐观，内陆河流点源式污染和面源式污染甚为严峻。2007 年，太湖流域爆发蓝藻事件并引发大规模饮用水危机，给人们敲响了河湖生态的警钟。同年 8 月，无锡市政府出台《无锡市河（湖、库、荡、氿）断面水质控制目标及考核办法（试行）》，由党政负责人担任辖区内重要河道的河长，负责该流域水环境、水生态、水资源的保护及治理，为中国长期以来的水污染困局提供了解药良方，亦成为河长制的起源。随后这一政策创新迅速被其他地区所学习、效仿，并逐步扩散到全国。2016 年 12 月，中共中央办公厅、国务院办公厅联合发布《关于全面推行河长制的意见》，该意见的发布表明河长制已然从最初地方政府水环境治理的应急模式上升到国家政策。2017 年 3 月，广州市委、市政府召开全面推行河长制工作会议，打响广东省推行河长制的第一枪，广州市以河长制为抓手的水污染治理攻坚战正式铺开。

（一）河长制工作升级提挡，形成多级河长湖长体系

根据《广州市全面推行河长制实施方案》，广州将河长制分为市、区、镇街、村居四级体系，由广州市委书记担任市第一总河长，广州市市长、副市长分别担任市总河长、副总河长，各区委书记担任辖区内总河长，河道流经的各区、镇街、村居的党政主要领导担任同级河长。2018 年 11 月，在原有四级河长的基础上，广州创新设置九大流域河长，实现河长湖长全覆盖。2019 年 3 月，广州发布第 3 号总河长令，提出建立“以流域为体系，网格为单元”的全覆盖、无盲区的治水网络体系，压实细化治理责任，依托 19660 个基础网格和 近 2 万名网格员、网格长，明确网格员巡河及污染源查控职责，实施“网格员发现问题—河长办交办问题—各部门解决问题”的工作机制。

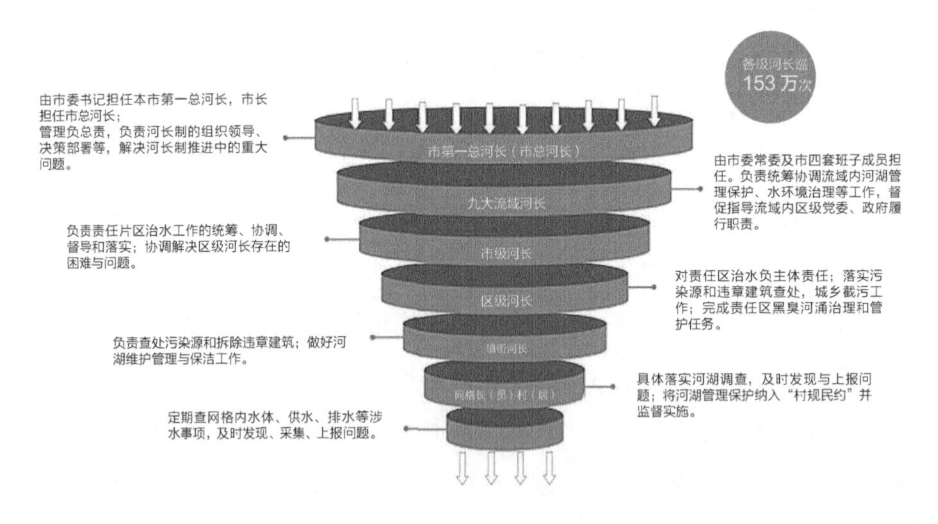

图 6-1　多级河长湖长体系图

目前，广州全市共落实河长 3030 名、湖长 828 名、自然村河段长 3296 名，配置网格员（长）近 2 万名，实现广州全市河湖水域全覆盖。按照“流域为体系、网格为单元，挂图作战、销号管理”的思路，依托全市 19960 个社会治理网格，各级河长职责明确、分工明晰，形成“横向到边、纵向到底，全覆盖、无盲区”的河长制责任体系和“网格员、村级河长巡查发现问题，镇级河长处理处置问题，区级以上河长统筹协调解决问题”的多级联动良性互动机制。

广州河长制工作已经实现力量升级、行动升级、成效升级、手段升级，形成“河长领治、上下同治、部门联治、水陆共治”的良好工作格局。

（二）成立河长制办公室，推进河长制实体化运作

2017 年 6 月 5 日，广州市成立了广州市全面推行河长制工作领导小组（以下简称“领导小组”），负责广州市河长制湖长制工作的总体设计、统筹协调、指导推进、监督考核。领导小组，由市委主要领导担任组长，成员包括纪检监察、组织、宣传、发展改革、水务、生态环境、工信等以

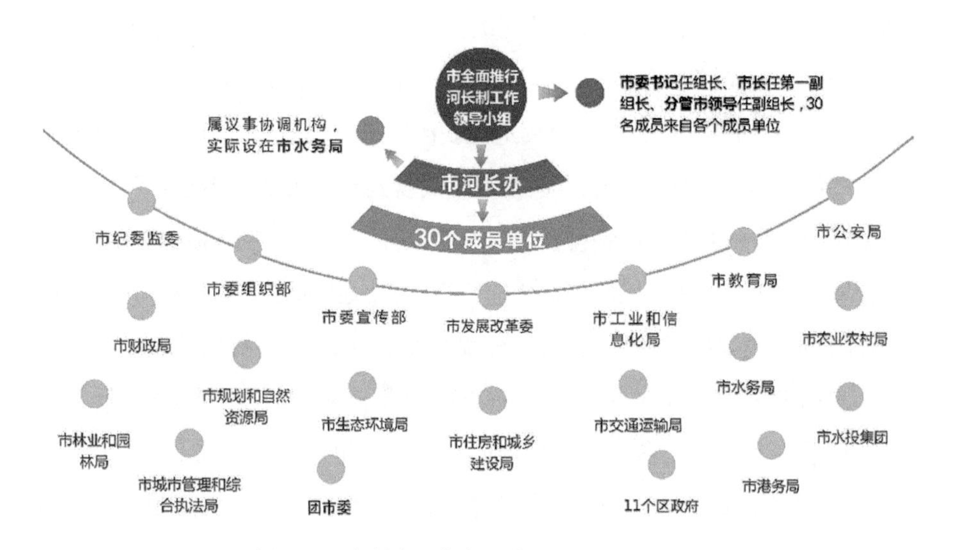

图 6-2　广州市河长制工作领导小组构成图

及各区政府共计30个单位，负责河长制工作的总体设计、统筹协调、整体推进和督促落实。领导小组下设广州市河长制办公室，由分管副市长兼任办公室主任，设综合调研、计划资金、工程督办、污染防控、新闻宣传、监督问责6个工作组，承担市河长制领导小组日常工作。区级成立区河长办，负责全区“河长制”实施工作。

（三）横向延伸增设河湖警长，健全行政执法和刑事司法衔接机制

河长制的优势在于将水环境保护模式从原来的“多头管理”变为由河长统领、统管。打破了当前法律制度和监管体系的局限，让地方党政主要领导对水资源保护、水域岸线管理保护、水环境治理、水安全保障等工作进行兜底，最大限度地调动各级、各部门的资源优势，可充分动员全党、全社会共同参与，以形成共建、共治、共享的治理格局。同时，广州市横向延伸新增设了河湖警长，健全行政执法和刑事司法衔接机制，发挥治水“利剑作用”，进一步优化完善河湖管理体系。

2017年，海珠区在广州率先推进河湖警长制实践。从2018年开始，广州海珠区探索建立了“1+18+N”的河湖警长制，即1个“区级河湖总警长”、18个“街镇级区域河湖警长”及社区民警、巡逻民警、治安民警、刑侦民警等多个警种。海珠区“区级河湖总警长”由副区长、区公安分局局长担任，是全区全面推行河湖警长制工作第一责任人；18名“街镇级区域河湖警长”分别由18个街道属地公安派出所所长担任，是本街道辖内河湖治理第一治安责任人，配合区公安分局食药环侦大队打击涉水环境污染犯罪行为。按照要求，河湖警长在日常巡查时，一旦发现有违法排污、涉水违建等危害河流生态环境的违法犯罪行为，要加强与城管、环保、水政等执法部门的联合执法。同时，加强河长和河湖警长的联动，打出治水组合拳。

实施河湖警长制效果显著，一方面，警长通过网格化巡查、日常巡查，提前介入、事先参与，将可能的涉水违法犯罪扼杀在摇篮中；另一方面，通过与环保、水务、街道等部门的密切合作，极大地提高了涉水犯罪的处置效率。

案例 6-1：海珠区琶洲派出所发挥河湖警长作用[①]

海珠区琶洲派出所积极联合区、镇街、村居三级河湖警长，明晰职能、细化流程，与相关职能部门建立完善定期会商机制、联合办案机制，合力加强对河湖周边环境保护、整治以及加大对涉水违法犯罪的打击力度。同时积极联合街道城管、环监等部门，制定联勤联动机制。召集河湖周边的工地、企事业单位、个体档口负责人召开会议，开展法制宣传工作，教育引导相关单位责任人不得作出非法填埋河湖、非法排污、倾倒淤泥、违法搭建等破坏河湖及周边环境卫生的行为。组织相关企事业单位、个体签订责任书或承诺书，促使相关单位、个人落实主体责任等。

案例 6-2：钟落潭派出所积极参与辖区内河涌治理工作[②]

钟落潭派出所积极发挥基层工作优势，专门建立派出所河湖警长微信群和各村居河涌巡查微信群，将相关责任民警、村居负责人、治保队员、村环卫工作人员拉进群，组成专业的河涌巡查队伍。并由社区民警带队，每周至少开展 3 次以上河涌巡查，同时科学发动村治保会，每日对河涌进行巡查，每日工作情况在群内通报，做到信息互通，确保实时掌握河涌情况，发现问题能马上追查、整改。其间，钟落潭派出所通过加强巡查，及时发现了凤尾坑涌新村段有大量黄泥水涌入，疑遭受污染等线索。镇级、村级河湖警长第一时间赶到现场，循线查找污染源，并最终查明系因广从二桥施工，打桩钻探制造了大量黄泥，冲入凤尾坑涌，从而污染水源的情况，已依法责令施工单位整改，并将相关情况报有关部门跟进处置，最终

---

① 案例来源：广州市公安局：《羊城水清岸绿，河湖警长保驾护航》，见 https://baijiahao.baidu.com/s?id=1672372844973572585&wfr=spider&for=pc。

② 案例来源：广州市公安局：《羊城水清岸绿，河湖警长保驾护航》，见 https://baijiahao.baidu.com/s?id=1672372844973572585&wfr=spider&for=pc。

凤尾坑涌水质得以恢复。

二、为健全配套工作制度机制出台了哪些工作方案?

（一）出台系列配套工作制度，积极推进河长制全面落实

2017年，继《广州市全面推行河长制实施方案》颁布，广州市又先后出台了《广州市湖长制实施方案》《广州市河长制考核办法》，落实河长“涌边三包、守水有责”，实现“五无”。下发了《广州市黑臭河涌整治工作任务书》，将治理任务落实到基层和各责任部门；制定了《广州市河涌管理范围内违法建设专项整治实施方案》，将全市河涌管理范围内违法建设纳入拆除重点，坚持以“条块结合、以块为主”，坚决“止新”，全力“拆旧”；完善了《广州市河道管理信息报送制度》《广州市河长制公示牌设置指引》《广州市河长巡河指导意见》《广州市河长制办公室关于开展聘请河湖“民间河长”活动的通知》《广州市河长制投诉举报受理和办理制度》《广州市河长制工作重大问题报告制度（试行）》等法规和规范确保河长制规范管理、各级河长分管河段责任段的落实以及民众的参与及监督；制定了《广州市水环境治理责任追究工作意见》，倒逼河长制工作落实，提高各级河长和管理单位履职尽责能力。

《广州市全面推行河长制实施方案》中提到，要在各河道的显眼位置放置该河段河长公示牌，并主动接受群众监督，同时各级河长要定期巡查。另外，根据《广州市河长制考核办法》《广州市河长巡河指导意见》《广州市河长制办公室关于进一步加强河长巡河的通知》等文件的要求，镇（街）级河长每月巡查次数不少于一次，村（居）级河长需要做到每天一巡或以上，在巡河过程中发现污染问题要做好巡查记录，及时上报、处理，巡查情况做到“可查询、可追溯、可问责”。以“流溪河流域管理”为例，《广州市流溪河流域保护条例》规定，广州市流溪河流域管理办公室巡查发现问题，然后报送广州市河长办交办，市河长办再下发给区政

府，区政府再下发给镇（街）级政府，镇（街）级政府再下发给村（居），以此类推，层层落实到基层，最后从基层实现河道治理。

（二）总河长令统领河湖管理，指明治水工作方向

广州市委书记张硕辅、市长温国辉高度重视河长制工作，2018—2020年，广州市第一总河长、市总河长共批示373次，共同签发了10道市总河长令，针对完成国家、省、市治水任务进行重点部署和工作安排，以军令状的形式，强化落实河湖长责任。

第1号总河长令：深入贯彻河长制湖长制，打好污染防治攻坚战，全面统筹，剿灭黑臭。针对黑臭水体治理，以签订任务书的形式向各相关单位下达了剿灭黑臭水体任务，逐条对黑臭水体明确了治理目标、完成期限和责任人，形成了部门共治的局面。

第2号总河长令：为统筹上下游、左右岸、不同区的综合治理，在四级河长基础上设置流域河长，形成"河长领治、上下同治、部门联治、水陆共治"的工作格局。改变过去以行政区划开展水环境治理的工作机制，创新设置九大市级流域河长，依托流域河长协调解决水环境治理中左右岸、上下游的问题。

第3号总河长令：为建立"以流域为体系，网格为单元"的全覆盖、无盲区的治水网络体系，压实细化治理责任，依托19660个基础网格和18416名网格员、网格长，明确网格员巡河及污染源查控职责，实施"网格员发现问题—河长办交办问题—各部门解决问题"的工作机制。

第4号总河长令：为落实源头治理，针对源头查摆问题，部署开展全市2万余个排水单元达标攻坚行动，实现排水监管进小区，建立排水单元设施养护"四人"（权属人、管理人、养护人、监管人）到位机制，力争做到"排水用户全接管、污水管网全覆盖、排放污水全进厂"；这里的源头，一是管理的源头，明确职权责任，系统管理；二是工程的源头，技术解决污染源；三是人意识的源头，播种、宣传、动员全社会环保意识。

第5、6、7号总河长令：聚焦国、省考蕉门、大墩、石井河口断面水

质达标重点难点，消除不达标断面，实现水环境改造阶段性目标，强力打出“控源—截污—管理”的治水组合拳，确保断面2020年达标。

第8号总河长令：聚焦河涌拆违和小微水体治理，继续巩固深化治水成效，将治理工作向水环境治理各处“毛细血管”部分深入，下达全市168宗黑臭小微整治任务，涉河违建拆除向边沟边渠、合流渠箱延伸，部署了共计526万平方米涉水疑似违建拆除目标，实现治理黑臭由基本消除向根本消除转变，进一步对社会动员，全员治水。

第9号总河长令：聚焦清污分离，污涝同治，提质增效，全力推进合流渠箱雨污分流改造，部署443条合流渠箱“开闸”行动，疏通河道水脉，提升城市品质。

第10号总河长令：剑指劣V类一级支涌，在取得治水历史性成效基础上，乘势而上、乘胜追击，对照国家和广东省关于地表水质断面、水功能区考核要求，精准施策，靶向治疗，确保在2021年年底前全部消除国、省考断面涉及的75条一级支流劣V类水体。

（三）健全河长配套机制，提升河长主动履职效能

因为机制不完善、责任不明确，在河长制推行之初，广州的治水实践中也逐渐暴露了诸多问题，比如基层河湖长责任落实不到位、缺乏支持；

图6-3 广州市第1—10号总河长令

基层河长办流动性强，专业性不足，统筹协调作用有待加强；考核形式单一，注重短期成效，监督机制有待优化；激励问责机制不健全；民间河长覆盖范围小，居民环保意识低、社会参与度不高等。

针对实际工作中出现的这些问题和漏洞，广州市从顶层设计入手，于2017年在全省率先出台了《广州市全面推行河长制实施方案》《广州市湖长制实施方案》等法规文件，配套出台河长会议、考核、督察、巡查等工作制度36项、各类治水专项方案23项，建立健全“落实责任”“发现问题”“解决问题”“监督考核”“激励问责”五大机制，从制度上拧紧责任链条。

同时，出台规定明确各级河长在完成黑臭水体整治任务前原则上职务不得调整，以此倒逼责任落实，提高政治站位，推动各级河长从“要我管”到“我要管”再到“要管好”的转变。

一是建立健全河长责任机制。由市委书记担任市第一总河长，市长担任市总河长，创新建立流域河长制度、网格长制度，建立“市级第一总河长（市总河长）—流域河长—市级河长—区级河长—街（镇）河长—村（居）级河长—网格长”的多级河长体系，实现河长巡查工作由“水体”向“岸上”深化、控源重点由“排口”到“源头”转换。

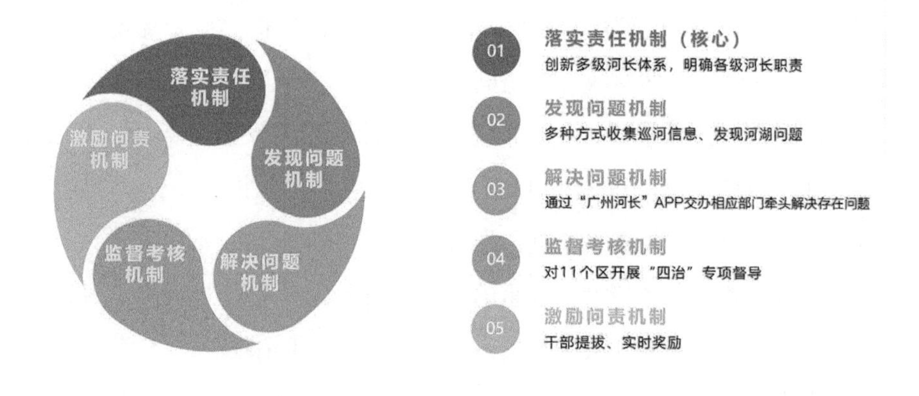

图6-4　河长配套机制图

目前，广州已实现全市河湖长全覆盖，各级河长责任明确。利用“广州河长”APP对河长巡河履职实时监督，编制河长巡查周报，采用红黑榜公布履职情况。

二是建立发现问题机制。网格员、村级河长主要履行“发现问题”职责，并通过“广州河长”APP上报基础数据。市河长办统筹协调，根据存在问题和困难所涉及的层面，采用不同层级的协调，包括工程督办协调、治水联席会议协调、市政府协调（每月治水治气会议）、市全面推行河长制工作领导小组协调（研究重大问题）。同时还广开渠道，通过广州治水投诉和广州水务公众号，接受市民投诉，开展有奖举报行动。

2019年起，市河长办改被动受理为主动出击，率先启动污染源突击检查行动，总结出“发现、交办、整治、复查”四部曲工作模式，走出一条打破常规的治污新路。

背景知识：什么是“发现问题机制”

1. 发现问题的主力——网格员、村河长

2. 发现问题的利剑——“暗访+突击检查”

3. 发现问题的助攻手——民间河长

4. 发现问题的补充——公众投诉、举报

三是建立解决问题机制。根据上报的问题，实施“河长吹哨，部门报到”的机制，按问题类型分别由排水（水务）、工信、生态环境、城管、农业等部门牵头落实整改、解决问题。

四是建立监督考核机制。成立市“四治”专项督导组，设立11个督导工作组全职下沉驻点全市11个区，督促各区加快推进工作；借鉴国家两部委专项行动“督查、交办、巡查、约谈、专项督察”五步法，组成专项组，进驻黑臭水体整治任务重的花都、白云、番禺三区，开展为期一年半的水污染防治专项督察工作，推动三区的水污染治理。

人大、政协监督。建立市、区、镇街人大、政协联动监督机制；仅2018年，广州市人大、政协就督导60余次，开展明察暗访，协调解决难题 100 余个。

暗访队伍监督。组建了一支 60 人的暗访队伍，不定时开展治水进展追踪及相关问题调查、取证工作，对突出问题予以交办和通过媒体曝光，对于问题严重的，提交纪检、监察机关予以立案调查问责。2019—2020 年，组织媒体暗访 90 多次，发现、曝光、处理涉水问题 160 多个。

媒体监督。采用宣传正面典型与曝光负面案例的方式，在《羊城论坛》《有事好商量》《民声热线》等政论类节目及报纸媒体、网络新媒体报道中宣传好的做法，督促不良现象整改。2019—2020 年，在中央、省、市各大媒体发布新闻稿件 2000 多篇。

群众监督。组建车陂女子凤船队、“乐行驷马涌”、“民间小河长”、高校青年志愿者等 165 支 2087 人参加的护水队；聘请民间河长 754 人，设置河道警长 127 名，3972 名党员认领 559 个河湖。不但有效扩充了治水队伍，也极大提升了市民对治水工作的参与度。截至 2020 年年底，对于群众投诉的线索和案件，河长办督办事务 4582 件；受理群众投诉 1.7 万宗，办结 1.68 万余宗，办结率达 99%以上。

移动互联监督。借助移动互联网新技术，聚焦“数据赋能”，广州积极探索“掌上治水”新路。在“广州河长”APP 等信息系统的监督下，2017—2020 年，河长巡河率从 40%上升到 98%，日均上报问题数从 55 个提升到 149 个，问题办结率从 66%提升至 99%。

五是建立激励问责机制。先进者褒奖，落后者告诫，从来都是最好的激励问责机制。

广州市先后出台了《广州市水环境治理责任追究工作意见》《广州市党廉办关于印发整治水环境治理失职失责等问题专项行动方案的通知》《广州市河长制办公室关于印发广州市河长制考核办法（试行）的通知》，中共广州市委组织部印发《市管党政领导班子和领导干部年度考核结果运用实施办法（试行）》《市管党政领导班子和领导干部平时考核实施办法（试行）的通知》等各类奖惩机制文件，将黑臭水体治理工作纳入政府对部门及对各级人民政府的考核体系，对违建、散乱污、治水工程慢等问题整改不及时、重大项目推进不到位、治水效果不明显、攻坚克难项目抓落实不得力的，加大问责力度。

同时，广州市建立健全河长考核机制，责任追究机制，专项下沉督导机制，暗访机制，市民公众参与，人大社会监督，政府履职的共建共治共享社会治水机制，水环境问责线索查找机制，水环境治理责任追究机制，河长履职关联干部提拔（调整）等一系列制度，强化对河长、部门履职的

河长榜单

全部 积分榜 红榜 黑榜

越秀区梅花村街道镇街级河长郭建章，满足巡河指导意见要求，巡河积极，发现并解决多类型河涌问题，下...
336 102 红榜 2021-05-19 14:56

南沙区大岗镇村居级河长曾绮祺，满足巡河指导意见要求，巡河积极，发现并解决多类型河涌问题，落实河...
293 86 红榜 2021-05-14 17:22

南沙区黄阁镇镇级河长杨勇，满足巡查指导意见要求，巡河积极，发现并解决多类型河涌问题，下级河长履...
284 86 红榜 2021-05-13 15:40

天河区新塘街道镇街级河长王强，满足巡查指导意见要求，巡河积极，发现并解决多类型河涌问题，落实河...
282 86 红榜 2021-05-11 17:24

花都区狮岭镇镇街级河长谢英俊，满足巡查指导意见要求，巡河积极，发现并解决多类型河涌问题，下级河...
279 88 红榜 2021-05-06 16:00

海珠区南石头街镇街级河长邹伟，满足巡查指导意见要求，巡河积极，发现并解决多类型河涌问题，下级河...
297 92 红榜 2021-04-16 15:54

番禺区大石街道镇街级河长曾浩斌，满足巡查指导意见要求，巡河积极，发现并解决多类型河涌问题，下级...
295 81 红榜 2021-04-14 14:57

海珠区华洲街道镇街级河长杨军，满足巡查指导意见要求，巡河积极，发现并解决多类型河涌问题，下级河...

河长榜单

全部 积分榜 红榜 黑榜

番禺区新造镇镇街级河长黄锦松，应付式巡河，上报问题工作不到位，管辖河段内市级巡查发现多个污染问题
282 73 黑榜 2021-04-16 15:50

白云区钟落潭镇村居级河长陈沛良，应付式巡河，上报问题工作不到位，管辖河段内市级巡查发现多个污染...
310 80 黑榜 2021-04-14 15:17

天河区元岗街道村居级河长熊朝霞，应付式巡河，上报问题避重就轻，管辖河段内市级巡查发现多个污染问题
343 82 黑榜 2021-04-07 15:22

白云区龙归街道村居级河长张展立，应付式巡河，上报问题避重就轻，管辖河段内市级巡查发现多个污染问题
337 87 黑榜 2021-02-25 17:45

白云区钟落潭镇村居级河长肖永钊,应付式巡河，上报问题避重就轻，管辖河段内市级巡查发现多个污染问题
316 75 黑榜 2021-02-22 09:28

从化区太平镇镇街级河长欧伟良，应付式巡河，仅上报垃圾类型问题，管辖河段内市级巡查发现多个污染问...
369 87 黑榜 2021-02-08 17:32

南沙区大岗镇村居级河长王沃南，应付式巡河，仅上报垃圾类型问题，管辖河段内市级巡查发现多个污染问题
352 96 黑榜 2021-02-02 11:06

增城区小楼镇镇街级河长张猛，应付式巡河，仅上报垃圾类型问题，下级河长履职不到位

河长红黑榜

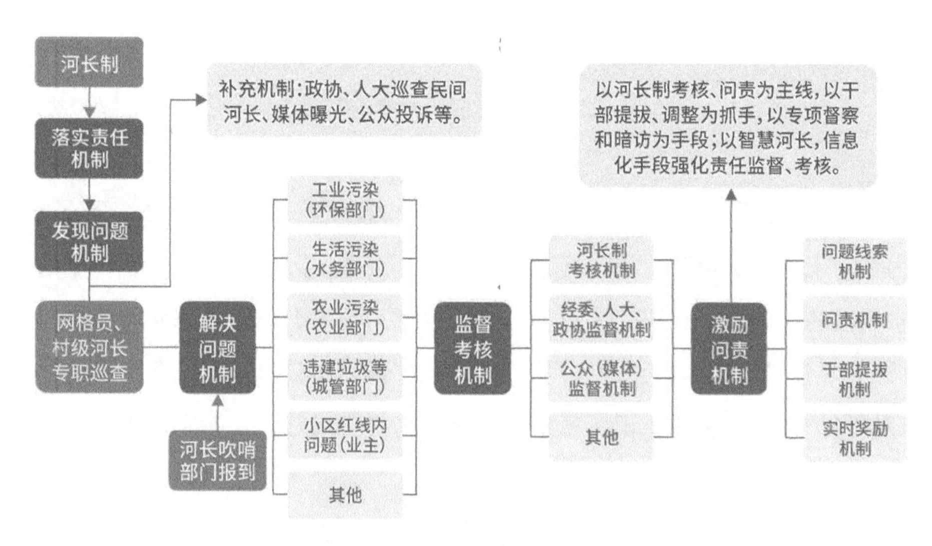

图 6-5　广州河长考核机制图

监督考核，有效地调动了河长、部门的积极性和主动性，促进工作开展。

按照《广州市全面推行河长制湖长制工作考核办法》，每年对各区河湖长制工作进行考核。考核各区党委、政府的河湖管理保护责任，水污染防治、水环境治理、水资源保护、河湖水域岸线管理保护、水生态修复、执法监督的工作落实情况。明确把治水考核结果作为领导干部综合考核评价的重要依据，对于在黑臭水体整治过程中工作敢于作为、业绩突出的河长给予优先提拔，对于在黑臭水体整治过程中不作为、慢作为、乱作为的河长严肃追究相关责任。

据统计，2019 年以来，通过“广州河长”APP 红黑榜共表扬河长 65 人次，通报履职不力河长 906 人次。根据市委组织部的要求，市河长办先后对 24 名职务调整的河长出具了履职情况说明。市、区两级共对 208 名不履行或不正确履行职责的人员进行了责任追究。

第二节　加强立法保障

治水工作陷入“污染—治理—再污染—再治理”困境，很大一部分原因是，未从立法角度对源头污染进行约束与规范。因而，广州市在多年治水实践的基础上，意识到要对生态系统要素从源头上进行立法保障，要遵循治水与治产、治城相融合，从治理的程序性动作转向提升民众、企业的环境保护意识、法律意识，从根本上解决水污染问题，才能实现水环境治理持续向好。

“十三五”以来，广州不断加强法制建设，全力建设法治型政府。加快推进《广州市排水管理条例》制定和《广州市流溪河流域保护条例》修正；公布实施排水单元达标、水库安全管理、水利工程维修、排水户分类管理、供水用水等领域规范性文件共13份，完成新一轮污水处理费调价；深化“放管服”改革，压减广州市水务局10类447项行政权力事项，精减事项占比50%以上；实行驻点律师工作制度，聘请法律顾问对招投标、征收、信访、合同签订等开展专项指导服务。

一、如何在水环境治理中发挥立法主导作用?

推行治水需要强有力的法治支撑，自2017年开始，广州市着手开展了一系列立法活动。

（一）在全国率先出台生活垃圾分类管理条例，从源头推进生活垃圾减量

为了控制污染、持续改善河涌水体质量，广州市在减少水体污染源头、控制污染量方面作出了持续努力，自2017年3月，陆续采取一系列立法措施。

从生活垃圾源头减量出手，推进生活垃圾分类管理立法工作。2017年3月，广州市对公共机构、相关企业（星级酒店、大型农贸市场、大型

商场、大型国有企业）、相关行业（建筑、园林绿化、纺织、皮革等行业）实施强制垃圾分类。考虑到居民小区亦需要加入强制分类范围，市城管部门在全市选择了100个小区同步推行生活垃圾强制分类。2017年12月27日，《广州市生活垃圾分类管理条例》经广州市人大常委会审议通过，并于2018年7月1日起正式施行。该条例明确了广州生活垃圾收费制度的发展方向，成为广州持续推动垃圾分类工作的重拳。2020年7月29日，广州市人大又对该条例进行了修正。除修改了相关职能部门名称和权责表述外，个人及单位违规行为处罚罚金的上限较修正前均有提升。如今，经过全市上下的共同努力，广州已建立了一套完善的垃圾分类投放、分类收集、分类运输、分类处理体系，2020年已实现城乡生活垃圾分类全覆盖，建设资源热力电厂共5座，厨余生化处理设施共6座，垃圾处理设施焚烧处理能力达到1.4万吨/日，厨余垃圾生化处理能力达到3800吨/日，焚烧处理率约61%。《广州市生活垃圾分类管理条例》的推行，有效地实现了垃圾减量，健全了垃圾分类处理体系，减少了因垃圾投放、收集、运输、处理等环节不到位而造成的水体污染。

出台三部地方法规修正案，对关于垃圾分类的有关规定进行细化明确。由于广州已就生活垃圾分类进行地方立法，三部地方法规修正案中均将以往垃圾分类的“选做题”变为“必做题”。《广州市市容环境卫生管理规定》修正稿中将以往“本市逐步实行生活垃圾分类投放、收集、运输和处置”条文，改为“本市生活垃圾应当分类投放、收集、运输和处置”；与垃圾减量息息相关的限塑令，亦由“提倡减少使用或者按照规定不使用一次性塑料袋、发泡饭盒、筷子、拖鞋、牙刷等用品”，改为“应当减少使用或者按照规定不使用一次性塑料袋、发泡饭盒、筷子、拖鞋、牙刷等用品”。由于餐饮垃圾被归类为生活垃圾范畴，为明确禁止排入水体废弃物的种类，《广州市水域市容环境卫生管理条例》修正稿将允许在指定水域经营餐饮业的单位和个人中，“不得将废弃物排入水体”条文修改为“不得将生活垃圾排入水体”，并在修改说明中要求“餐饮垃圾产生单位应当落实餐饮垃圾源头减量分类工作责任，餐饮垃圾应当交给有经营许可证的单位收运处理，不得直接排入公共水域、厕所、市政管道或者混入其他生活垃圾”。由于在过去的执法中，发现有泥头车将建筑废弃物倾倒进河涌的行为，《广州市建筑废弃物管理条例》修正案将过去“禁止向水域倾倒排放建筑废弃物”条款中的“水域”，细化为“农田水利设施、江河、湖泊、运河、渠道、水库及其最高水位线以下的滩地和岸坡等法律、法规规定地点”。

（二）出台供水用水条例，推进水价调整、收费收取等工作法治化

为了加强供水用水管理，保障供水用水安全和质量，满足生活、生产以及其他用水需求，促进经济社会可持续发展，2019 年 10 月 1 日，由广州市水务局牵头起草的《广州市城市供水用水条例》正式实施。

该条例对广州市城乡居民供水用水行为提出了新的规范，针对广州城市发展进程中出现的一些亟待解决的问题，以立法的形式提出具体、可操作的解决方案，为进一步加强广州市供水用水管理提供了法律支持。与之前相关法规相比，该条例有两大亮点：

一是水价调整需广泛听取公众意见。条例要求，供水价格的调整与水资源费的调整实行联动机制，并按照用水类别和用途实行分类管理，居民生活用水实行阶梯式计量水价。管理部门在制定价格或者审核供水单位调价申请时，应当依法采取论证会、听证会或者通过网络公开方式，广泛听取专家和公众意见，合理制定价格方案，报同级人民政府批准后，向社会公布并组织实施。

二是物管水费不得摊给居民。条例指出，物业服务单位不得将其办公、生活的自用用水费用，或者小区绿化养护、园林水池喷泉、值班室、保安亭以及小区开展喜庆、宣传、装饰等活动的用水费用，摊入小区居民水费中由居民缴纳。

近年来，广州还通过立法，逐步建立健全节水政策体系，全面推进节水型城市和节水型社会创建。先后颁发实施了《广州市实行最严格水资源

管理制度考核办法》《广州市计划用水管理办法》《广州市节约用水奖励办法（试行）》《广州市建设项目节水设施“三同时”管理暂行办法》《广州市再生水价格管理的指导意见（试行）》《广州市国家节水型城市创建行动计划》等，节水激励措施和配套政策进一步完善，建立了市、区两级用水总量、用水强度控制指标体系，推动节水工作走上制度化、规范化轨道。2019年广州市荣获“广东省节水型城市”称号，2020年荣获“国家节水型城市”称号。

（三）将排水管理条例纳入立法计划，进一步从源头约束污染排放

广州治水成果来之不易，市水务局一直致力于保持治水力度和效果的可持续，防止“反弹”。

听取人大代表建议，重视《广州市排水管理条例》立法工作。针对当前广州水环境仍存在断面水质尚未全面达标、黑臭河涌治理成效仍不稳定等问题，市人大代表建议加快推进《广州市排水管理条例》立法，完善供排水规章制度，要求：一是要聚焦目标任务，尤其是对于当前广州仍未达标的劣V类河涌，要重点督办督导；二是要聚焦补齐设施短板，提高排水系统整体质量，如从战略谋划的高度将排水系统建设纳入“十四五”规划编制，考虑规划“双备份”的排水系统；三是要聚焦健全精细化管理长效机制，提高排水系统运营能力；四是要聚焦村级工业园，规划好、谋划好，形成长效治理做法；五是要聚焦农业农村污染治理，不仅要引导一批龙头农业企业进行规范化建设，也要整治一批“小散乱”养殖场；六是要强化保障设施，夯实治理能力体制机制。广州市水务局围绕源头控制排水，开展了系列控源截污工作，并积极开展排水单元达标、雨污分流等排水系统建设完善工作。

组织开展调研活动，吸纳多方意见建议。广州市水务局在推进排水管理系统建设时，也在积极开展调研活动，征求各方对于《广州市排水管理条例（草案）》的意见建议。例如，2021年3月3日上午，市水务局、部分市人大代表到市水投集团开展调研，现场察看了猎德污水处理厂运行情

况，了解排水管理体制改革情况，排水和污水处理设施规划、建设、运营管理基本情况及目前排水工作存在的主要困难和解决思路，以及听取对各方对上述条例（草案）的意见建议。

（四）出台湿地保护规定，为生态环境高质量发展提供法律保障

2018年7月1日，《广州市湿地保护规定》正式施行，为广州湿地保护提供法律保障，并对海珠湿地进行专章保护。自2016年启动立法工作到规定出台，只历经不到两年时间，这体现出广州市政府对湿地保护工作的高度重视和迫切希冀。该规定一是旨在加强湿地保护，维护湿地生态功能和生物多样性，促进湿地资源可持续利用，改善生态环境，推进生态文明建设。二是对湿地的规划与名录、保护与利用、管理与监督、法律责任等作出了详细规定，明确加强红线管理，要求将重要湿地纳入广州生态红线以及生态控制线范围，确保重要湿地生态功能不降低，面积不减少，性质不改变。三是第五章第四十三条至第五十二条为海珠湿地保护特别规定，对海珠湿地实施永久性保护。

二、如何通过精简下放行政权力提升执法效能？

（一）成立广州市城市排水有限公司及外围分公司

水污染问题由来已久，难以在短时间内得以解决，其中一个重要原因是管网数据底子不清，需将污水管和雨水管放在一个“篮子”里管，用专业的人干专业的事，使雨污系统各司其职，提高效率。因此，广州市经过以下几方面的综合考虑，创新性地提出，建立市城市排水有限公司，承接污水管网和雨水管网管护、建设维修等相关工程。第一，长久以来，原污水管、雨水管和合流管未统一管理，现状截流式截污模式和雨污混接情况普遍存在，导致污水管和雨水管已融为一个整体。第二，历史排水管网数量不清，底数不明，需要专业公司摸查、盘活旧管网资源，发挥存量效能；且城市排水管网的管养、修复类似于肠镜手术，需要一定的成本、技术，需要专业人士来做。第三，地下工程、管网养护市场化的程度还不够

高，诚信体系还有待完善，由社会化公司负责难以确保效果。第四，排水公司介于市场化和行政化之间，既是政府监管权力的延伸，也可调动社会资源参与管网养护。政府需要“一只手”（排水公司），采用笨功夫、苦功夫，一个个井、一段段管去找齐埋在地下的存量管网，并开展洗井洗管，同时利用智慧水务手段，将无效资产转变成有效资产，将低效资产转变成高效资产，在将存量资源最大化利用的基础上，经评估有实需的，再新建管网，实现花小钱办大事。

2018 年 4 月，广州市人民政府办公厅印发《关于组建广州市城市排水有限公司的工作方案的通知》。2018 年 5 月，由广州市水务投资集团有限公司出资，成立全资子公司——广州市城市排水有限公司，主要负责广州市中心六区公共排水设施日常运行养护、维修，主干道路及重要区域内涝布防抢险及重大活动排水保障等，全力推进排水单元达标创建、合流渠箱清污分流等重点攻坚工作，致力于实现中心六区排水设施“全覆盖、一体管理、系统运行、专业维护”，并在此基础上完善城市水务产业布局，逐步形成涵盖研发设计、装备制造、维修养护、工程总包能力的水务产业链条。此后，广州市外围其他区陆续各自组建区域排水公司，为区域内排水管理服务。

（二）将排水行政审批事项下放至区政府

根据深化行政审批“放管服”改革和优化营商环境的要求，结合广州市工程建设审批制度改革的工作部署，广州市在治水工程方面推进政府职能从重审批向重监管转变。结合广州市的实际情况，广州市一是根据《住房和城乡建设部关于取消部分部门规章和规范性文件设定的证明事项的决定》文件精神，取消排水水质检测事项；二是根据《广州市住房和城乡建设委员会关于印发广州市工程建设项目管线迁改工作方案的通知》文件要求，取消迁移、移动城镇排水与污水处理设施方案审核事项。由此，相关审批权限下放至区级政府部门。按照“谁审批、谁监管”“谁主管、谁监管”的原则，由各区排水行政主管部门履行事中事后监管、检查、验收等职责，承担相关法律责任。对涉及排水行政审批事项的违法行为，由各区水务执法部门进行查处。

（三）不断强化执法力度，着力提升执法效能

2020年以来，广州各区克服新冠肺炎疫情等不利因素，尤其是番禺、白云、南沙等区，均超额完成执法任务。2020年全市查处水事违法案件317宗，结案441宗（含上年结转），罚款1573.55万元，按时办结590宗河湖违法陈年积案，完成水利部下达"清零"任务。开展河湖"清四乱"常态化规范化自查自纠，组织全市共排查出河湖"四乱"问题898宗，全部录入水利部河湖管理督查系统，已整治销号898宗，完成的整治数量和系统审核销号数量均居全省第一。

第三节　加强人大监督

2017年，在广州市十五届人大一次会议期间，林永亮等41名人大代表联名提出《关于全面加强水环境治理和保护工作的议案》，被大会列为"001号议案"。在此后的几年里，广州人大代表持之以恒推动落实，借助信息化手段打破监督时空限制，推动水环境不断改善。治水过程中，广州市政府也大力推进治水工作的省、市、区、镇（街）四级人大联动监督（调研）制度化、常态化，推动议案落实，以更快更好破解治水工作中的重点难点。截至2020年年底，广州197条黑臭河涌全部消除黑臭，13个断面水质达到年度考核要求。

一、四级代表联动是如何推进治水工作落实的？

一直以来，广州虽然水网密布，但水质性缺水非常严重，市民群众对良好的水环境质量渴求十分强烈。2016年11月，广州人大委托第三方评估机构调查显示，超过60%的受访者对广州周边河流河涌水质持差评，

迫切要求并支持政府采取措施改善水环境质量。

2017 年 1 月，《关于全面加强水环境治理和保护工作的议案》提出，虽然广州各级政府着力推进水环境治理与保护工作，努力促进“水更清”目标任务的实现，取得了积极进展，但仍存在水资源管理薄弱、排水防涝能力有待提升、水环境质量不容乐观等问题，难以适应建设干净整洁平安有序城市的要求，距离国家、省的要求以及市民群众的迫切愿望也有较大的差距。从 2017 年起，每年听取和审议市政府关于办理“001 号议案”决议实施方案的报告，成为广州人大年度监督计划中“雷打不动”的项目。

（一）四级代表联动，将监督压力转换为工作动力

“001 号议案”提出后，2017 年 7 月，广东省人大常委会将白海面涌作为省、市、区、镇（街）四级人大联动监督广佛“跨界”河流污染整治工作的重点。随后，广东省人大常委会主任、广州市人大常委会主任分别召开座谈会并前往现场调研污染整治推进情况。在广东省人大常委会指导下，广州市人大常委会根据省人大常委会领导有关跟踪督办白海面涌整治的指示精神，制定了《省、市、区、镇人大对白海面涌污染整治工作的监督联动工作方案》，明确了联动监督的开展机制、监督内容。一方面，开展“散乱污”工业企业排查整顿工作监督，推动铁腕清理流域污染源；另一方面，以推进河长制为抓手，推动白海面涌水环境综合治理。

作为流溪河“污染头牌”的白海面涌，工业污染整治难度极大。为了推动工作开展，四级人大共同围绕污染治理任务，积极协调解决整治工作难点，形成工作合力，大力督促各级政府及相关部门按照“控源、截污、管理”的治理思路，从主涌向支涌、从水面向岸上延伸。对于以往工作程序多、审批时限长等问题，做到特事特办。四级人大通过听取情况报告、定期调研、暗访、督导等方式推动治理工作开展，流域内污染源得到了有效清理，7000 多家“散乱污”场所被清理，约 40 万平方米涌边违法建设被清拆。2017 年 10 月，生态环境部、住房和城乡建设部对广州开展

城市黑臭水体专项巡查行动，白海面涌的整治成效得到专家组的充分肯定。2017年年底，白海面涌基本消除黑臭。2018年5月，通过国家黑臭水体专项整治督察验收。省人大常委会负责人对其治理成效给予了充分肯定。

白海面涌治理初见成效后，省、市、区、镇（街）人大强化目标导向，持续开展联动监督，推动“长制久清”取得阶段性成效。截至2020年6月30日，白海面涌流域内8个城中村完成了雨污分流，新增污水管网797.16千米，新增污水处理能力30万吨/天，水污染治理基础不断夯实。从每月公布的河涌污染物排放量监测数据分析，水质保持稳定向好态势。

白海面涌的治理，就是流溪河变迁和广州全市河湖水环境整体改善的一个缩影，也是广州市人大推动“001号议案”落实的一个缩影。

以监督“001号议案”贯彻落实为主线，广州市人大在全国率先探索，在人代会期间审议代表联名提出的议案并作出决议，直接交由政府执行，将监督的压力转化成工作的动力。

为将各级人大全方面联动贯穿治水监督全过程，广州市人大常委会建立了市人大常委会副主任对口联系各区治水监督工作机制——由常委会副主任下沉各区协调督办，市级代表下沉，实现治水监督工作制度化、规范化。同时，市人大常委会的领导通过经常性的明察暗访，掌握各区治水工作进展、发现治水中存在的问题，推进河（湖）长制全面落实。

广州市人大常委会还建立了市、区人大常委会治水监督工作联席会议机制和市、区挂钩督办黑臭河涌治理机制。各区每年分别确定一条黑臭河涌，由市、区、镇（街）三级人大联动监督，挂钩督办。各区人大均对标“001号议案”，确定了本区域的议案或重点建议，每年都采取执法检查、听取审议专项工作报告、满意度测评等方式，对区政府做好水环境治理工作开展监督。

（二）区级代表承上启下，打通监督“最后一公里”

除了积极推进市级人大代表履职外，广州市人大常委会一直致力于加强各级人大全方位联动，并将这一工作原则贯穿治水监督全过程，广泛发动人大代表及各方社会力量共同参与，推进监督工作制度化、常态化、精准化，力图打通治理监督的“最后一公里”。

广州市人大常委会鼓励各区人大代表挂钩督办黑臭河涌治理，并将这一机制覆盖至广州各区。每年，广州各区都会分别确定一条黑臭河涌，由市、区、镇（街）三级人大联动监督，挂钩督办。通过定期巡河、执法检查、听取审议专项工作报告、满意度测评等方式，人大代表及时发现问题、解决问题。例如，在番禺区人大常委会农村农业工委办公室里，一份治水督战图悬挂在墙，图上列出了全区治水工程建设最新进度、重点督办的滞后治水工程、相关督办措施方案等内容，直观反映了全区 50 条黑臭河涌治理工程推进情况。

二、如何通过工作创新提升人大代表监督效能？

（一）率先立法确定检察公益诉讼制度

为保护广州的绿水青山，广州早在 2008 年就开始大胆探索公益诉讼。2017 年广州市人大常委会正式立法确定检察公益诉讼制度，为检察机关加大水环境治理监督，开展公益诉讼提供支持。2019 年 7 月 31 日，广州市人大常委会通过了《关于支持和促进检察机关公益诉讼工作的决定》，为公益诉讼工作翻开新篇章奠定了坚实基础。其中的一系列创新设计，被最高检领导誉为目前“破题最多、措施最实、质量最高”的地方性法律文件。

广州检察机关提起的第一起民事公益诉讼案件——大石古社水塘污染案中，作为公共利益的代表，市检察院对污染水塘的两名被告人提起民事环境公益诉讼。最终，法院支持了检察机关的全部诉讼请求，判决两名被告连带承担水塘环境功能损失费用 1050 万元，并承担环境修复责任。

为打造水清岸绿湖美的宜人生态环境，广州检察机关充分发挥环境公益诉讼职能作用，办理了涉水域、土壤、大气、噪声等各类环境要素案件 1347 件，督促治理全市 197 条黑臭河涌，恢复被污染河道 27 千米。其中越秀区法院通过办理二沙岛污水直排污染珠江生态环境诉讼案，推动政府投入7000万元专项资金，进行排污管道改造，改善珠江水环境，促进实现治本治源的良好效果。

全面治水以来，广州积极深化破坏生态环境资源犯罪专项立案监督活动，严厉打击破坏环境资源犯罪，持续深入开展“城市黑臭水体整治”等专项监督行动，牵头与深圳、佛山、东莞市院建立“保护珠江生态环境公益诉讼检察联盟”，合力提升珠江流域生态建设法治化水平。

（二）借用现代信息技术，实现人大代表实时“掌上监督”

四级代表联动机制打通了监督体系的纵向层级，移动互联、大数据等现代信息技术手段则打破了监督的时空限制。在市人大常委会监督“001号议案”决议落实的契机下，2017年，广州在全省率先推出“广州河长”APP，覆盖全市1300多条河流（涌），并专门设立了“人大监督”模块。以“互联网+”为治水和监督打造信息化解决方案，以大数据技术全面助力人大强化刚性监督。

“人大监督”模块，为人大代表参与治水监督、支持治水工作搭建了方便快捷的平台，通过为600多名市、区人大代表设立监督账号，全天候、全地域、全方位深度延伸人大监督触角，给治水监督装上了科技的翅膀，开启了“掌上时代”，有效弥补了常规监督广度和深度不足的缺点。通过“广州河长”APP，全市600多位市、区人大代表都可以实时“掌上监督”治水情况，从洗涤、餐饮、养殖场，到农家乐、砂场、工厂……实时查看各级河长、各相关部门的履职情况。

除了“广州河长”APP外，广州市水务局还创新性地利用新媒体技术，开设了“广州治水投诉”微信公众号。人大代表通过手机打开“广州治水投诉”微信公众号，点击投诉板块，在市民、政协委员、人大代表、巡河人员、民间河长五个身份中选择其一，便可进入投诉页面。拍照上传、填写基本信息便完成一次投诉。在公众号主页，所有治水投诉信息清晰可见，并标记着投诉的处理进展。投诉经核实可根据投诉时间、问题质量获得微信红包现金奖励，最高每宗15元。每个月投诉数量最多的前10

名可获得最高 100 元现金奖励。

由此，依托现代信息技术，发现问题随手拍就可及时上报，人大代表对治水工作监督的参与广度和深度得到提高，进一步健全了全天候、全覆盖的人大监督体系，倒逼相关部门及时核实解决问题，提高处置效率。据统计截至 2020 年年底，市、区两级人大代表 1 万余人次参与治水调研、暗访等活动，跟踪监督推动广州水环境持续改善，通过“广州河长”APP 和“广州治水投诉”公众号人大代表监督模块开展巡河监督 3786 次，上报问题 748 宗，为促进治水工作发挥了积极作用。

第七章

广州治水的源头治理理念

习近平总书记一针见血地指出了水环境治理的路径所在——要将治水重点由"末端"转移到"根源"。正是这样一个根本性的思路转变，为广州治水的逻辑奠定了重要的理论基础。开展源头分析，厘清水环境的主要成因，只有从源头上使污染物排放降下来，水生态质量才能明显好转。

为解决城市水环境问题，广州市经历多次治水，走了很多弯路。与不少城市类似，广州市以往的治水思路仍停留在"末端治污"阶段，主要采取河涌清淤、水闸截污、调水冲污等"治标之策"，以做工程为主，用一句简单的话来概括就是：哪里被污染了，就治哪里。经过治理，河涌水质虽有一定改善，但远不达国家治理要求和人民期待。这种"头痛医头，脚痛医脚"的治理思路，结果明显是"事倍功半"，水污染防治，应该采取哪种治理理念？

在实践和试错中，广州深刻意识到，水污染是社会问题，同人的思想意识、社会生产生活方式等息息相关，治水最终要回归到治人。

因此，要从山水林田湖草是生命共同体，人也是自然的一部分的理念出发，跳出工程治理的思维，将黑臭水体治理作为社会治理问题，坚持部门共治、全民共治；更要跳出改造自然的思维，以敬畏自然、尊重自然、顺应自然为原则，从源头查找问题，在源头解决问题。才能形成创建共建共治共享的局面，最后促成全社会的共同行为。

第一节　创新推出“四洗”清源行动

为助力城市黑臭水体治理，2017年以来，广州市创新推出“四洗”清源行动。

“洗”字，在广东话中是对全面排查、摸查行为的一种形象表达，表示像水洗一样一处都不漏过。“四洗”具体是指洗楼、洗井、洗管、洗河。“洗”意味着排查工作必须做到全角度、无死角、全覆盖。

“四洗”行动的对象，主要是如沙河涌、白海面涌等被列入住房和城乡建设部监管平台的35条黑臭河涌流域。

一、为什么要“洗楼”？

所谓“洗楼”，是指对重点河涌流域范围内的所有建筑物，逐户进行地毯式摸查登记，查出各类污染源后再进行甄别定性、登记造册，并通过各部门联合执法，实现靶向清除。广州的“洗楼”工作，可以形象地总结为“建卡、分诊、靶向治疗”三步走，依法清理整治违法违规生产经营的“散乱污”企业。

一是“建卡”。由各区河长办组织各镇街河长对辖区内所有建筑物进行地毯式摸查，挨家挨户查清建筑物底数，对每栋楼暗藏的污染源建立“身份卡”，污染源产生时间、所属行业、整治情况等信息全部登记在册，

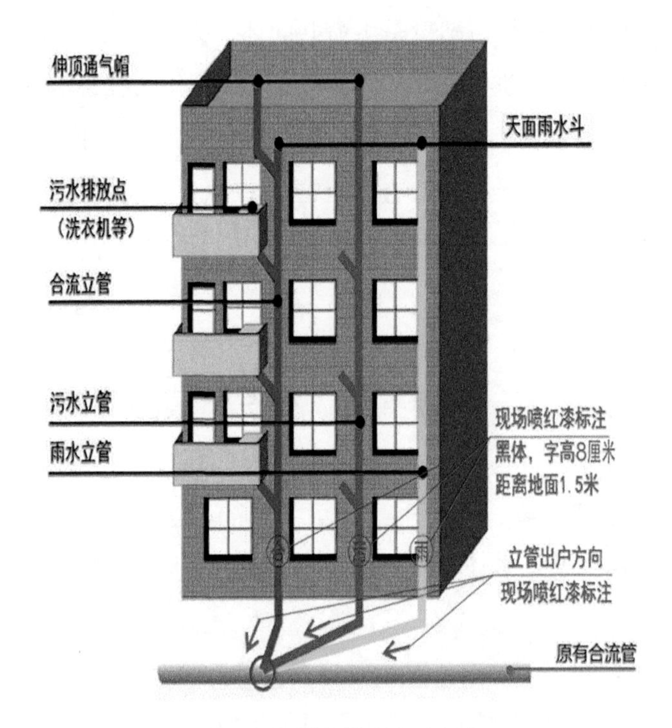

图 7-1　排水管改造示意图

建立数据库。

在“洗楼”过程中，还要重点登记合法建筑的雨水立管、污水立管以及混合水立管，并核实化粪池、隔油池等预处理设施，核查排水、排污许可，查清排水行为。此外，还要对合法建筑立管进行改造。

二是“分诊”。各区河长办对摸查结果进行分类，梳理出涉嫌违法用地、违法建设、违法经营、违法生产、违法排污的“五违”“散乱污”生产经营企业和生活类污染源，并将“分诊”出的“五违”“散乱污”企业交由有关部门进行合法性核查。

三是“靶向治疗”。各区河长办按照“哪条法律有利于处理就适用哪条法律、哪个部门有利于执法就由哪个部门负责”的原则，提出整治意见。各镇街按照整治意见多部门联合执法、分类整治、挂图作战、销号管理、逐个击破。

秉持“全覆盖、无遗漏”的理念，“洗楼”的三步走，任何一步都没有捷径可走。在实际执行过程中，基层的镇街河长，坚持“小切口、大治理”的原则，采用走街串巷、进村入户的方式，在尽量不影响人民群众生产生活的条件下，一点一点摸、一户一户查、一处一处改，可谓是下“真功夫”“苦功夫”“笨功夫”。

在“洗楼”过程中，对于排水户信息同步进行“五问”：一问是不是违法建筑？二问是不是合法居住？三问是不是合法排污？四问是不是违法经营？五问是不是合法生产？通过“五问”，对发现的问题进行交办整改。

对于排水系统进行“两找”——查找地面污水、雨水管流向；“三分”——分清雨水、污水、合流立管类别；“四看”——入户查看天面、厨房、厕所、阳台。

通过“地毯式”挨家挨户的“洗楼”，让以往隐蔽深藏的诸多污染源无处遁形，暴露在了阳光下。以花都区西群河流域（包括西群东河、西群西河）为例，仅在2019年，通过“洗楼”，共整治散乱污场所1201家；整改提升34家，整合搬迁607家，关停取缔560家。

而把视野从花都放大至全广州，会发现数据更是惊人：截至2020年年底，广州全市累计出动96.25万人次，摸查建筑物172.67万栋，摸查面积7.44亿平方米，摸查出污染源21.74万个（其中涉嫌“五违”“散乱污”企业10.84万个），已全面清除污染源10.7万个，拆除河涌管理范围内违法建设1000多万平方米。

二、为什么要“洗管”“洗井”？

如果说“洗楼”相当于排查病症，那么“洗管”“洗井”则是给排水管照“肠镜”，再对其进行“微创手术”。

“洗管”是指对广州全市排水管网的数量、属性及运行情况进行调查及隐患排查，判别是否存在结构性和功能性缺陷、运行水位高等问题，并对运行工况不合理的、存在结构性和功能性缺陷的管网进行整改，恢复其正常排水功能。

“洗井”是指对排水单元内及市政道路上的所有雨污水井进行调查摸底，查清井的属性及附属设施（雨水口、排放口等）、接驳状况和淤积情况，找出存在的错乱接、淤积及排水不畅等问题，并采取措施修复、恢复

①照“肠镜”

管道严重变形

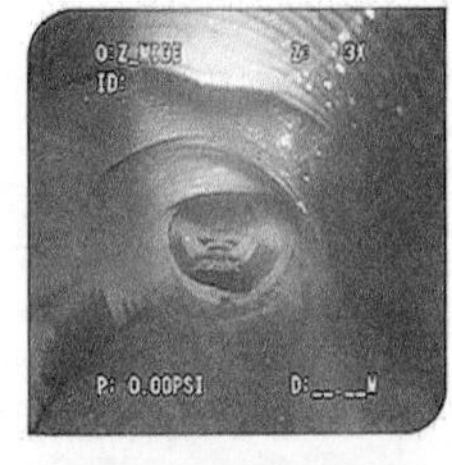

管顶尖锐突出

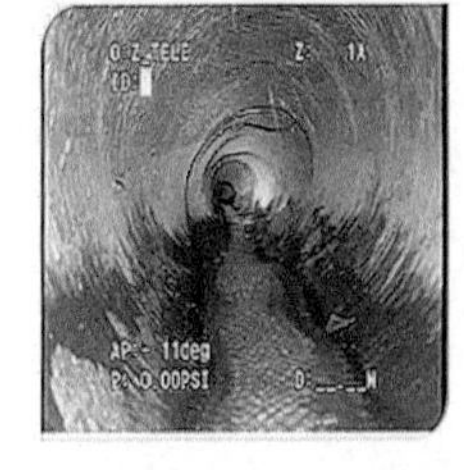

管道整体变形

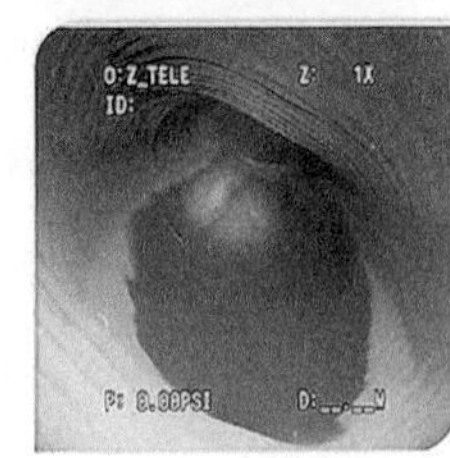

管道被压扁

②进行“微创手术”手术——天河区花城大道污水主干管发生变形

修复前

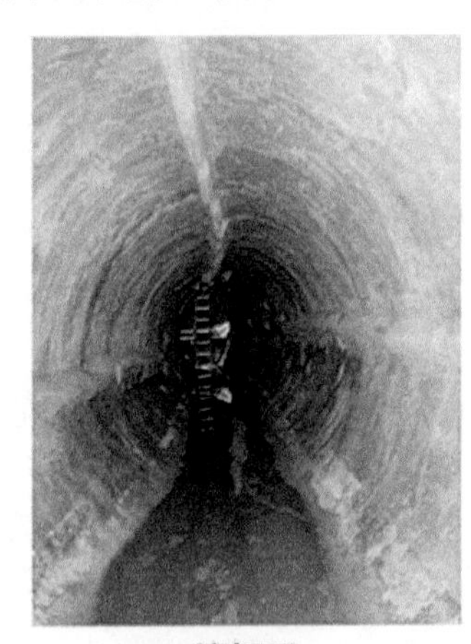

修复后

排水管道检查

其正常功能。

通俗地说，“洗管”“洗井”就是逐一检查排水管道、排水井内淤积了多少泥，有没有发生破裂、错位及排水不畅等问题。

但由于排水管道、雨污水井多是地下空间设施，传统的人工检查方式难以全面了解其内部状况，而电子潜望镜、管道电视、探地雷达等管网新技术手段，则可以从河涌排水口到排水户接驳井或污水处理厂，对排水管网及其雨水口、检查井和排水口等附属设施进行系统摸查“照肠镜”，彻底摸清排水管网的运行现状。发现问题后，找准病因，靶向施策，利用非开挖技术进行“微创手术”，以钉钉子精神，逐一整改修复，达到激活“僵尸管网”、全面提升排水设施运行水平的目的。

因为采用了新技术新手段，从“照肠镜”到进行“微创手术”，有的修复在数小时内即可完成，最大限度地减少了扰民情况发生。

我们不妨以深涌中支涌的“洗管”“洗井”为例，来说明如何为管道、管井“照肠镜”，进行“微创手术”：

发现问题：工作人员在日常巡查中发现，深涌中支涌管网检测污水浓度低（局部 COD 浓度不到 100 毫克 / 升），初步判断应是存在外水进入。

解决措施：“洗井”“洗管”。

一是找外水：利用管道潜望镜检测、管道电视检测、蛙人等技术，对管道进行内窥检测，摸清管、井位置，连接关系，管线类型、流向、埋

管道检测现场

管道电视检测

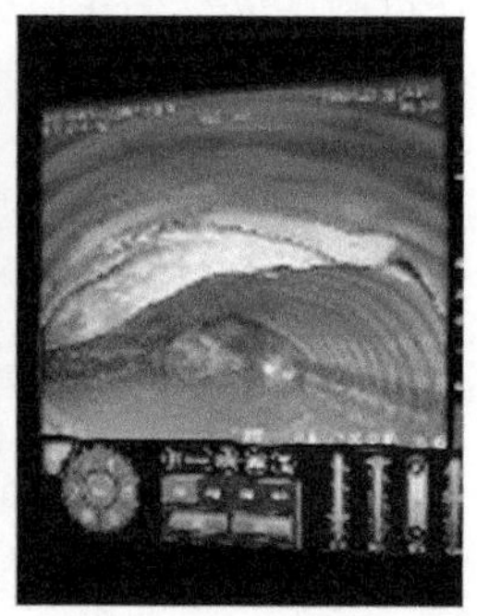

管道检测图像

深，管径，管道长度，汇总整理摸查数据，通过专业软件成图登记，经排水公司一个月摸查，共发现该管网有29处外水，流量约为3.28万吨/天。其中12处为（城中村、小区用户）自来水渗漏,5处为建设工地偷排，12处为山水、鱼塘、水库水接入污水收集系统。

二是赶外水：通过管网修复、封堵外水点等措施，把外水赶出污水系统，提高了管网污水收集处理效能。

据统计，截至2020年，广州全市共完成排水管道结构性隐患整改48440处，洗管约10447千米，洗井约36万个，市排水公司巡查管网设施42.8万千米，养护清疏管道6591千米，整改溢流问题25处。有效提升了管网、水井等排水设施的运行水平。

就像“洗楼”要下“真功夫”“苦功夫”“笨功夫”一样，这些“洗管”“洗井”工作背后，同样也承载着基层治水人员的付出与努力。

三、为什么要“洗河”?

“洗河”是指采用人工、机械等措施，清理河岸、河面、河底以及河道附属设施的垃圾和淤泥，使河道整洁有序。

以天河区最长、流域面积最大的河涌车陂涌为例，为了重点抓好控源减量，除了全面推进“洗楼”等基础性工作外，天河区从2017年开始，就将车陂涌的“洗河”工作常态化、长期化：一是制定河涌保洁标准和工作机制，实行定人、定责、定时、定标准的“四定”保洁模式，确保每个区域有人管、有人干、有人巡；二是坚持水域陆域全覆盖，落实环卫工人包片责任制，大力推行河涌保洁机械化作业，率先引入国内先进的漂浮物自动清捞船，环卫工人自制自动清捞工具、细密网兜，开展技能培训，有效提升保洁效率和质量；三是开展周末“洗河”大会战，组织职工、群众、志愿者参与，提高周边群众环保意识；四是实施“河底捞、河面捕、河墙洗、河岸堵”，将保洁范围延伸至支流、水渠等小微型水体。

车陂涌只是全广州诸多河涌的一个缩影。按照广州市河长办2018年

5 月印发的《广州市“洗河”工作指引（试行)》规定，要在全市全面铺开“洗河”行动。明确要求，珠江干流广州河道、流溪河、白坭河、东江北干流、197 条重点河涌以及影响城市景观、流经人流密集区域和住宅小区的河道、河涌，每季度“洗河”行动不少于 1 次。其他河道、河涌，每年“洗河”不少于 1 次。重大节日、重大活动前或重大污染事故后，可视情况增加“洗河”次数。其中，珠江干流广州河道、流溪河、白坭河、东江北干流等河道的“洗河”行动由市城管委和相关区按现行分工组织实施；其他河道、河涌的“洗河”行动由各区政府组织实施。

“洗河”宣传海报

广州市荔湾区自我加压，出台《荔湾区全区统一“洗河”行动日工作指引》，明确每周五为区统一“洗河”行动日，集中开展“五洗”工作，即“洗”河涌沿线垃圾、“洗”河里的丢弃单车、“洗”违规渔网、“洗”违法建（构）筑物、“洗”道路及栏杆。

截至2020年年底，广州全市共“洗河”4209条次，清理河道垃圾杂物约16.79万吨，清理河岸立面约6196.21万平方米。清理过后，两岸环境变化明显，得到老百姓点赞。

案例7-1：从白海面涌、沙坑涌巨变看“四洗”成效

位于白云区的白海面涌、沙坑涌，由于历史原因，两涌流域范围存在大量的村级工业园，众多“散乱污”场所藏身其中，大量生活污水和工业污水混合、违法排放，在“四洗”行动中最具代表性。

2017年9月，两涌水质依然处于黑臭状态，是流溪河的主要污染源之一，其对流溪河的污染物排放占比分别为白海面涌16.09%、沙坑涌11.50%。

为此，市河长办要求白海面涌、沙坑涌流域集中开展“四洗”工作。在“洗管”“洗井”摸查阶段，发现两涌共有排水口720个，虽已完成整改近690个，但占据主要溢流量的28个大合流口均未完成整改，这也是污染物排入河涌的主要通道之一。

在两涌的“四洗”行动中，通过“洗楼”，拆除违法建设13万余平方米，清理了近3000家污染企业，消除了大部分工业污染水直排；通过“洗管”“洗井”，摸查检测150千米污水管网，龙归污水处理厂对辖区范围内的管网问题进行了全面检查，并按照功能性与结构性问题列出条目清单，一一对应、分类整改，清疏修复了多处缺陷；通过“洗河”，清理河岸、河面、河底垃圾约1400吨。

经过“四洗”，达到了“污水入厂、清水入河、清污分流”的目的，

收纳该片区污水的龙归污水处理厂日均处理量由5万吨增加到10万吨，进厂COD浓度由110毫克/升升至250毫克/升。由于消除了大量流域内“散乱污”场所工业污水的直排，白海面涌和沙坑涌的水质也有了明显好转。经市排水监测站监测，两涌水质考核四项指标全部达标，河涌水质基本实现不黑不臭。

成绩固然可喜，如何巩固成果更为重要。从广州河长办方面公布的信息看，未来广州仍将持续开展“四洗”行动，推动环保、水务、城管等部门的执法队伍交叉执法，全面清除“散乱污”场所和黑臭河涌范围内的违法建筑，发扬“手术式”治理手段，做到“靶向清源”，巩固“四洗”行动成果。

四、为什么要把河道两岸拆出通道来？

广州河涌治理的一个难题就是“违建不拆、劣水难治”。河涌两岸的违法建设只有坚决予以拆除，才能实现巡河通道贯通。河涌两岸的违法建设不仅污水直排情况严重、阻碍河道截污工程推进、骑压河道影响行洪排泄，而且导致广州城市整体品质不高。

治水和拆违的目的都是提升城市品质，将河道两岸空间恢复也是顺应自然的表现，河涌拆违完成后，河道两岸既有空间来建设城市绿道、碧道，也可作为汛期洪涝行泄通道，极大提升了城市品质。

（一）河涌违建清拆整治

2018年以来，根据国家和省里相关指示精神，针对长期以来破坏河湖的“乱占、乱采、乱堆、乱建”四大突出问题，广州组织开展了多次专项集中整治行动。通过整治，不仅打通了部分河湖行洪通道，拓宽了水域面积，同时也发现多数问题产生的原因都和地方违规操作相关。

由于历史原因，部分地区过多关注经济利益发展，而忽略了河湖的保护。为方便污水排放，就近在河道周边建设了不少低端产业项目，这些项目可能存在一些未批先建、越权审批或超出项目类别审批的情况，比如广州不少河涌流域范围存在大量的村办工业园，众多“散乱污”违建项目藏身其中，大量生活污水和工业污水混合、违法排放。这些违建的项目成为污染的源头，对城市的防洪安全、生态安全产生了不利影响。

按照《广东省人民政府关于打好违法建设治理攻坚仗的指导意见》的精神和《广州市违法建设治理三年行动方案（2018—2020年）》、广州市第8号总河长令的部署，结合中央、省关于水污染防治、河湖“清四乱”等专项行动，广州铁腕推进涉河违法建设的拆除力度，同时将拆违范围不断向边沟边渠延伸。

为了高效推动拆违工作，在组织架构上，广州市成立了由市委书记任组长、市长任常务副组长的市违法建设治理工作领导小组，用三年时间确保完成1.01亿平方米，力争完成1.25亿平方米（不止涉水违法建设）的违法建设治理任务，坚持治污与拆违同步、拆违与问责同步。

而与治水相关的违建治理问题，更是在广州市第8号总河长令中直接体现。第8号总河长令明确指出“要治好水，先把违拆好”。涉水违法建设藏污纳垢，是污染防治攻坚的“毒瘤”和“顽疾”，要重典治乱，推动涉水违法建设拆除工作从江河湖涌向边沟渠、合流渠箱延伸，实现河湖渠箱全覆盖。此外，第8号总河长令要求，2020年年底前，全市约526万平方米的涉水疑似违法建设要基本完成拆除，全面打通巡河通道。

高效拆违

同时，河长办还将清理整治违法违规问题作为河长制湖长制的重要任务，纳入日常工作和考核问责。2016 年 8 月至 2020 年年底，广州全市河涌违建已拆除面积约 1380.58 万平方米。

（二）拆违难，难在如何拆

虽然政府高标准、高规格推进涉水拆违工作，各地也坚决执行、不打折扣，但各地情况不同，违建不但关系到现实的经济利益，有时还会涉及历史遗留问题，所以在具体拆违执行中，如何让业主支持拆违，从哪里先拆就是一门学问了。

在广州的涉水拆违推进工作中，各地因地制宜，一地一策，涌现出不少可资借鉴的范本案例，如黄埔区的宏岗河。

在宏岗河具体拆违工作中，当地从“三小”、“散乱污”和污染源入手，对新增或在建的先拆、阻碍推进河涌整治项目的先拆、违法建设主体是集体或企业的先拆，对非民宅类违建坚决实行拆除，做到以点促面，连片拆除，坚决拆除违法建筑，腾出了河涌生态空间。

在坚决拆除违法建筑的基础上，通过开展截污、补水、生态修复、河涌保洁及“四洗行动”等措施，宏岗河河涌水生态基本得到恢复，河道开阔畅通，水流清澈、河道干净，加固后的河堤更是风景怡人，两岸绿化整齐美观。达到“河畅、水清、岸绿、景美”的治理目标。

对拆违之后留出的发展空间，根据不同河段的特点，采用不同的景观升级方案，打造绿色生态廊道。宏岗河的拆违治理被视为广州构建水空间的样板。

同在黄埔区，双岗涌的拆违则是另一种思路。双岗涌下游沿岸都是 20 世纪 80 年代建设的各类建筑物，侵占河道问题严重。拆违成为双岗涌整治中的最大困难。

为此，黄埔区红山街在社区开展自上而下的拆违动员宣传工作，党员干部带头拆，村社干部带头拆，公务员家属带头拆，以上率下，带头垂范。治水有成效后，红山街开展入户大走访宣传活动，发放治水倡议书 5000 份，宣传折页 1000 份，帆布环保袋 4000 个，张贴宣传海报 400 张。

街道工作人员挨家逐户送宣传上门，让河涌整治工作深入人心，让群众看到拆违工作对治水的贡献，使得广大群众对后续各项治水工作继续支持与配合。

红山街与各职能部门密切配合，充分调动社区力量，共拆除河涌两岸违法建筑物 1.5 万多平方米。其中，将双岗涌水闸旁约 6000 平方米建筑物彻底清拆复绿；河岸沿线其余部分拆出 6 米通道，砌上围墙建设人行绿道，彻底消除侵占河道隐患；拆除有证居民住宅 6 栋，共 3400 平方米；无偿提供集体土地 6400 平方米，用于拓宽河道。

拆违完成后，黄埔区投资 2.8 亿元，对双岗涌河涌两岸及周边区域进行截污、堤岸整治、景观升级等综合治理。经过一系列整治，两岸面貌焕然一新。原来因污水横溢、臭气熏天，被戏称“化粪池”的池塘又恢复成了“鱼戏莲叶间”的“风水塘”。

（三）划定河道控制线，落实水系岸线管控

如果说河道两岸拆违建是管住现在，那么，在治水过程中严格划定河道控制线，落实水系岸线管控则是管住未来，为未来的“美丽河湖、幸福河湖”目标预留好发展空间。

道理很简单，即便现在耗费了巨大的人力、物力和财力，从源头控制了污染物排放，又通过各种技术手段实现了污水处理，那也只是管住现在，暂时实现了岸青水绿，如果对未来河湖水系没有一个清晰的规划、常态化有效管理和保护，“美丽河湖、幸福河湖”的画卷就很难持续展开。

在新一轮“大广州”城市空间和格局调整中，为优化和提升广州市河、湖、库水系空间布局，维护河流健康，强化水系管理提升水安全、水环境、水生态保障能力，2019 年 12 月，广州市政府常务会议通过《广州市河涌水系规划（2017—2035 年）》。

该规划将全市划分为北部山水涵养区、中部水廊修复区和南部河网保育区三个水系布局分区，并按分区提出规划水面率和水系建设指引。在布局上则提出“三纵五横多廊”的生态廊道网络骨架，以 30 条骨干河流为

宏岗河拆违前　宏岗河拆违前　宏岗河整治后沿河景观提升

双岗涌整治前　双岗涌整治后

宏岗河与双岗涌整治前后对比图

纽带，规划构建“三纵三横多廊”的水系廊道网络。

这也是广州着眼“空间均衡”，首次全面划定并整合全市主要河流、河涌、水库及雨洪调蓄湖临水控制线，并以临水控制线为基准两侧外延一定宽度划定管理范围控制线。临水控制线和管理范围控制线共同构成水系控制“一张图”，为今后广州实施水系保护和监督管理提供了基础依据。

本次规划范围为全市现状 1368 条河流（涌）、368 座水库及溢洪道、10 座雨洪调蓄湖泊以及规划新建河涌 102 条（段）、新建水库 2 座（牛路和沙迳）、新建雨洪调蓄区 8 宗。其核心内容为河湖水面率规划及水系控制线划定。《广州市河涌水系规划（2017—2035 年）》明确提出，到 2025 年、2035 年全市河湖水面率达到 10.23%、10.27%（2020 年，广州全市河湖水面率为 10.2%）；河湖生态护岸比例要达到 90%、100%。

不只是广州，对辖区内的河湖水系划定临水控制线和管理范围控制线已是国家层面和各省（自治区、直辖市）的共识。比如2019年11月，水利部印发《珠江—西江经济带岸线保护与利用规划》，意在加强珠江流域重要河道岸线保护。而于2020年1月正式实施的《广东省河道管理条例》规定河道岸线规划应当明确外缘边界线、堤顶控制线、临水控制线和保护区、保留区、控制利用区，且明确河道管理范围内的禁止行为和限制行为。

在2018年全国范围内集中进行清理“四乱”专项集中整治的基础上，2020年8月，水利部办公厅下发《进一步加强河湖管理范围内建设项目管理的通知》，意在进一步加强全国河湖岸线长期的规范化、常态化有效管理，有序地进行一些开发利用活动。该通知明确指出，各流域管理机构、地方各级水行政主管部门要完善制度标准，严格许可程序，加强实施监督，各省级河长制办公室要将清理整治违法违规问题作为河长制湖长制的重要任务，纳入日常工作和考核问责。

水利部河湖管理司水域岸线管理处处长刘江表示，现在大江大河都在组织编制河湖岸线保护和利用规划。这个规划就是要划定岸线的功能分

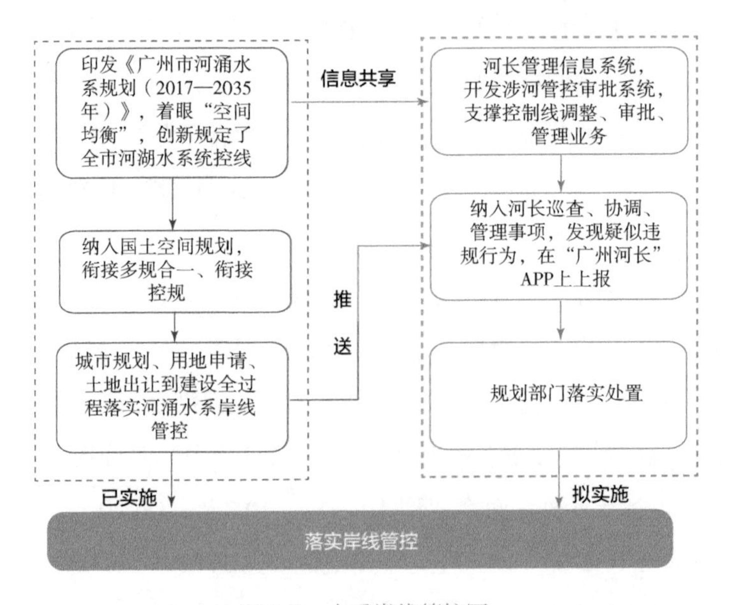

图7-2　水系岸线管控图

区，明确哪些河道岸线是可以用的，怎么规范地用，哪些河道岸线是必须要严格保护的。在规划期内不能开发是一道红线，是不能碰的。

第二节　全面清理整顿“散乱污”场所

一、什么是“散乱污”场所？

根据《广州市强化“散乱污”场所清理整治行动方案》，“散乱污”场所中的“散”，是指不符合当地产业布局等相关规划的企业（场所），没有按要求进驻工业园区（产业集聚区）的规模以下企业（场所）；“乱”是指不符合国家或省产业政策的企业，应办而未办理规划、土地、环保、工商、质量、安全、能耗等相关审批或登记手续的企业，违法存在于居民集中区的企业、摊点、小作坊；“污”是指依法应安装污染治理设施而未安装或污染治理设施不完备的、不能实现稳定达标排放的企业（场所）。

近年来，广州市将“散乱污”场所清理整治与违法建设拆除、黑臭水体治理等工作结合，纳入城市更新九项重点工作统筹部署推动，成立了广州强化“散乱污”场所清理整治行动专项工作组，实施“镇街吹哨，部门报到”的工作机制，并通过用水、用电大数据等信息化手段，精准排查锁定目标，多部门联合执法强力清除污染源。

2020 年，广州 149 个镇街已全部完成“散乱污”场所的整治验收工作。利用信息化手段排查整治“散乱污”的做法，也被国家生态环境部列为典型进行宣传。

2016—2020 年，广州已累计清理整治“散乱污”场所约 12.6 万个，在促进区域产业升级、城市环境优化等方面发挥了积极作用。

二、为什么说要治好水须先清“散乱污”？

从“散乱污”的定义可以看出，“散乱污”场所能耗高、污染大、生产粗放，一直以来是污染防治工作中难啃的“硬骨头”。简单而言，“散乱污”有三大直接危害：

一是“散乱污”场所破坏了市场经济秩序，影响经济的健康发展。“散乱污”场所大多规模小、技术设备落后，其发展是以牺牲环境为代价的。如果对“散乱污”场所放任不管，既不利于产业结构的调整优化，也不利于经济的可持续发展。

二是“散乱污”场所污染环境。“散乱污”场所污染防治设施建设、运行不符合规范，产生的污染物直接排放到大气或者河流中，对周边环境造成严重污染。

三是“散乱污”场所损害了群众的环境权益。“散乱污”场所布局没有统一规划，排出的废弃物不但影响了周边群众的身体健康，而且也影响了人们的日常生活，“脏乱差”的环境令人苦不堪言，成为生态环境投诉的热点问题。

“问题在水里，根源在岸上”，坚持“源头治理”理念的广州治水工作是个庞大的系统工程，只有把治理黑臭水体与清理整顿“散乱污”场所等清源工作等相结合，同步进行，做好“针线活”，以“绣花”功夫深入源头治水，才能确保河涌的长制久清。

2017 年 11 月，在总结天河区车陂涌等重点河涌流域“散乱污”专项清理工作经验基础上，广州市政府决定开展重点河涌流域“散乱污”场所清理整顿工作，要求 2017 年要完成 35 条黑臭河涌流域和流溪河干流的“散乱污”场所的清理整顿工作；2019 年前要全面完成 187 条重点河涌流域、流溪河流域、东江北干流及珠江广州河段河道管理范围“散乱污”场所的清理整顿工作。

2018 年 10 月，为推进新一轮“散乱污”场所清理整治工作，广州市颁布《广州市强化“散乱污”场所清理整治行动方案》。针对“散乱污”场所底数仍不清、各类生产场所清理整治分类处置办法不明确、缺乏长效机制、容易死灰复燃等“散乱污”场所清理整治普遍面临的共性问题，提出有针对性的工作措施，并明确工作步骤和责任分工。

与2017年的集中专项行动相比，该行动方案有五大创新之处：

一是源头治理。区别于以往村、镇、区逐级摸查上报，该行动方案强化水污染源头控制，提升对生产经营场所用水、排水等全过程管理水平，利用大数据梳理“散乱污”场所重点排查名单。

二是全面推进。区别于以往以流域为单位实施清理整治工作，实施属地管理，以街镇为责任主体，全市全域齐抓共管，有力遏制“散乱污”场所市内转移现象。

三是分类处置，不搞“一刀切”。将“散乱污”生产经营场所分为“关停取缔”“整合搬迁”“升级改造”三类进行分类处置。

四是分步实施。明确2018—2020年分年度分步骤实施的工作目标：

▶▶ 泮塘起龙

2018年，完成对污水违法排放的“散乱污”场所的“关停取缔”；2019年，“散乱污”场所“升级改造一批”工作基本完成，“整合搬迁一批”工作取得阶段性进展；2020年，所有街镇全面完成“整合搬迁”和“升级改造”工作，“散乱污”场所清理整治行动全面通过验收，形成较完善的“控源”“截污”“纳管”的水污染源头控制体系。

五是智慧监管。建设“散乱污”场所大数据监管系统，整合用电、用水和通信等数据信息，用大数据手段对各区、街镇、村、工业园区的用电、用水等情况进行统计、分析和监测，并对使用情况异常的疑似“散乱污”场所名单进行核查处理。

该行动方案是此后广州治水工作中，全面清理整顿“散乱污”场所的工作指南，并在具体的实践中，涌现出很多可供借鉴的工作思路和典型案例。

案例7-2：大数据助力广州智慧监管、精准整治“散乱污”

2018年9月，广州市工信局牵头开展新一轮“散乱污”清理整治。排查过程中发现，大部分“散乱污”场所规模小、转移快、隐蔽性强，部分藏匿于民宅违建之中。要做到排查无死角难度较大，而且数据呈现动态变化。同时，“散乱污”场所违法建设生产成本低，场所业主为了牟利，容易在原场所继续引入违规经营者，使得“散乱污”场所易死灰复燃。

有没有办法能够“锁定”这些藏匿的“散乱污”场所呢？

企业要生产必然要使用电，用电数据就好比这些“散乱污”场所的“自带芯片”。这些“散乱污”企业场所多数是非法经营，没有正常报装工业用电，一般偷偷使用居民用电。由于它们的“工业特性”，用电量异常大，峰谷值也和普通居民用电不一样。所以通过对用电数据的挖掘，可以把它们揪出来。

如果居民每月的用电量异常超高，很可能就是加工制造行为导致的，这就成了找出“散乱污”的线索。广州工信局会同广州供电局建成“散乱污”场所大数据监控系统和信息报送微信小程序，以电力数据为基础，采用“数据工厂+政务数据”的创新模式对数据进行融合挖掘。用大数据手段对各区、街镇、村居、工业园区的用电等情况进行统计、分析和监测，并将使用情况异常的名单及时报送各区、街镇进行核查处理。大数据监控系统的建立，为排查清理整治“散乱污”场所提供了有力的研判依据。

“我们了解到‘散乱污’场所多有月用电量大、用户用电负荷与普通用户不一致，以及主要集中在城中村区和工业园区这几个特点。于是将目标区域内抄表周期电量在3000度以上的用电户进行建模筛选，搭建起一个‘数据工厂’，将疑似‘散乱污’场所的清单提供给各区、街镇进行核查处理，为发现隐匿在民宅和违建当中的‘散乱污’场所提供了方向。”据广州供电局穗能通综合能源服务有限公司创新孵化中心主任袁超介绍，通过数据工厂的加工筛查，大数据监控系统从全市580万个数据总量中，提取出26万个疑似“散乱污”场所数据，大大增加了相关排查工作的精确性。

如果没有这个提取的过程，全广州1万个参与治理“散乱污”的街道工作人员每人要排查580个场所，现在他们平均排查26个就可以了，不仅减轻了基层工作人员的工作量，也极大提升了排查的效率。

在广州的11个区中，番禺区、海珠区、白云区、增城区、花都区是全市“散乱污”场所数量分布较多的区，其中白云区面临的“散乱污”场所清理整治压力尤为明显。白云区的太和镇，面积达220平方千米，相当于天河区的2.5倍，聚集了近60万人口和3万个生产经营单位。

太和镇不仅区域面积大，而且有一半是山区，这使得一些规模小、转移快的“散乱污”场所隐匿在民宅之中，隐蔽性非常强，使得单纯靠人工手段排查非常困难。该镇从2017年起便实施365天、24小时不间断值班，开展“地毯式”排查，并重点针对夜间餐饮档口经营和企业偷排行为。依靠大数据监控系统提供疑似“散乱污”场所的当地用电大户名单，让执法

怒放的自贸新区

人员排查工作变得更加具有针对性。

不过，借助大数据的排查工作有一个前提，那就是数据可靠。这种可靠不仅指其真实性，还意味着数据得有统一的口径，才能完成“跨界”对接。在“散乱污”场所大数据监控系统中，场所的地理位置与用电数据的统一非常重要。

广州供电局完成了一户一表改造，这使得电力数据的采集成为可能。而早在2017年，广州供电局就已经在做地址结构化工作，即通过信息化手段完善客户的地理位置信息，目标就是让电力用户数据与公安部门登记的标准门牌一致，从而更好地发挥电力数据的作用。

“散乱污”场所大数据监控系统不是高高在上、束之高阁的系统，它最后要落到广州全市1万个街道工作人员手里。这个系统同样不是筛查出场所就完事，它还要肩负“监管”的职能。

在以往的“散乱污”治理中，由于点多人少，很多数据汇总后一旦发生“散乱污”“死灰复燃”，很难追责到个人，而大数据监控系统则解决了这个问题。当26万个疑似“散乱污”场所筛查出来后，负责清查治理“散乱污”的街道工作人员可以利用手机的小程序，按照工作区域进行抢单。他们核查完后，还有上一级进行二次核查，这些工作单全部是可溯的，所有的信息都可以在这个系统里得到体现。

市工信局重点运用大数据监控系统梳理的名单进行排查，并实行“清单制”“台账制”“网格化”管理，借助大数据信息手段，摸查生产经营场所用水用电、污水排放量等数据，通过各区组织镇（街）等单位核实，排查“散乱污”场所；对于已完成清理整治的场所，继续应用该系统监控其用电等情况，防止“散乱污”场所“死灰复燃”或转移到本市其他区域，形成长效监管机制。

在工信部公示的2020年大数据产业发展试点示范项目名单中，广州供电局下属企业穗能通公司开发的“特大城市‘散乱污’大数据智能监管与治理示范性项目”成为民生大数据创新应用领域方向的70个上榜项目之一。此示范项目，通过对广州市电力大数据的开发，在广州市政府治理“散乱污”场所中发挥了大作用，也为如何挖掘电力大数据的价值做了深入的探索。

作为“散乱污”场所清理整治工作的配合部门，市生态环境局也根据督查需求和内容，在微信上开发了环保信息采集相关功能。该系统方便了督查人员现场录入“散乱污”场所信息，统一了“散乱污”场所信息的填报规范，这些数据经汇总并加以研判，大大提高了督查效率。这套信息报送微信小程序为大数据监控系统提供了实时数据，优化现有“散乱污”场所的数据建模监控，成为扼制“散乱污”场所“死灰复燃”的重要手段。

三、为什么要对“散乱污”场所分类处置？

对于经大数据筛查，“拉网式”“地毯式”排查出的“散乱污”场所，广州并没有采取“一刀切”的关停处理办法，而是考虑民生、就业等实际情况，将“散乱污”生产经营场所分为“关停取缔”“整合搬迁”“升级改造”三类进行分类处置。由市生态环境局牵头制定三类生产经营场所认定和划分指导性意见，各区再结合辖区实际，在全面排查基础上，梳理出三类生产经营场所清单，并可制定各区和街镇生产经营负面清单。

据了解，对于排查发现的属于“关停取缔类”“散乱污”场所，相关部门将采取“两断三清”措施，即切断工业用水、用电，清除原料、产品、生产设备。市生态环境局将以每季度至少一次的频率开展督查，重点督查“两断三清”措施落实情况，杜绝“死灰复燃”。

位于白云均禾街石马村金润北街7号的旧厂房，现在已经变成了一片空地，这里原本是一间无名丝印厂。

2019年7月，均禾街联合执法小组在日常巡查中发现这间无名丝印厂周边气味呛鼻，执法小组立即对周边展开彻查。经现场核实，该区域连排连片共8栋低端建筑物17间工厂，均涉“散乱污”、涉违建，建筑面积约2万平方米，厂房内部大多阴暗拥挤，物品杂乱不堪且多为塑胶、废旧布料等易燃物品，存在极大的安全隐患。

执法小组立即进行断电查封，并拍照取证，检查相关证件，现场做笔录，迅速将具体情况上报街领导。均禾街召开专题会议进行研究，作出拆除整治决定，并迅速组织清拆行动对该片区2万平方米低端建筑物进行全部拆除。周边的居民表示，这个厂清理后，周边的空气和水环境质量好了，以往污水横流、蚊虫滋生的现象不复存在了。

位于天河区前进街的莲溪村，曾分布着大量的家具加工制造工厂，穿村而过的左支涌旁更是密布木材、石材加工厂，打磨带来的粉尘与路旁堆积的废料一度让这里的村民避之不及。这些前店后厂模式的加工企业存在证照不齐全、缺乏污染治理设施等问题，属于典型的“散乱污”场所。木材、石材加工给周边环境带来了大量粉尘，村民出入都要戴口罩；粉尘随着雨水进入河涌更是污染了周边水体，散发出臭气，令村民苦不堪言。

从2018年9月开始，街道针对涉及家具加工制造、印刷、金属加工等172家“散乱污”场所实行整治，82家木材、石材加工厂全部清空，仅在村内保留家具展示功能的门店，极大地改善了当地的村容村貌，河涌也焕然一新，成为村民休闲娱乐的好场所。

对于经整治腾出的15万—18万平方米的厂房使用面积，街道办已向天河区递交“三个一”升级改造方案，即一条路、一个众创空间、一个微改造，提升土地价值，为当地村民带来增收。

未来，广州在治水过程中，将继续落实各区政府属地管理责任，以街镇为落实责任主体，开展“散乱污”场所清理整治工作。实行“大数据排查 + 网格化巡查”双向机制，大数据监控平台筛查出的疑似清单，由街镇相关负责人直接通过手机小程序“领取任务”。并将整治成效纳入环境保护责任年度考核，纳入部门绩效考核。对推诿包庇、充当保护伞、隐瞒不报、通风报信、违规经营“散乱污”场所等行为，从严追究法律、纪律责任，确保“控源纳管、数据监控、监管验收、转型升级”落地见效。

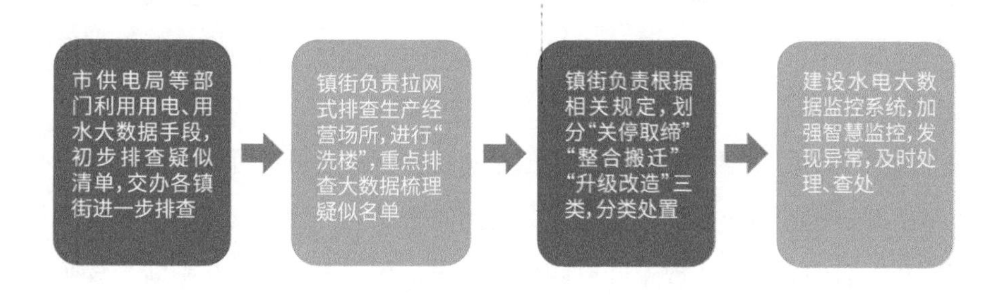

图 7-3 “大数据排查 + 网格化巡查”

第三节　以村级工业园整治提升为重点治理工业污水

一、为什么要开展村级工业园整治？

这两年，环境优美、交通方便、配套完善的海珠区唯品同创汇产业园，正成为越来越多年轻人打卡拍照的网红胜地。

海珠同创汇，早年是顺应中大布匹服装商圈发展，村自有物业出租用作加工小作坊和仓储，业态低端，逐渐与海珠中心城区的产业发展、城市面貌不匹配。经过改造后，从昔日的脏乱差村级工业园，到今日游客打卡的网红地、高端产业集散地的蝶变，就是根植于广州村级工业园提升整治的庞大工程。

所谓“村级工业园”，是指在村集体经济组织所有权土地（包括使用权为村集体的国有土地）上，现在或曾经主要为工业、仓储物流等用途的工业集中区块。

据统计，广州共有2705个村级工业园，面积约131.62平方千米，约占全市工业用地面积的30%，但仅创造10%的工业产值、6%的税收。

村级工业园是过往对村集体土地开发利用而形成产业聚集、人员聚集的小型的工业聚集区，也是村集体经济发展的一个依托。广州的村级工业园有着悠久的历史渊源，改革开放早期，珠三角在迈向现代化的进程中，较早发展了村镇工业，这类产业曾经很有活力，也对广州的发展作出过很大贡献。

但是由于历史原因，广州村级工业园既含有大量可进行再开发利用的土地资源，也拥有丰富的产业资源，但同时也是经济社会发展中各种突出问题和矛盾的聚集地。改革开放四十多年来，村镇工业尽管在不断升级换代，却已然滞后于现代国际性大都市的前进步伐。数据也佐证了广州村级工业园的基本现状：布局分散、形态破旧、产值税收低、利用效率低。

在经济发展进程中，广州市的村级工业园逐渐暴露出几大问题：

一是村级工业园普遍存在“两低”情况，即土地利用率低、投入产出低，还存在产业低端化严重的情况。广州虽然有近3000家村级工业园，为数众多，但多以纺织、家具、服装、五金等传统产业为主，产业层次不高。

二是环保、安全生产隐患较多，整治难度大。过去为了追求经济利益，而忽视或降低对环保和安全生产等方面的要求，在广州村级工业园排查中，发现有废气废水产生的“散乱污”工业企业300多家。村级工业园既是“散乱污”企业的藏身纳垢场所之一，也是工业废水的主要来源，成为广州治水工作中的一大障碍。

三是村级工业园土地利用布局过于分散，规划建设水平低，管理缺位，这些都严重影响了村级工业园的投资环境和生产、生活环境。

另外，随着房地产市场迅猛发展，土地价格上涨，村级工业园用地权属人在开展“三旧”改造时，更倾向于“工改商住”以获得更丰厚的土地收益，造成农村集体土地隐形市场越来越活跃，工业用地数量越来越少。

在这种时代背景下，村级工业园改造有着重要意义。且不说落后产业对环境和生态的破坏，仅就空间布局而言，这既是改变脏乱差城市面貌的必经之路，也是广州历经多年发展，“向存量要空间”的无奈之举——广州大力发展的战略性新兴产业，需有更多城市空间以容纳其扩张；就产业进阶而言，原先不适宜广州城市发展需求的业态，也将在村级工业园改造中被先进产业所替代，广东制造向广东“智”造升级，村园也需转型为现代化产业体系的载体。所以，无论是从源头治水还是城市产业的需要，整治提升村级工业园都越来越迫切。

整治村级工业园，是希望通过开展水环境治理，倒逼落后产业升级转

蕉门水闸

型，实现城市品质的整体提升。目前，广州已完成对全市2700多个村级工业园的排查工作，园内工业企业约15000家，发现有废气废水产生的“散乱污”工业企业300多家。

为全力推进村级工业园整治提升、产业高质量发展、构建现代化经济体系、激发老城市新活力提供重要支撑，广州市于2019年8月出台《广州市村级工业园整治提升实施意见》。意见明确提出“淘汰关停一批、功能转换一批、改造提升一批”，对村级工业园进行分类整治，实现产业集聚和园区集中连片发展，全面达成保护生态环境、治理违法建设等目标。

2019年以来，广州通过向存量空间要效益，转变“村村点火”发展模式，盘活低效用地，拓展发展空间，引进先进工业产业，推动城乡融合发展和经济高质量发展。具体举措为“六个强化”：强化组织保障，大力推进村级工业园整治提升；强化规划管控，确保工业发展的主导方向；强化改革创新，破除整治提升的“痛点”“堵点”；强化分类指导，实施整治提升“三大路径”；强化示范带动，推动产业转型升级；强化党建引领，广泛动员凝聚力量。

据统计，2019年，全市共整治提升村级工业园5.2平方千米，超额完成村级工业园整治提升3平方千米的年度目标任务；带动固定资产投资92亿元，新引入企业634家。2020年，广州坚持在常态化疫情防控中加快推进村级工业园整治提升，完成8平方千米整治提升任务。

二、破与立：如何通过“三大路径”盘活土地存量？

2020年2月，一片砖石瓦砾遍布的地块上，挖掘机的轰鸣声宣告了复工复产的启动。位于鹤龙街黄边村的广州设计之都项目如火如荼建设中，完工后这里将有甲级写字楼、创客大厦等13栋高楼拔地而起。

看着眼前工地上忙碌的景象，谁能想到三年前，原来叫黄边工业园的这块土地之上还是“一小四低”——汽修、印刷、仓储等“小散乱污”企业扎堆，产业低端、物业低端、产出低下、效益低下，33万平方米土地产值却不足 5000 万元。

为了破解这些难题，白云区创新打出了一套组合拳，用“土地储备 + 旧厂房改造 + 旧村庄微改造 + 留用地开发 + 拆违治乱”的方法，强化政府主导，突破传统城市更新模式中对房地产开发依赖以及长期以来集体土地由村社自行开发、低水平无序开发的状况，全面提升产业定位、片区规划和政策服务水平，奠定项目高质高效发展基础。

黄边工业园摇身改造成为广州设计之都，正是广州村级工业园提升整治的缩影。产业规划的缺失使之一度“野蛮生长”。有些村级工业园甚至因管理不善、火灾多发，被政府列入重点整治的低端业态对象。

随着城市可利用土地逼近国际警戒线，如何盘活村级工业园等存量土地就成为必须啃下的“硬骨头”。考虑村级工业园现状条件和区域产业发展重点，广州探索出“淘汰关停一批、功能转换一批、改造提升一批”的整治提升“三大路径”。

结合拆违治污实施淘汰关停。广州以改带拆、以拆促改、改拆结合，铁腕整治村级工业园内违法建设和排污、消防不达标的“散乱污”场所。对不符合现有产业、环境保护等准入要求的村级工业园，坚决关停，按规划推进土地复垦复绿等，提升人居环境。2019 年，广州共淘汰关停村级工业园 2.3 平方千米，清退了一大批低端落后、不符合环保要求的产业。

中心城区高楼密布，拆建成本较高。在有限的城市空间内，如何以腾挪推动改造提升？天河区作出了示范：抓好“微改造”推动功能转换。该区以“工改创”为主要方向，将村级工业园“微改造”，使之成为科技创新的重要载体。

白云区均禾大道北工业园（原东平玻璃厂）则以“改造提升”的方式，改变现有低效无序使用的状况。未来，这里将被打造成汽车销售集团总部和汽车文化展览中心。

拆违治污实施淘汰关停，抓“微改造”推动功能转换，推进成片连片改造提升，如今成为广州因地制宜开展村级工业园改造的重要举措。

三、守与变：如何摸清家底搭建数据库以确保主导方向？

村级工业园整治要实现向存量要空间、以质量促发展，首先就要清楚全市的存量到底有多少，真实质量如何。

由于广州大多数村级工业园是在20世纪八九十年代自发形成、规划无序，摸清全市村级工业园的真正家底变得尤为重要。这也是广州整治提升此类用地的前提。

广州市工信局借助卫星数据和实际核查，经过三轮数据摸查核查，结合第三次全国土地调查、“三旧”标图建库、土规、控规等数据，广州首次建成了村级工业园的基础数据库，对村级工业园区的产业数据、企业数量、产值状况等有了相对稳定的数据库。

在此基础上，广州开始聚焦打牢实体经济根基，统筹产业发展规划和空间布局。目前，全市共划定工业产业区块621平方千米，占全市建设用地总面积的30%以上，明确新增工业用地原则上在工业产业区块内，区块外零散碎片化工业地块向区块内聚集。

步入位于黄埔区的纳金大数据产业园，访客很难想象，这片集聚了大数据等新一代信息技术企业龙头及核心企业的园区，几年前曾是钢材贸易办公及仓储用地。

2012年前后，这里曾聚集了上百家钢铁贸易、物流企业，是钢贸产业链聚集的钢铁交易市场。随着钢铁行业产能过剩，这里的产值与利税开始逐步降低。现在通过把曾经的钢铁厂房改造成现代产业园区，实现了从钢贸产业链到大数据产业创新发展生态圈，重新焕发新活力。

海珠区仑头路78号的粤科华南检测技术装备园，是全国首个第三方检测、生物科技、科学仪器、“互联网+”产业的专业科学园区。有别于一般村级工业园以园区吸引企业落户，粤科装备园从一开始便围绕实力雄厚的中国广州分析测试中心，搭建了以第三方检测服务为核心的园区。

紧扣发展工业和新型产业这一主业，是村级工业园的“坚守”；划入工业产业区块的村级工业园改造向“工改工”“工改新”倾斜，则是村级工业园的“改变”。守变之间，工业发展的主导方向已然明晰，传统业态转型升级稳步推进。

四、内与外：如何向存量要空间？

熙攘往来的天河客运站附近，一处满眼绿意的村级工业园，成为现代都市中一块恬静安逸的“飞地”。这便是天河智汇 PARK 园区。

与那些经改造的村级工业园一样，这里曾是以印刷、电子、纸品包装、服装生产等为主的劳动密集型生产企业聚集地，存在资源消耗多、安全性差、污染环境、产值低等弊端。

现在的智汇 PARK 园区企业则以互联网、金融等科技产业和现代服务业为主，以“办公就在公园里”的规划理念，配套商业街、餐饮、娱乐、休闲、运动设施，变成了一块“低密度、高绿化、高舒适度”的商务空间。

如今，对于现代化工业园区，不仅要实现园区业态的现代化，园区本身也需要从单纯的生产型转向复合型。“这并不是要转变园区的属性，而是要将工业区升级为以科技、设计、后勤服务为主的‘产城融合’生态型研发办公区。”智汇 PARK 园区负责人周伟贤说。

如何让老旧破落的村级工业园脱胎换骨并非易事。此前，村级工业园整治之所以难，在于村民积极性不高，利益是核心问题。因此，调整利益分配格局，让参与村级工业园整治提升的村集体和村民得到更多的实惠，才是关键所在。

在实践中，广州也进行了一些机制的创新，比如通过改革村集体工业用地土地收益分配机制，反哺村级工业园的发展和改善发展村级工业园的村集体和村民的收入。

比如，针对集体改造意愿不强的问题，政府适度让利，对拆除重建项目，允许符合条件的进行土地互换，支持完善历史用地手续，将经营性用地转为国有用地后无偿移交给政府的比例由30%降为20%，剩余用地由村集体自行改造。其中，有合法手续的用地，无须按现状用地面积和毛容积率计算权益面积，且无须对超出权益部分面积进行分配。

再比如，村级工业园整治提升后产生的税收中地方留成的增量，在一定期限内会以适当比例返还给村集体和村民等；搬迁、整合后腾出的土地按照规划进行功能转换，会优先满足区域公共配套、市政交通配套设施需求等。此外，还根据每个村级工业园的实际情况，制定一系列发展政策，如招商引资、产业转移等，让村集体和村民都能从村级工业园整治中得到收益。

经统计，2019年广州村级工业园改造过程中，收益增加一项就有9.5万村民直接受惠，新增公共服务及配套设施3.5万平方米。

做好了内部土地的确权工作，村级工业园的产业升级离不开外部市场主体的参与。为调动市场积极性，广州通过提高容积率、调节利益分配释放政策红利，创新设置新型产业用地，允许产权分割，增加配套比例，支持“工业上楼”，降低企业用地成本。

广州正在市级权限范围内，通过坚持问题导向，加大改革创新力度，因地制宜，根据每个村级工业园的实际情况，量身定制，探索出村级工业园升级的五种路径，前文提及的海珠区唯品同创汇是运营机构主导模式，白云区设计之都是政府收储模式，海珠区粤科装备园是国有企业主导模式。除了这三种还有龙头企业主导模式，如天河区小鹏汽车产业园；村集体自主改造模式，如白云区安华汇。

现在，村级工业园整治提升项目落地进入加速阶段，要向存量要空间、以质量促发展，将村级工业园整治提升作为实现经济高质量发展的主战场之一，广州将综合运用金融、财税等政策，注重硬件和产业双提升，把村级工业园提升同治理工业废水相结合，打造一批高质量发展示范园区，积极探索广州村级工业园整治提升、促进高质量发展之路。

案例 7–3：荔湾村级工业园整治的“一二三”工作法

自改革开放以来，荔湾区五金、机械、制衣制鞋等产业聚集发展，形成为数众多的村级工业园，但因经营发展模式粗放、生产管理水平低下、造成环境污染等问题，已逐渐不能适应新时期广州社会发展的要求。

针对城中村周边河涌水质黑臭易反复等问题，经重点排查，发现辖区内村级工业园区普遍存在内部雨污合流、排水管网老旧的情况，部分未接入市政公共污水管网，导致污废水直排河涌造成自然水体污染，已成为影响荔湾区水生态环境及断面水质达标的“病灶”，全面整治已刻不容缓。

在村级工业园整治过程中，荔湾区坚持“一二三”工作法，掌握工作主动性，取得了良好效果。“一”即一个原则：谁排出，谁牵头，谁受益，谁出资。“二”即两个先后：先接入，再完善；先分流，再办证。“三”即三个同步：方案制定与接驳点指定同步，改造施工与技术指导同步，污染源查控与排水整治同步。

▶▶ 栈桥倒影

此外，荔湾区还建立了“区级河长统筹推进、镇街级河长组织实施、村居级河长巡河上报”的三级河长责任体系，按照“边检查，边整治，边更新完善台账”的工作方式，逐一开展工业企业排水整治工作。

荔湾区还从制度层面进一步明确经济联社对村级工业园管理的主体责任，凡经济联社在2020年6月30日前未完成工业园排水单元整改或未全面动工整改的，则从7月1日开始，暂停该联社集体资产在“三资”平台登记交易，并暂停继续推进该联社旧村更新改造工作。

通过查控污染源，荔湾倒逼区域产业的转型升级，大大促进了辖区经济发展，也提升了生态环境质量。

第四节　以厂网建设为重点治理生活污水

2018年5月18日，习近平总书记在全国生态环境保护大会上指出，在治水上有不少问题要解决，其中有一个问题非常迫切，就是要加快补齐城镇污水收集和处理设施短板。

要打赢污水防治攻坚战，污水处理设施是关键。作为一个超大城市，人口规模和人口密度都大，广州成功治理生活污水，不仅仅是广州一座城市的红利。在治水的实践中，广州也能够给全国的各大城市提供借鉴。

广州在污水处理设施的建设中，有一句话，高度概括了污水收集处理的末端、中端、前端过程，那就是“建厂子、埋管子、进院子”。同时明确建设责任主体和完成时间，先易后难，全力推进城市基础设施建设，加快补齐城镇生活污水收集处理设施短板，提升污水设施收集处理能力。

一、“建厂子”——末端污水处理能力不足的问题如何解决？

建厂子，顾名思义就是在人口密集地区新（扩）建污水处理厂，补好

“木水桶”，加快补齐污水收集和处理的设施短板，解决末端污水处理能力不足的问题。经过“四洗”，该“洗”的都“洗”了，该拆的违建都拆了，该关的“散乱污”也都关了，到了最后一步临门一脚时，污水处理设施能力不够，那前面环节的所有努力也会功亏一篑。

从2018年开始，广州全面加大财政投入，按照各污水系统运行状况和人口分布，对处理能力不足、布局不合理的地区大力新（扩）建污水处理厂。截至目前，2018年9月印发的广州市第1号总河长令部署的16座新建污水处理厂建设任务，已全部实现试运行。

值得一提的是，在刚刚过去的2020年，广州中心城区相继有石井净水厂二期、龙归污水处理厂三期、健康城净水厂等8座新建扩建污水处理厂陆续投产。这些都是地埋式生态化净水厂。

建设地埋式生态化净水厂，是广州剿灭黑臭水体末端处理补短板工程，作为新型生态基础设施，广州将其定为剿灭黑臭水体1号令1号工程。

从2010年建成全国首座地埋式膜处理工艺净水厂——京溪地下净水厂、2018年年初建成全市第二座采用地埋式构造的污水处理厂——石井净水厂（一期）至今，广州中心城区累计建成地埋式污水处理厂9座，呈北斗状分布于珠江两岸，被誉为“地下北斗九星”。9座地埋式污水处理总产能181万吨/日，占广州中心城区污水处理总产能的1/3，占全国同类污水处理模式总产能的50%以上。

2021年新建的8座地埋式污水处理厂，地面公园绿地，地下净水流深，同时为兼容办公、商业、产业等，集绿色水务设施的“高品质”和城市精品的“高颜值”于一身，既是广州剿灭黑臭水体末端的补短板工程，也是新型生态基础设施建设的绿色工程、民生工程、精品工程。

以位于广州白云新城广州火车新站开发区、污水处理规模30万吨/日的石井净水厂为例，仅从外观看，这里似乎和净水厂并无关联，更像是一座花园。半月形的水岸蜿蜒而过厂区，一池碧波不时被悠悠游过的野鸭们搅动起水花。花岸区、野鸭岛、休憩亭共同构成了石井净水厂的宜人环境。

如果说地上是这座净水厂的景观区，脚下则是整个净水厂的功能区。石井净水厂规划用地面积为15.37万平方米，是目前广州占地面积最大的地下污水处理厂。在这个钢铁筑成的地下工厂，分布着污水处理的工艺流程区。几十个功能各异的设备间、处理构筑物以组团化、集成化、模块化的方式有机组合，共分为预处理区、生化区、泥区等六大模块。作为一座全地埋式层叠布局的地下净水厂，石井净水厂比同类工艺、同等规模的地面污水处理厂节约用地30%。

地面为湿地公园及产业发展用地，污水处理全流程全地埋全封闭完成的石井净水厂，也是广州市新型生态基础设施样板工程。

“十三五”期间，广州已新（扩）建城镇污水处理厂32座，新增污水处理能力275万吨/日，目前全市污水处理能力达到774万吨/日，超过城市日均供水量，污水处理能力位居全国第二，地埋式污水处理产能全国第一。

二、“埋管子”——中端污水传输转运雨污不分的问题如何解决?

2018年之前，广州中心城区约12000千米公共排水管网中，1800千米污水干管由市水投集团管理，其余污水支管、雨水管网、合流管网由各区及相关道路业主单位管理，甚至大量无主排水管网无人管、无人养，未充分发挥效益。“多龙治水”的局面之下，雨污混接情况普遍存在、管理真空、管理效能低下，出现问题后甚至互相推诿扯皮，极大掣肘了治水进程。

为了大刀阔斧推进治水，盘活管网资源，2018年，广州市破立并举推进排水体制改革，成立了市区两级排水公司，用专业的人干专业的事，使雨污系统各司其职，提高效率。按照统筹兼顾、系统治理的思路，统筹“厂网河一体化”，实现了排水管网的专业化、系统化、协同化管理。

石井净水厂

理顺排水体制之后，为解决原来污水传输转运雨污不分的问题，一是加快污水管建设，在其后出台的各类排水规划中，都明确指示新建项目原则上均使用雨污分流的排水体制，不再新建合流管。据统计，“十三五”期间，广州全市新建污水管网1.89万千米，为“十二五”的14.4倍。截至2020年年底，城市建成区已消除污水管网空白区。

二是针对历史原因兴建的合流渠箱（即盖板河，在城市发展中由明渠被覆盖为暗渠，作为雨污合流的污水通道存在，内部污染严重，是雨季黑臭河涌水质难以稳定的一大因素），实施了清污分流改造。通过渠箱内敷设纳污支管，取消截污闸，将直排污水截走的方式，恢复合流渠箱的雨水、山水行洪通道功能，实现“清水入河，污水入厂”。

例如，景泰涌合流箱涵清污分流后，既解决了清污混溢现象，又明显提升了河涌水质，同时还腾出了涵箱空间，为行洪排涝提供了通道及调蓄空间，消除了景泰涌流域的内涝风险点。

目前，全市443条合流渠箱中419条已制定整治计划，其中290条已进场施工。根据各区上报结果汇总，2020 年建成区排水单元雨污分流面积比例已达 68.89%。按照计划，2021 年年底全市排水单元雨污分流面积比例达 70%，2023 年年底前基本完成全市 443 条合流渠箱清污分流改造。

三、"进院子"——前端污水收集能力不足的问题如何解决？

概括来说，进院子主要做两件事——城中村截污纳管、排水单元达标。

如果把"建厂子"形象比喻成增强心脏的造血和净化能力，"埋管子"是提升血管的输送能力，那么"进院子"则是打通"毛细血管"的"中梗阻"。"进院子"要解决的是污水前端收集能力不足的问题，奋力推进城中村截污纳管和排水单元达标。

一是城中村"进村入户"截污纳管。由于历史原因，过去广州城中村污水治理大多采取"自行收集、绕村截污"的方式，即市政公共污水设施建设至城中村周边，由村集体自行在村内建设污水收集设施进行污水收集，并连通至村边市政公共污水处理设施内。由于大部分城中村快速无序发展，造成城中村内污水设施建设和管理不到位，生活污水直排现象非常普

整治前：雨污合流溢流进入河涌

整治前：晴天渠口发出臭气

治理后

▶▶ 植物园涌整治前后对比图

遍，这也是影响河涌水质黑臭的重要成因。本轮治水全面开展了“进村入户”的城中村截污纳管改造工程，即沿每家每户的厨房、厕所，按统一标准建设污水收集管，逐栋收集污水后汇入污水收集井，进入市政管网统一处理。

计划2021年年底，完成全市141个对河涌水质影响较大的城中村截污纳管改造工程。2020年，该目标已基本提前完成。

二是结合海绵城市理念，开展排水单元达标创建工作。实现源头雨污分流，源头雨水减量，减轻防洪排涝及截流式合流制系统运行压力。对住宅小区等红线内排水系统雨污错混接、管理不到位的问题，部署开展排水单元达标创建行动，将全市建成区划分为2万余个排水单元，在单元内部，红线内由权属单位负责进行管网雨污分流整改，落实“权属人、管理人、养护人、监管人”“四人到位”，消除管网错漏混接，做好日常管养；

鹭舞碧水间

红线外公共排水管网同步进行完善，确保片区雨水、污水各行其道。

广州于2019年9月发布第4号总河长令，在全市开展排水单元达标攻坚行动。计划到2024年年底，全面完成全市排水单元达标创建工作，全市雨污分流比达到90%以上。

我们以天河植物园涌为例，来阐释“埋管子”“进院子”的理念。

植物园涌概况：植物园涌是车陂涌的支涌之一，河涌长度1.57千米（明涌0.65千米、暗渠0.92千米），流域面积2.99平方千米，常住人口8.3万人，日污水排放量2.06万吨/天。

主要措施：植物园支涌流域按居住小区、城中村、商业及企业单位、学校及科研等事业单位、工业区等不同性质进行划分，全流域共划分为41个排水单元。

一是实施沿涌截污及城中村雨污分流工程，新建污水管道67.7千米，完善了植物园涌流域内的污水主干管网、沿涌截污支干管网管，实现城中村内雨污分流。

二是实施清污分流，敷设管道3.2千米，完善暗渠及排水单元排水管网，分出清水7483吨/日，大幅减少污水系统压力和解决内涝问题。

三是实施排水单元达标，按照海绵城市建设理念实施雨污分流，减少雨季溢流，学校等建筑密度小的优先实施。

四是源头引山水、清水0.7万吨/日，防止外水（山水、河水、地下水等）进入污水管网。

治理效果：在截污基础上，实现村内雨污分流，流域内完善排水单元达标创建，源头引山水、管网防外水（山水、河水、地下水等），实现“清污分流、提质增效”的治理目标。

为什么排水管理要进小区？

排水管理要进小区的核心目的是落实国家部委实现污水设施“全覆

盖、全收集、全处理”的要求。为针对性地消除目前的管理空白成立了广州排水公司，初衷就是要实施系统性专业化的一体化管理，让排水管理实现全覆盖，进而落实政府的监管职责。

小区是连接排水户与市政管网的关键节点。要实现全市排水管网完整有序的管理，必须把管理延伸至小区范围。

目前正在推进的排水单元达标创建，目的是在全市进一步优化雨污分流改造，雨污分流关键还是在管理，为确保效果，必须把排水管理覆盖至小区，从源头开始管好雨污分流。

污水管网存在产生公共危害性的风险。因为污水管网一旦出现破损渗漏、错接混接，就会对相连管网或周边环境产生影响，这并不单是产权人自身的问题，所以排水管理必须从源头到末端都接受统一管理。

第八章

广州治水的综合治理理念

习近平总书记指出，要继续打好污染防治攻坚战，加强大气、水、土壤污染综合治理，持续改善城乡环境。2018 年 5 月，习近平总书记在全国生态环境保护大会上强调，“要从系统工程和全局角度寻求新的治理之道”[①]。这些论断一针见血地指出，要将治水重点由“单一治理”转移到“综合治理”上来。广州治水在理论逻辑上坚持综合治理理念，为广州治水工作奠定了坚实的胜利基础。

第一节 工程和管理并重

埋在地底的排水管网因为日常看不见、摸不着，被称为一个城市的“良心工程”。针对广州市原污水管、雨水管责任主体不清、错混接严重、

① 《习近平谈治国理政》第三卷，外文出版社 2020 年版，第 363 页。

养护管理不到位、排水单元（小区、事业单位等）存在监管盲区等问题，亟须开展排水体制改革，建立厂—网—河（湖）一体化管理机制，由专业的人干专业的事，建立从排水户（含小区住户、机关事业单位，用水户就是排水户）—公共管网—泵站—污水厂或河涌（含协调河涌水位调控、设施养护运行）的厂—网—河（湖）一体化全覆盖管理体系，重点在于：(1) 强化源头管控，将排水监管进小区、进住家。(2) 将河道水质情况纳入排水体系考核，实现厂—网—河一体化管理。

一、为什么要构建"厂—网—河（湖）"一体化管理机制？

除了在新项目工程建设方面落实全流程管控外，已有设施的管理也同样重要，尤其是排水管网。如果说地上的高楼大厦代表了一座城市的"脸面"，那么地下的管网则代表了一座城市的"良心"。如何真正用好管好排水管网，建立好排水管理体系？广州在这方面作出了有益的探索。

2018 年，习近平总书记在全国生态环境保护大会上说："在治水上有不少问题要解决，其中有一个问题非常迫切，就是要加快补齐城镇污水收集和处理设施短板。这方面欠账太多。……要定个硬目标，全力攻克，尽快实现污水管网全覆盖、全收集、全处理。否则，一边治，一边排，效果就会事倍功半。"[①]

对于广州这座水城来说，排水管网的重要性不言而喻。但此前状况不尽如人意。几年前，广州水环境恶劣、污染严重，而污水处理建设没有跟上，城镇污水处理效能不高，进厂 BOD 平均浓度相对较低，城镇生活污水收集率不到 60%，黑臭水体数量巨大，全市有黑臭水体 197 条，问题小微水体 258 条。由于原污水管网、雨水管和合流管未统一管理，雨污混接情况普遍存在，导致污水管和雨水管已融为一个整体。这样的状况既无法匹配超大城市现代化治理的标准，也无法达到国家"水十条"等政策文

① 《习近平谈治国理政》第三卷，外文出版社 2020 年版，第 369 页。

件及环保督察、黑臭水体督察等考核要求，市民对治水成效更是不满意，经常投诉。

与此同时，广州原有的排水设施管理模式也有很多问题。

首要的问题是“市、区两级 + 雨、污分割”的碎片化管理模式不适应时代发展。广州中心城区约 12000 千米公共排水管网中，有 1800 千米污水干管由市水投集团管理，其余污水支管、雨水管网、合流管网由各区、市净水公司、道路专属部门等单位管理，“多龙治水”的局面长期存在。

另一个问题是采用社会服务外包的管养模式，管理粗放，散乱低效，养护水平较低。以前排水管网的管养大多以购买社会服务的方式外包出去，但由于市场化程度相对较低，市场的诚信体系尚不完善，标期往往都很短，一般中标公司只有 3—5 年的运维期，由于没有远期预期，就造成短期行为多，长远安排少。

面对这些问题，广州构建了“厂—网—河（湖）”一体化管理机制，建立“全面覆盖、一体管理、系统运行、专业维护”的排水管理体系。

二、为什么要成立排水公司？

由于历史排水管网数量不清、底数不明，需要专业公司摸查、盘活旧管网资源，发挥存量效能；且城市排水管网的管养、修复类似于肠镜手术，需要一定的成本、技术，需要专业人士来做。地下工程、管网养护市场化的程度还不够高，诚信体系还有待完善，由社会化公司做难以确保效果。排水公司介于市场化和行政化之间，既是政府监管权力的延伸，也可调动社会资源参与管网养护。政府需要“一只手”（排水公司），采用“笨功夫”“苦功夫”，一个个井、一段段管去找齐埋在地下的存量管网，并开展洗井洗管，将无效资产转变成有效资产；利用智慧水务手段，将低效资产转变成高效资产。

2018 年，中心城区成立了广州城市排水有限公司，外围城区成立了区排水公司。通过政府与排水公司签订特许经营协议，将公共排水管网统

猎德涌鸟瞰图

一交给广州城市排水有限公司专业管网运维团队管理，解决排水设施“多头管”的问题。同时建立由排水公司发现问题，水务、生态环境以及镇街等单位共同解决问题的工作机制。通过将污水管和雨水管放在一个“篮子”里管，用专业的人干专业的事，使雨污系统各司其职，提高效率，建立排水户—公共管网—泵站—水厂或河涌的“厂—网—河（湖)”一体化全覆盖管理体系，实现了全市公共排水设施一体化管理。

排水公司的建立不仅是完善城市排水“全周期”管理的需要，也是完善城市治理体系和城乡基层治理体系的需要。这一模式的重点在于两个方面，一是可以强化源头管控，将排水监管进小区、进住家。二是将河道水质情况纳入排水体系考核，实现一体化管理。

（一）政府主导，多部门联动合力推进

1. 前期调研

为全面梳理广州城市排水管理存在的问题，进一步清晰排水公司的工

作职责，广州市水务局牵头会同市水投集团、市排水中心等，深入各区开展排水设施管理调研，全面梳理排水设施基础数据，深挖基层排水运维管理人员、资金、设备、技术等“痛点”“难点”问题。同时，对标国内先进城市，由市政府牵头市水务、财政、发改等职能部门，多次奔赴北京、上海、深圳、杭州等国内排水管理先进城市，就排水设施一体化管理的优势，排水设施日常养护人员、资金保障、各部门排水设施管理的责任分工等进行深入调研，同时结合广州市的实际情况，确定排水公司组建工作思路。

2. 过程协调

组建方案编制过程中，由市水务局牵头编制组建工作方案，多次征求并召集相关单位研究确定各项工作原则，各方未能达成一致意见的，由分管市领导组织召开市水环境整治联席会议协调明确，组建方案最终经广州市政府常务会议审议后实施。组建过程中，成立了由分管副市长为组长，市政府副秘书长为常务副组长，市水务局、市水投集团主要负责人为副组长的筹备工作小组，具体负责开展组建工作，筹建小组成员由市水务局、市编办、市发展改革委、市财政局、市住房和城乡建设局、市国资委、市法制办、市中心六区政府、市水投集团组成，确保了排水公司的平稳迅速成立。

3. 工作分工

（1）市水务局：统筹市排水公司组建及厂、站、网统一管理；组织开展中心城区公共排水设施摸查、移交、接管工作；加快修订《广州市城市污水处理特许经营补充框架协议》及编制《广州市城市污水处理特许经营补充协议》，经市政府审定后与市水投集团签订；编制公共排水设施养护管理考核目标及办法，报市治水联席会议审议通过后予以实施；督促各相关单位按计划落实推进相关工作，及时汇总存在的问题，提交工作小组协调解决。

（2）市编办：指导各区做好现有排水设施管养人员及退休人员的安置工作。

(3) 市发展改革委：指导、配合市水务局修订《广州市城市污水处理特许经营补充框架协议》和编制《广州市城市污水处理特许经营补充框架协议》，以及调整污水处理费征收标准。

(4) 市财政局：根据资金测算，落实市本级相关资金。并按照本方案要求，对需各相关区负责的资金，在与各相关区每年结算的财政转移支付中，直接切块划转给市水投集团。

(5) 市住房和城乡建设局：统筹专属道路内公共排水设施的移交工作，加强与市排水公司的沟通协作。

(6) 市国资委：会同市水务局制定考核办法，指导各区、市水投集团做好中心城区公共排水设施的资产划转工作。

(7) 市法制办：指导、配合市水务局加快编制《补充协议》。

(8) 中心六区政府：具体负责辖区内排水设施清单、移交计划的编制工作，按计划开展设施移交，足额安排专项治理经费（含管网设施全面检测、结构性隐患治理、错漏接整改、排水口治理等经费），妥善安排现有排水设施管养人员及退休人员。

(9) 市水投集团：具体负责市排水公司的组建，并按照本方案要求开展中心六区排水设施的检测、接收以及后续的日常管理、维修养护和相关内涝抢险等工作。

4. 公司定位

市排水公司定位市属国有公益性服务企业，为广州市水投集团全资控股子公司，受市水投集团直接领导，并接受广州市水务局、各相关区水务部门业务指导和行业管理。具体职责为：

(1) 负责中心六区公共排水设施的日常运行、巡查养护、维修、抢修抢险、功能性和结构性隐患修复、错混接整改、大中修、更新改造等（不含雨水管新建），以及其他经市政府和市治水联席会议明确的排水类专项治理工作。

(2) 负责中心六区主干道及重要区域内涝布防抢险工作；负责中心六

区重大活动排水保障工作；按照市三防总指挥部、市排水设施管理中心指令，开展城市内涝与污水应急抢险处置。

（3）按照《城市排水与污水处理条例》《广州市水务管理条例》《广州市排水管理办法》《广州市排水管理办法实施细则》等相关法律法规规定，受市政府委托，负责以下工作：一是对中心六区“排水许可证核发”“移动、改建、占用公共排水设施审批”“公共排水设施设计方案审查”等行政许可进行技术审查；二是负责办理中心六区涉排水非行政许可事项；三是配合办理污水处理费征收；四是配合开展违法排水的执法工作，负责对中心六区排水户雨水管、污水管接驳情况和排水及水质情况进行监控；五是为属地政府排水执法提供技术支持。

（4）负责中心六区公共排水设施维修及应急抢险工程的具体实施，并结合污水收集处理成效及城市内涝防御情况，对中心六区排水设施的年度建设计划提出建议。

（5）负责排水管线专业化信息系统建设，加强排水管线信息的动态更新管理，全面提升排水设施信息化管理水平。

在日常具体工作中，市排水公司除开展已接收管网的日常运行养护、承接上级部门交办的各项任务外，也配合各区水务主管部门和市净水公司（管理运行中心城区污水处理厂）共同推进排水设施上游（排水户、排水单元）及下游（污水处理厂）的管理效能。一方面，市排水公司作为各区排水管理的技术支撑单位和问题发现单位，协助各区发现排水户错混接、违法偷排等各类行为，及时提交各区督促相关单位整改；另一方面，市排水公司对污水处理厂进厂水浓度负责，并协同广州市净水公司共同开展污水处理厂及泵站的停产、减产检修等。

（二）政策保障，构建长效管理机制

中心城区公共排水设施以特许经营方式授权市水投集团运营管理，具体由市水务局代表市政府与市水投集团签订《广州市城市污水处理特许经营补充框架协议》及《广州市城市污水处理特许经营补充协议》。市水投

集团授权市排水公司具体实施。市排水公司组建专业的巡查清疏团队，分片区实行网格化管理巡查，以及对已接收的公共排水设施实施清淤、维修和局部改造工作，同时组建专门的抢险队伍，负责做好主干道及重要区域的内涝应急保障工作，确保汛期排水顺畅。

1. 资金来源

排水公司资金来源主要分为注册资本金、日常养护经费、大中修专项经费3个部分，其中注册资本金一次性支付，日常养护费用、大中修专项费用纳入市水投集团特许经营费中按年度清算。

（1）注册资金。由市财政安排资金2亿元，作为市排水公司注册资金，主要用于市排水公司购置内涝应急抢险、管网清疏等设备。

（2）日常养护费用。由核定的公共排水设施养护定额 × 计价当期的管网养护总长度计算。日常养护费用单价按照《广州市市政设施维修养护工程年度费用估算指标（2017)》，测算每延米排水管网日常养护定额，同时考虑市财政承受能力，取0.8系数作为日常养护计算单价。

日常养护费用包含管渠、检查井、泵站、水闸及雨水箅子的日常巡查、清疏养护、内涝抢险部分、10万元以下小修小补等的服务成本及合理利润。

（3）排水设施大中修费用。10万元以上排水设施大中修项目经费，由市排水公司制定大中修项目实施计划，经市水务局审批同意后，列入特许经营费用，专项拨付。

2. 出资主体

（1）注册资金由市财政出资。

（2）日常养护费用、大中修专项费用由市、区两级财政分担，具体金额按照市排水公司接收管道属性，以及广州市城市建设维护工作市区分工原则计算。其中，污水管网、“三不管”管网由市财政出资，合流管网、雨水管网按照明确的市、区出资比例由市财政、区财政分别出资。

3. 划拨方式

（1）注册资金由市财政专项划拨。

（2）日常养护费用、大中修专项费用由市水投集团上报市水务局年度预算计划，经市水务局审定后，由市财政在当年对各区转移支付中切块划转给市水投集团。该划拨方式避免了市水投集团（市排水公司）与区财政多头对接，有效解决了区级资金难以落实的问题。

4. 资金清算

由市水务局聘请第三方中介机构对市排水公司年度资金使用情况进行每年清算，其中日常养护费用计算单价按照3年为一个周期进行核定。

5. 车辆设备配备

由广州排水公司根据养护工作需要，利用市财政拨入的注册资本金，以及融资租赁等方式，采购国内外先进的高压水冲车、吸污车、清洗吸污一体车、龙吸水等机械化清疏和抽排设备。

6. 基地配备

为解决应急抢险车辆、机械、设备等停放，以及值班人员备勤等问题，广州市河长办发布《加快推进中心城区公共排水设施移交工作的通知》，明确由广州市中心六区政府向市排水公司无偿提供不少于11000平方米的养护抢险基地。在具体操作中，各区政府选取主干道旁、高架桥下用地范围，按照不移交产权只移交土地（空间）使用权的形式，由土地（空间）产权或管理权单位同排水公司签订协议，将使用权无偿移交给排水公司，由市排水公司负责组织搭建基地基础建筑设施等。

养护基地对排水公司有效开展公共排水设施日常管养，以及第一时间落实内涝布防抢险等具有重要意义，在组建工作中应重点落实，并按照“全面覆盖、分散布设”的原则设置养护基地。在条件允许情况下，建议将产权一并纳入排水公司资产中。

（三）完善监管，精准把舵企业发展

由市国资委、水务局分线对排水公司进行监督考核。考核结果作为市水投集团、排水公司领导奖惩的重要依据。若考核结果未达到目标要求，除扣减市水投集团的特许经营费外，还对领导班子的年度绩效进行扣罚。

其中，市国资委将排水公司经营业绩纳入市水投集团经营业绩中统一考核；市水务局组织市排水中心、市排水监测站、中心城区各区水务部门对市排水公司日常运营进行监督考核，并将考核结果纳入市水投集团特许经营考核中。考核内容涵盖污水处理厂进水浓度、管网系统运行维护情况、排水单元监管、防内涝应急布防、对外服务评价、安全生产等方面。

市排水中心、市排水监测站（市水务局下属参公事业单位）：作为行业管理、考核的具体执行单位，对市水投集团（市排水公司）各项工作业务进行监督检查。其中，市排水中心具体负责排水设施（管网、泵站等）的抽检，市排水监测站具体负责污水处理厂运行管理（其中针对市排水公司的为污水厂进水浓度等内容）的抽检。

中心城区各区水务部门，作为属地区行业主管部门、监管部门，组织、监督、指导本辖区内排水设施的养护管理工作。参与市水务局制定的考核方式，对市排水公司负责的各项工作进行抽检、评分。

▶▶ 广州排水公司现拥有 12 个养护应急抢险基地

▶▶ 抢险队伍在调整大排量机械化抢险装备

▶▶ 清疏员勘查排水管网内淤堵情况

▶▶ 使用自主研发小型清疏设备开展综合养护

三、排水公司的工作有何成效？

建立排水公司后，广州城市排水服务能力大幅提升。广州建立起全面覆盖、责任清晰、技术先进、管理精细、产业现代的公共排水设施运营维管体系，全面推动“厂—网—河（湖）”一体化管理。广州市排水公司率先探索实践城市排水管网“片区化 + 网格化”管理，公司下属 5 个专业运营分公司，划分为 43 个片区，细分 2 万多个排水单元，清疏管网约 2.5 万千米，转输污水近 17 亿吨，为打赢打好黑臭水体剿灭战奠定了坚实基础。

一是排水管网运行管理高效。基本实现生活污水全收集、全处理，晴天无污水溢流。排水系统运行效能增加，管网运行水位显著下降，满管率比 2018 年下降了约 20%。排水应急抢险能力显著增强，内涝布防及排水突发事件处置实行网络化布防，实现半小时应急处置。排水服务事项、投诉处理等市民满意度提升，2019 年达到 92.76%。截至 2020 年 5 月底，排水公司累计巡查管网约 16.2 万千米，完成结构性隐患修复 46269 处，

宏岗河近景图

完成率达 93.9%，保障了排水设施的运行效率。接收无法明确管养单位的污水管网共 4486 千米，疏通修复后，将低效运行的管网改造成高效运行管网，大大提升了城市管网效能；新发现无效管网 1032 千米，将无效管网连接、疏通、整改、再利用，盘活旧管网存量，将国有资产恢复新活力，减少新建设施，节省资金约72亿元；真正实现了“花小钱、办大事”。

例如，天河区珠吉街的合流制区域，一直存在河水倒灌问题。市排水公司通过在黄村东路、珠村西环路、石宦路、中支涌等渠箱实施清污分离，对城中村雨污分流整治和商业督办整改，将污水接入污水管网，将合流渠箱（盖板河）还原雨水通道，减少了河水倒灌进入污水管网。整改后泵站前池水位从 4 米下降到 2.5 米左右，每天进入污水厂的水量减少了 2 万吨。

二是应急响应能力增加。广州排水公司成立至 2020 年年底，防暴雨Ⅳ级应急响应 8 次，防暴雨Ⅲ级应急响应 68 次，防暴雨Ⅱ级应急响应 14 次，防暴雨Ⅰ级应急响应 2 次；共出动抢险人员 47444 人次，布防抢险车辆 10114 台次，抽水设备 19633 台次；处置了“山竹”台风、“5・22”暴雨等极端天气导致的城市内涝；保障了“两会”“70 周年国庆活动”“读懂中国”“广交会”“高考”等一系列重大活动的排水安全，并按照省、市工作部署，派遣 19 人组成的援赣抢险队伍，不折不扣地完成了“7・20 支援江西防洪抢险”等增援任务。

第二节　水质和水量双提升

为解决城市水环境恶化、水生态破坏、城市内涝等问题，满足人民群众对优质生产生活环境的需要，不断深化治理思路，优化治理技术路线，综合运用多种治理手段，治理成效也不断提升，其中污水处理提质增效效果直接影响治水成果的稳固，对提高污水处理厂水质、水量至关重要。

一、提高污水收集率和进水浓度为什么重要?

超大城市在治水过程中一个共同的痛点就是污水处理设施的建设难以跟上生活污水和工业污水的增长速度。广州在治水过程中，将“污水处理提质增效”作为非常重要的一个工作来推进。

为什么要强调污水处理提质增效？打个非常简单的比方，一个镇每天要产生 50 万吨生活污水，而当地的日处理污水量刚好是 50 万吨，这相当于供需平衡，当这个镇因为水管破裂，每天又有 10 万吨清水混入了生活污水当中，就相当于要处理的污水变成了 60 万吨，而当地的污水处理厂的处理能力没有提高，也只能处理 50 万吨，那就意味着有 10 万吨污水没有办法处理。

污水处理提质增效具有以下显著效益：

环境效益：实现“污水入厂、清水入河”，保障水环境“长制久清”。

经济效益：提高污水收集处理效能，节约财政投资。

例：A 污水处理厂日处理污水量 100 万吨，进、出水 COD 浓度分别为 100 毫克 / 升、30 毫克 / 升，每天削减 COD 污染物 7 万公斤；B 污水处理厂日处理污水量 50 万吨，进、出水 COD 浓度分别为 250 毫克 / 升、50 毫克 / 升，每天削减 COD 污染物 10 万公斤。B 厂比 A 厂污染物削减量大，并且每天节约投资 95 万元（单价按 1.9 元 / 吨计）。

社会效益：提升管网“健康”状况，保障城市运行安全。近年来，由于污水管网渗漏、破裂原因，造成路面塌陷的问题屡有发生。

二、如何实现污水处理的提质增效?

如何实现污水处理的提质增效？一句话，就是提高污水收集率和进水浓度。将该进入污水处理系统的污水能收集的全部收集，将不该进入污水处理系统的“外水”（雨水或者其他清水）阻止进入污水处理系统，提高进水浓度，增加污水处理效率。

2018年以来，在推进黑臭水体治理的基础上，广州市重点加大污水收集处理系统提质增效工作，由广州市水务局（市河长办）牵头，会同相关市职能部门，从管网入手，“一厂一策”，通过分析原因—明确思路—找准锚点—对症下药—落实措施的工作步骤，扎实推进相关工作。

下面以猎德污水处理系统系统化整治为例，来说明广州市如何通过提高污水收集率和进水浓度，推进污水处理提质增效工作。

猎德污水处理系统服务范围分为西区和东区两部分，建设有1座污水处理厂和6座污水提升泵站。其中，猎德西区为老城区，排水体制以合流制为主，区域内有6座污水泵站，收集主干管以涌边截污管为主，仅少部分市政道路实施雨污两套管网。猎德东区为新城区，排水体制以分流制为主，管网系统完全采用污水自流方式，不设置污水提升泵站。

按照《广州市城镇污水处理提质增效三年行动实施方案》要求，2019年年底，猎德污水处理厂进水BOD平均浓度要达到105毫克/升；2020年年底要达到110毫克/升；到2021年年底要达到120毫克/升。直至2018年，猎德污水处理厂满负荷（120万立方米/天）运行的情况下，进厂BOD_5最低达到85毫克/升，进水浓度明显较低。

一方面，进厂污水浓度低；另一方面，污水厂满负荷甚至超负荷运营。强降雨期间还需打开截污闸泄洪，缓解内涝问题，使得河涌水质遇雨恶化。区域内的东濠涌、沙河涌、猎德涌、员村涌、程界涌、棠下涌、车陂涌等河涌作为已完成治理的河涌，受雨后溢流影响，水质多

花地河鸟瞰图

次反弹，治理成效受到严重影响。

广州市水务局会同相关部门，通过复核污水处理能力发现，根据广州市自来水公司提供的2017年实际用水量资料，猎德污水处理系统片区用户用水量约87.67万立方米/天。按排放系数0.85考虑，其污水处理能力可满足需求。另外，复核污水收集设施效能时也发现，片区管网密度约17.55千米/平方千米，与东京等城市持平，管网数量已不是主要问题。

不过其合流渠箱约1101千米，占管网比例的38%，区域内河涌截污多以合流制末端截污方式为主，导致大量外水进入污水系统，雨天更是水量剧增。下游受珠江潮位影响，江水在高潮位时经沿线河涌合流制截污或错混接的雨水排放口倒灌进入污水系统。

通过数据分析并结合过往运行和排查，得出猎德污水处理系统的主要问题是流域内清污不分，大量山水、河涌水、地下水等浓度较低的外水，通过合流渠箱、沿涌排水口、混接排放口等进入污水系统，占据污水管容，导致污水处理厂负荷增大的同时，也大幅降低了进厂污染物浓度。

在明确了这些问题后，最终确定猎德污水处理系统提质增效的治理思路：近期以“挤外水”为主要目标，以合流渠箱为重点整治对象开展“清

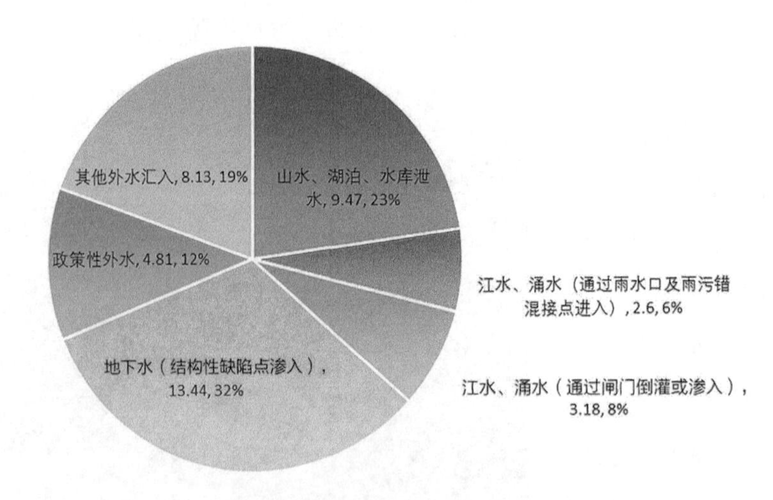

图8-1　猎德污水处理系统发现外水量组成图

注：发现总量41.63万吨/天。

污分流”；远期开展排水单元达标创建，推进源头治理，进一步改造优化污水收集处理系统，持续推进污水处理提质增效。

思路明确后，第一步就是找准锚点——挤外水工作。依托“排水管网管理信息”APP和管网GIS系统，现场摸查与后台分析相结合，大幅提升查找外水接入点的效率。整个摸排过程历时约半年。

挤外水的过程又可分为几步，一是预判外水类型：山水、湖泊、水库泄水通过合流渠箱进入污水系统；江水、涌水通过雨水口、雨污错混接点、闸门倒灌或渗入污水系统；地下水通过管网结构性缺陷点进入污水系统；政策性外水（在建工地、自建污水处理设施排水等）直接排入污水管网；雨水通过合流渠箱或错混接点进入污水系统。

二是水质水量布点检测。在管网关键节点处布点，每隔一段时间人工取样检测COD浓度、氨氮浓度以及水量，并通过对COD浓度低于150毫克/升检测点进行梳理，初步锁定系统内外水各类型的分布范围。摸排期间，共布点300个，累计检测样品1200个。

三是结合“洗管”“洗井”确定外水的准确位置。采用管道潜望镜、管道闭路电视、声呐等检测工具，结合上述五类外水类型的典型特点，查清管网的外水接入点、功能性缺陷、结构性缺陷、雨污混接、偷接偷排、排水口错混漏接等问题。

四是对症下药，明确各类外水的具体治理措施。山水、湖泊、水库等进入问题，通过合流渠箱清污分流工程解决；江水、涌水、地下水等渗入问题，采用对现有排水设施进行改造修复解决；雨水通过排水单元达标和城中村截污纳管建设逐步改善；政策性外水，通过完善法规政策，允许其排入自然水体。

经过对症下药，扎实推进，通过提高污水收集率和进水浓度，猎德污水处理系统污水处理提质增效工作取得明显成效。

第一，外水量大幅减少。仅在2018年7月至2019年2月，猎德污水处理系统就摸查发现外水接入点1848处，累计处理外水接入点487处，挤外水量约16.85万立方米/天，按此计算外水量减少了40%。

第二，进水浓度提升35%。随着挤外水工作的不断深入（2018年8月中旬开始），到2018年年底猎德污水厂进水污染物浓度达到194毫克/升，比2017年12月底的143毫克/升提升51毫克/升，提升幅度达35%，提质增效初见成效。

第三，河涌治理成果得到了巩固。经过2018年的提质增效治理，片区晴天基本实现了各类沿涌排口无污水溢流，雨天减少了泄洪闸的开闸次数和污水溢流水量，河涌水质在雨后也能较快恢复。

三、为什么提高污水费价格？

提高污水费价格有哪些积极作用？

（1）鼓励节约用水。污水费提高，实际上推动了人们节约用水行为，最终改变人们的行为习惯，进而改善生态环境。（2）规范排水行为。通过行政手段提升污水处理在人们心中的价值地位，纠正人们无序的排放行为，改变人们的环保价值观，让人们自觉实施环保行为，从根本上改善水环境。（3）正确反映并缓解污水处理成本与收入费用倒挂的现实问题。（4）为持续提升水环境质量提供有力支持。

在广州城区，很多市民在交纳水费的时候，可能不会注意，其实自来水费是同污水费捆绑在一起的，由自来水公司代扣，即街坊抄表，缴纳水费的时候，污水费金额同步计算出并扣缴。原来，污水费由广州市水投集团下属的广州市净水公司收取，从2017年起，广州市污水处理费改由政府收取，定性为行政事业性收费。

也是在2017年，经广泛征求意见并组织召开价格听证会，广州市发展改革委根据《财政部 国家发展改革委 住房城乡建设部关于印发〈污水处理费征收使用管理办法〉的通知》，出台《广州市中心城区污水处理费用调整方案》，调整中心城区（天河、越秀、海珠、白云、荔湾、黄埔区和番禺区大学城）污水处理收费标准。

按照这个新调整后的方案，自 2017 年 7 月 1 日起，污水处理收费综合单价为 1.11 元 / 吨。其中，居民生活类污水实施阶梯式收费，三个阶梯具体收费标准为 0.95 元 / 吨（27 吨以下）、1.43 元 / 吨（27—34 吨）、2.85 元 / 吨（34 吨以上），非居民类污水收费标准为 1.40 元 / 吨，特种行业污水处理费标准为 2.0 元 / 吨（见表 8–1）。

表 8–1　广州中心城区居民用水价格

<table>
<tr><th>序号</th><th colspan="2">调整后污水类别</th><th>收费标准（元 / 吨）</th></tr>
<tr><td rowspan="3">1</td><td rowspan="3">居民生活类污水</td><td>第一阶梯（27 吨以下）</td><td>0.95</td></tr>
<tr><td>第二阶梯（27—34 吨）</td><td>1.43</td></tr>
<tr><td>第三阶梯（34 吨以上）</td><td>2.85</td></tr>
<tr><td>2</td><td colspan="2">非居民类污水（与自来水分类范围一致）</td><td>1.4</td></tr>
<tr><td>3</td><td colspan="2">特种行业污水（与自来水分类范围一致）</td><td>2.0</td></tr>
</table>

中心城区之外的番禺（大学城除外）、花都、南沙、从化和增城区的污水处理费收费标准由当地相关部门，按照不低于国家规定的最低标准“城市污水处理收费标准原则上每吨应调整至居民不低于 0.95 元，非居民不低于 1.4 元；县城、重点建制镇原则上每吨应调整至居民不低于 0.85 元，非居民不低于 1.2 元”，不高于中心城区收费标准的原则核定；经当地政府批准后执行。

对于提高污水处理费的缘由，广州市发展改革委进行了详细阐释。

首先，是落实国家政策的要求。《国家发展改革委 财政部 住房城乡建设部关于制定和调整污水处理收费标准等有关问题的通知》规定“2016 年底前，设市城市污水处理收费标准原则上每吨应调整至居民不低于 0.95 元，非居民不低于 1.4 元”。当时广州市中心城区居民生活类污水和行政事业类污水收费标准未达国家规定的最低标准，必须调整收费标准。

其次，污水处理成本与收费标准倒挂。2015 年，市财政支付污水处理业务购买服务总额为 29.19 亿元，同年污水处理费实收金额仅 7.55 亿元。调整后年收费额与年政府购买服务金额相比仍有较大差距。

最后，运用价格杠杆，促进节能减排。广州虽然水资源比较丰富，但人均水资源量却只有世界人均水资源量的1/4。适当提高污水处理费标准，有利于培养全民保护水环境的意识和树立绿色发展理念。

对于这次生活污水提价，民众一般比较关心与自己切身相关的生活污水的阶梯式收费调整，却很少关注企业污水（非居民类污水和特种行业污水）与生活污水的差异化收费。实际上这既有国家层面“建立企业污水排放差别化收费机制”的驱动，也有广州治水大背景下，治理工业污水的考量。未来广州还要用好“污水处理费”这个“市场之手”，引导市民进一步提升“爱水、护水、节水”意识。

四、为什么要对工业污水实行差异化收费?

实行差异化收费，某种程度上可以缓解上述问题的发生。

通过差异化收费，可以鼓励企业对工业污水自净后达标排放自然水体，减少对生活污水处理厂的影响；规范企业排水行为，促进企业节约用水；可进一步保护和改善城市水环境质量。

所以无论是从工业污水的属性特征、社会危害，还是从广州治水的大局着眼，都应同居民生活污水实行差异化收费。通过市场的手段调节，达到“高污染、高收费，低污染、低收费”的实际效果，促进企业能够进行污水预处理，从源头上减少污染物排放。

五、工业废水为什么逐步从生活污水中退出?

首先，工业污水的属性特征与城镇污水管网、污水厂的功能定位本身就极不匹配。工业污水的不确定性，会严重影响城镇污水处理系统的正常运作。按照现行的工业废水纳管许可管理制度，工业企业自建污水预处理设施，将工业废水处理至一定标准，采用行政许可的手段，排入城市生活污水系统。但是预处理达到排入下水道标准的工业废水中通常含有大量不可生物降解的溶解性有机物，常规污水处理工艺很难确保稳定达标，存在随时超标的风险。

其次，工业废水进入生活污水系统，在实际工程中需要强化工艺运行管理，增加工程投资和运行成本。工业废水达到城市下水道标准后排入城镇污水处理厂处理，并非经济有效的减排措施。工业废水通过工业企业自建设施处理达标，实际上是高浓度污染物的去除过程，去除单位污染物所需的能耗物耗并不高。但工业废水排入城镇污水处理厂并被城镇污水稀释后，就演变成大水量低浓度污染物的去除过程，不仅面临着处理水量的成倍增加，还涉及低浓度物质去除所需的能耗物耗的成倍增加。也就是说，与工业企业自建设施达标排放相比，工业废水排入城镇污水处理厂处理会面临更大的社会成本。除此之外，生活污水处理是公益性事业，工业污水不应占用公益性政策优惠的份额。

最后，工业废水排入影响污水和污泥的资源化利用。工业废水除含有大量不可生物降解有机物外，通常还含有不能通过生物净化去除的重金属、有毒有害物质，这些物质会“穿透”整个城镇污水处理系统，最终进入污水处理厂的尾水或污泥中。污水处理厂尾水作为城市再生水的水源，“天然”带有有害有毒成分，不利于资源化利用。工业废水带入的有毒有害污染物，导致污泥变成危险废物，也不利于资源化利用。

六、为什么施工排水、井点降水要处理后直排河涌？

施工排水、井点降水要处理后直排河涌，成本基本为零。施工排水、井点降水直接或经格栅、三级沉淀池等设施处理后，已达到地表水环境质量标准，排入雨水管网或直排河涌不会对环境造成污染。

施工排水、井点降水要处理后进入城镇污水系统，重复投入，提高政府投入成本。该类水经预处理后排入污水管网，进入污水处理系统重复处理，造成处理费用增加，还会挤占污水处理厂污水处理空间、降低污水处理系统进水浓度，导致设备建设投入费用增加。该类水所含淤泥将大量沉积在市政管网内，造成管网堵塞，增加管网清疏、管养费用，且挤占管网空间，易导致溢流，污染水环境。该类水带来大量的污泥，造成污水处理厂污泥量增大，增加污泥处理成本。把原来可形成的天然建筑材料——黏土混入污泥中，不利于循环利用，增加处理成本 。

第三节　治污和治涝统筹

以流域为体系，细化排涝单元，算清流域“大水账”，落实“上蓄、中通、下排”的治理思路。坚持问题导向，推进污涝同治。降低水位优化竖向空间，完善管网补齐设施短板，源头设施建设全面落实海绵理念，实现雨水在源头减量、减速和净化，切实保障绿水长流、河湖安澜。

一、为什么要核算水账？怎样核算水账？

以流域为单元算清水账，才能统筹流域治理，落实污涝同治，更有利于国土空间规划建设、产业布局、排水设施建设等工作的开展。要以流域为单元对水资源与水环境实施统一管理（逻辑系统），开展水环境系统综合整治（技术系统），一个号（行动系统）、一个哨（时间系统）、一个调（协同系统），全面统筹流域上下游、左右岸、干支流之间的关系，打破区域划分限制（物理系统），以河长制为抓手（管理系统），成立统筹部门（行政系统）和组织实施部门（组织系统——把会做事、能做事、肯做事的干部选出来），建立水污染联防联控联治制度（机制系统）、环保督察机制（监督系统——把不会做、不愿做、不敢做的干部拿下去）和纪检监察机制（监察系统），从而全面取得流域水环境治理成效，促进流域整体的社会经济与环境生态的协调发展，实现清水河流域水环境生态与社会经济的协调发展。

广州市市域面积 7434 平方千米。北部为山区，南部为河网区，水系发达，结合每区特点，分析地形地貌，共分为九大流域、105 个排涝片区，初步划分为1759个排水分区。按照“上蓄、中通、下排”的治理思路，以流域为体系，算清“水账”，经估算，全市水体可利用调蓄容积2.38亿立方米，可按照流域——排水分区逐级分解核算区域“水账”。

雨季算安全账：针对广州市九大流域、105个排涝片区、1368条河涌、368宗水库、八大湖泊及众多山塘、坑塘、水闸泵站等现实水利设施调蓄能力进行评估，算清流域“水账”，制定预泄、预腾空计划，科学调度，保障城市防洪排涝安全。

旱季算生态账：针对不同河涌类型（感潮、非感潮）计算生态需水量，确定生态补水方式及水量，对生态基流不足的河道，优先考虑利用处理后的尾水进行补水。

根据水系分布及地形情况，提出流域大海绵管控要求。构建堤库闸泵结合、截蓄排渗兼施的工程体系，提高流域区域联防调度管理水平，主要做法有：空库待蓄、水系连通、蓄排结合、科学调度。

二、为什么河涌要保持低水位运行？

广州有好几条河涌流经广州市区，经常在涌边散步的居民这两年可能会发现一个很奇怪的现象：河涌水好像变浅了，平时底泥都露在阳光下，而且有些还长了草，这跟以往河水满盈完全不同了。这是为什么？这是广州在黑臭河涌治理过程中摸索出来的一个经验。就是让河涌保持低水位运行。

河涌保持低水位运行有哪些效益？

河涌高水位容易导致河水倒灌进污水系统，挤占管网空间，而保持低水位运行可以创造三大效益：

经济效益——低水位运行减少外水倒灌，可以节省污水处理费用；减少泵站投资；减少引水补水费用等。

生态效益——低水位运行阳光可以透到河底，有利于促进水生植物生产，加快生态修复；促进底泥消解，减少内源污染。

社会效益——低水位运行增加了河涌调蓄空间，增强城市抵御洪涝能力。

在以往的治水实践中，一直存在一个误区，认为应坚持河涌高水位运行，这样才能保持景观水位，河道满了才是美。殊不知“水满则溢，月满则亏”，保持河涌高水位运行，会在雨季来临时，让河水倒灌进污水管网，挤占管网空间，另外过高水位，也让阳光无法透到水底，水生植物无法生长。

作为一个河道密布的水城，广州历史上曾多次深受雨季河水倒灌、河涌溢流的水患祸害。在广州治水初期，即便已完成治理的河涌，比如东濠涌、程界涌、棠下涌等，也曾发生过雨后溢流影响，水质多次反弹，治理成效受到影响。

2017 年前后，广州进入治水攻坚阶段，采取各种手段治理河涌黑臭水质的同时，探索实践河流低水位运行，实现“清水绿岸、鱼翔浅底”，为国内城市河流开展低水位运行提供可复制的案例。

广州把河涌水位有效降低的目的主要是避免河水倒灌排水口，为雨水腾出调蓄空间，而从生态恢复的角度，降低水位可以让阳光透进河床，有利于沉水植物生长，为自然生态留足自净恢复空间。

在具体实践中，要保持河涌水位的低水位运行，有两个必须坚持的硬性指标：一是治理后的河涌水深要保持在自然水位，二是河涌的最高水位应不高于雨水口或各类拍门（闸门）。在这两个硬性要求的基础上，明确不再抽调珠江水补水（节省用电及泵站运营、管理调度等费用），而是利用污水厂布局优势，将污水厂尾水再生利用补入河涌，促进了水体的流动及底泥的自然净化和修复。

比如沙河涌、车陂涌、大陵河等流域在完成控源截污后，采用上述降水位、加快河道流速、补再生水的方法，让阳光透进河底，河床自然长草，吸收底泥污染物，河道底泥逐步恢复生态，避免了大规模底泥清淤；水草生长茂盛，水质改善明显，鱼群嬉戏，形成环境宜人的亲水空间。

案例 8-1：沙河涌低水位鱼形思路及实践

沙河涌是穿越市中心城区的重要排涝河涌，流域集雨面积 34.3 平方千米，干流全长 14.14 千米，以广州大道为界，上游为山区性河流，河道坡降大；下游河道呈感潮特点，河道平缓、蜿蜒。

治理前沙河涌沿线多为轻度黑臭，局部重度黑臭，主要问题为错混接导致排水口有直排、污水管运行水位高、合流排口晴天溢流、河口段水动力不足等问题。

针对这些问题，沙河涌采取了三方面的整治举措。

一是溢流口改造，开展渠箱清污分流，截留初雨。暗渠出口进入污水主管前新建两道曲线流槽，充分发挥污水管道的截流倍数，将初雨截流处理，减少溢流次数及流量。

二是停调珠江水补水，改用京溪净水厂尾水补水。由于京溪净水厂尾水的透明度与氨氮明显优于珠江水，暂停了珠江水补水，并结合水闸调度，形成单向流动，极大改善了近珠江口 3 千米段的水动力。

三是降低下游感潮段的景观水位（降低后上游水深在 0.3—0.5 米），为了更好恢复河道自身净化能力，降低流速和水位、提高透明度，做到“流速提高水深浅，透光增氧水草现”。

采用这三招整治举措之后，仅仅几个月的时间，沙河涌就实现“水变清、水流动、水自净”三部曲——晴天各断面水质不黑不臭，河道水生态初步恢复，已长有天然水生植物，呈现出“水清、水浅、有草、鱼游”的“鱼翔浅底”的美丽景象。建设部专家张悦为此还专门为沙河涌作了首“生态歌”：调水停下来，水位降下来；中水用起来，河水流起来；阳光透

▶▶ 河涌低水位运行

▶▶ 治理后的沙河涌

下来，水草自然来！

除河涌低水位运行外，另外一个引起关注的话题就是：河涌要不要清淤？

广州的做法就是尊重自然、顺应自然、保护自然，不建议清淤，但要清除垃圾。清淤只能治标，且清淤不利于恢复河涌生态。淤泥可平铺在河床底或堆砌在河床两侧通过降低水位及种植水生植物，将淤泥内黑臭污染物逐步氧化分解，最终留下河沙等。

案例 8-2：大陵河治理实践

大陵河原来是重度黑臭的河流，底泥深厚，在治理过程中，通过“截污水、减溢流、补清水、涌底修复、底填高挖、暗渠复涌、强管理”等手

治理后晴天

治理后雨中

治理后雨后

下游盖板段暗渠复涌效果

大陵河治理后景象

段，构建了源头有基流、空间，景观有弹性的河道，旱季低水位浅水流保证生态基流，雨季高水位大面积保证行洪效果，整体提升大陵河水环境质量。目前大陵河焕然一新，呈现出水清、水浅、有草、鱼游的“鱼翔浅底”的景象。

三、合流渠箱为什么要清污分流？

与部分丰水城市相似，广州河网密布、山泉水丰富，人们喜欢择水而居。随着城市化发展，河涌两岸居住人口越来越多，部分明涌历史上被覆盖为暗渠，两侧居民区生活污水直排暗渠（暗渠变为合流渠箱），在出口处设截污堰 / 闸，旱季时河水、地下水与生活污水组成的混合水，通过合流管汇入渠箱，清污混流，再汇入污水管网后最终输送至污水处理厂，导致进厂浓度偏低。雨季时，大量的雨水直接汇入合流渠箱，导致渠箱溢流频现，开堰 / 闸排洪，又使得渠箱与截污管内的污水直排河涌，导致河涌水体污染严重。

为了有效治理保障河涌水体水质，构建完善污水收集处理系统，广州在治水过程中，积极探索实施合流渠箱清污分流，通过建设完善的污水管道系统，有效沿途收集污水，减少外水进入污水系统，降低污水管网的水位，提高污水进厂浓度等手段，最终实现“污水入厂、清水入河”的目标。

广州合流渠箱清污分流治水实践，主要举措如下：

前期阶段，开展合流渠箱摸查及排口溯源。首先，对全市合流渠箱的现状进行摸查，包括合流箱涵走向、长度、规格、淤积、水深、结构等，梳理清楚基本概况。其次，对合流渠箱两侧所有排放口进行登记造册，登记内容包含排口编号、规格、排水性质、标高、管材、水量、排水周期等。如果有大流量排口，还要对上游污水来源进行摸查，按照“河涌排放口—排水管渠—排水户”的逆向顺序，溯源至排水户，摸清污水来源。

一渠一策，开展整治。在已有片区管网资料的基础上，结合摸查合流箱涵的情况及大排口溯源情况，一渠一策开展整治方案编制。

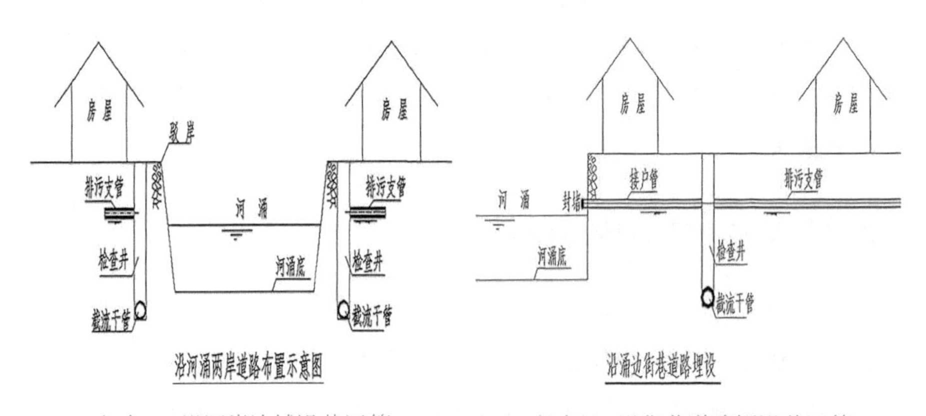

方式一：沿涌岸边铺设截污管

方式二：沿街巷道路埋设截污管

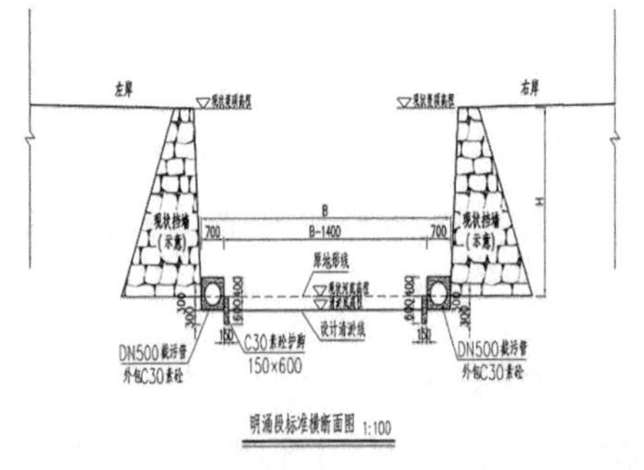

方式三：岸上无条件的，渠内铺设污水管

▶▶ 广州合流渠箱清污分流治水举措

一是对合流箱涵污水直排口进行截污整治。根据每个河涌的具体情况，有条件的就在河涌涌内两侧或者沿街巷道路铺设污水管，收集两岸沿线直排生活污废水，在合流箱涵出口处接入涌边污水主管；岸上没有条件的，则在现有合流渠箱内铺设污水管，并进行混凝土方包处理（抗浮、防冲刷），将排入合流渠箱的污水进行截流。同时，还要同步实施合流渠箱上游山溪水渠两侧的截污。

二是对在铺设截污管道的过程中，同步对合流渠箱进行清淤疏浚。合流渠箱内普遍存在大量沉积物，通过清淤疏浚工程，既清除了内部污染物，减少了河涌内源污染，改善了河道水流情况，同时也恢复提高了渠箱的排涝能力。

三是拆除合流渠箱出口截污堰 / 闸。在确保新建污水管正常运行的情况下，拆除合流箱涵出口截污堰，实现“上游清水河中淌，两岸污水管中流”。

比如广州对景泰涌试点合流箱涵清污分流后，分离出上游白云山约 3000 吨 / 天的清水源，减少了对污水管网、污水厂的压力，解决了清污混溢现象，河涌氨氮均值由实施前的 13 毫克 / 升下降到低于 2 毫克 / 升，水质提升明显。

案例 8-3：沙河涌支流南蛇河涌清污分流工程

南蛇坑涌位于天河区，是沙河涌的一条支流，发源于白云山，河涌总长 1778 米，以北环高速为界，上游明涌段长 1295 米，下游合流渠箱（暗涵）段长 483 米，自西向东在沙太路汇入沙河涌。

源头有清水，沿程有污水，末端设置有截污堰，将山水和污水一并截留入管网进厂处理。旱季污水在沙太路汇入污水管，雨季涌水漫过截污堰汇入沙河涌。在改造前，状河道重度黑臭，雨季溢流污染严重。

改造工程通过在南蛇坑涌敷设截污管，使南蛇坑涌上游白云山山水与南蛇坑涌中的污水分别排放，以达到清水入涌、污水入管，清污分流的目标。

同时对暗渠进行清淤，并拆除南蛇坑涌暗涵沙太路截污堰。南蛇坑暗渠总清疏量为1260立方米，通过清疏暗渠沉积物，既清除了内部污染物，减少河涌内源污染，也恢复提高了渠箱的调蓄和防洪排涝能力。

同时，建设南蛇坑涌清污分流干管工程。

南蛇坑涌清污分流工程完工后，晴天进入污水处理厂的合流污水减少约77%，雨天进入污水处理厂的合流污水减少约90%，同时减少1万立方米白云山山水进入猎德污水处理厂，这部分山水还可以补给沙河涌，实现了"四减一增"的效果——源头减量、沿程减压、末端减负、河涌减污，增加进厂污水浓度。促使污水收集与处理系统提质增效，实现河涌长制久清。

四、为什么要以流域为系统实现污涝同治？

"落雨大，水浸街。"水浸问题，是每年台风季广州居民经常面对的一个难题。治理水浸，是解决水安全问题；而水污染的治理，则是解决水环境的问题。推行污涝同治，是因为内涝和污染一样，都是个系统问题、流域问题，并不能仅从内涝点、污染段上整治，都必须从源头进行管控。

目前内涝的几个主要成因为：城市硬底化过快，调蓄空间被占用，建设项目布局不合理，这些都可以从政策方向或前期规划上得以有效解决。

广州目前推行的治水、治涝理念其中一点就是提前布局，做好规划和城市发展布局，为的就是从源头上解决问题，早一步规划，少一点整改。

新项目新开发土地出让的时候，就要进行洪涝安全和污水排放评估。评价发现的可能产生的问题并非只针对项目本身，而是会影响整个流域。

水系是连通的，岸上和水下是相邻的，在治水的大格局之下，只有顺应自然，以流域为单元，统筹岸上岸下、上下游、干支流、左右岸进行系统治理，密切配合、协调联动，优化时空调度，才能显著改善水环境，保障水安全。

近年来，广州在治水过程中坚持以流域为体系，细化排涝单元，算清流域"大水账"，落实"上蓄、中通、下排"的治理思路。坚持问题导向，推进污涝同治。通过降低水位优化竖向空间、完善管网补齐设施短板等举措，在源头设施建设上全面落实海绵理念，实现雨水在源头减量、减速和净化，切实保障绿水长流、河湖安澜。

▶▶ 新市涌萧岗段国风墙绘

在充分分析研判广州水生态问题、城市内涝两大治水短板的基础上，坚持“污涝同治”的治理理念，深入开展“源头减污、源头截污、源头雨污分流”源头治理工作。重视在城市建设前期规划中就画好生态蓝线、城市绿线，并与基础设施设计科学融合，开展河涌水系规划，让出行洪通道，同时充分考虑海绵城市建设理念，以“源头管控”统筹提升内涝防控、水生态问题的城市应对韧性及治水工程弹性。

通过上中下协调，理顺洪涝关系。在处理洪涝灾害时从流域协调的角度出发，突破区域尺度进行运行调度，保障城市防洪排涝安全。如北部山区在应对内涝问题时，应利用水库预腾空、水闸调度控制等措施，利用调蓄缓释而非快排下泄的方式予以解决，避免将洪涝压力转移至中下游。南部滨海河网区在开发建设时就应考虑洪泛区及防潮倒灌，既保证自身的防洪排涝安全，也为中部城区缓解潮水顶托的压力，提供洪水下泄的空间。

在源头利用绿色海绵设施实现雨水的减量、减速和减污；在中途通过灰色管网厂站实现污水的精准收处和雨水的可靠排放；在末端依托蓝色海绵空间对超标雨水进行蓄排，结合设施调度实现低水快排、高水缓排的错峰模式，系统解决洪涝问题。使城市水体旱季呈现“鱼翔浅底、水清岸绿”状态，雨季合理蓄排，确保城市安全。

最终构建安全弹性、绿色生态的城市水空间。使污染的水得到治理，多出的水不成灾害，干净的水成为资源。

案例 8-4：揭盖复涌 + 污涝同治样板——深涌中支涌

基本概况：深涌中支涌位于深涌流域中部，河涌全长 1.96 千米，流域面积 0.84 平方千米，是深涌流域排洪的“主动脉”。流经 2 个街道、1 个城中村。在改造前，河涌黑臭，内涝严重。

主要措施：一是全面推进沿涌拆违工作，调整 29 户栋村民住宅立面及建筑入口，将原建筑首层空间进行骑楼改造，建设 2 米巡河通道，打造岭南滨水骑楼。二是揭盖复涌，推动污涝同治，主涌暗渠段实施揭盖

深涌中支涌整治前

深涌中支涌整治后

▶▶ 深涌中支涌整治前后对比图

复涌改造345米，新建加固堤岸515米，恢复河涌明涌通道，保障水安全。三是实施城中村截污纳管，敷设污水管网77千米，安装立管127千米，穿堂入户式全面排数改造，将城中村区域的涌边管全面迁改上岸，涉及沿线的114幢房屋，整治了2812个大小直排污水口，改造了54个化粪池、11个厕所、2个厨房，实现城中村雨污分流。四是结合水系恢复、截污纳管、景观提升，引入宝山湖山水，恢复河涌生态体系解决内涝。

整治效果：清水绿岸、鱼翔浅底。

第三部分

广州治水的实践逻辑

— 第九章 —

将治水统揽于“令行禁止、有呼必应”党建工作格局

习近平总书记指出：“只要毫不动摇坚持和加强党的全面领导，不断增强党的政治领导力、思想引领力、群众组织力、社会号召力，永远保持党同人民群众的血肉联系，我们就一定能够形成强大合力，从容应对各种复杂局面和风险挑战。”①广州紧紧把握人民群众对防洪保安全、优质水资源、健康水生态、宜居水环境的热烈期盼，按照“令行禁止、有呼必应”党建工作部署，扎实推进治水工作，逐步探索出了一条党建引领超大城市的特色治水之路，实现了“有令必行、有禁必止；有呼必应、有诺必果”，是把中国特色社会主义制度优势转化为城市水环境治理效能的重要实践。

① 习近平：《在全国抗击新冠肺炎疫情表彰大会上的讲话》，人民出版社2020年版，第18页。

第一节　居民群众的期盼

广州地处我国华南珠江三角洲地区，特殊的地理位置和自然的山水格局铸就了广州“江、河、湖、海”丰富的水形态。全市水域面积 755.6 平方千米，约占土地面积的 10.15%，河道密度达到 0.75 千米 / 平方千米，分属九大流域，密集的河网构成了广州独特的岭南水乡特色。治城先治水，成为维系这座城市的关键。

近年来，随着城市经济社会的不断发展和人民生活水平的不断提高，人民群众对水环境和水安全质量的要求也越来越高。而与此同时，长期高投资、高能耗和高排放的粗放型增长方式也让广州付出了惨重的资源和环境代价，人口的急剧增加以及城市规模的不断扩大更是使得广州的水环境和水安全状况愈发严峻，治水大战蓄势待发。据有关资料统计，2020 年广州市常住人口数量达到 1867.66 万人，实际管理人口超

▶▶ 大源党群文化广场

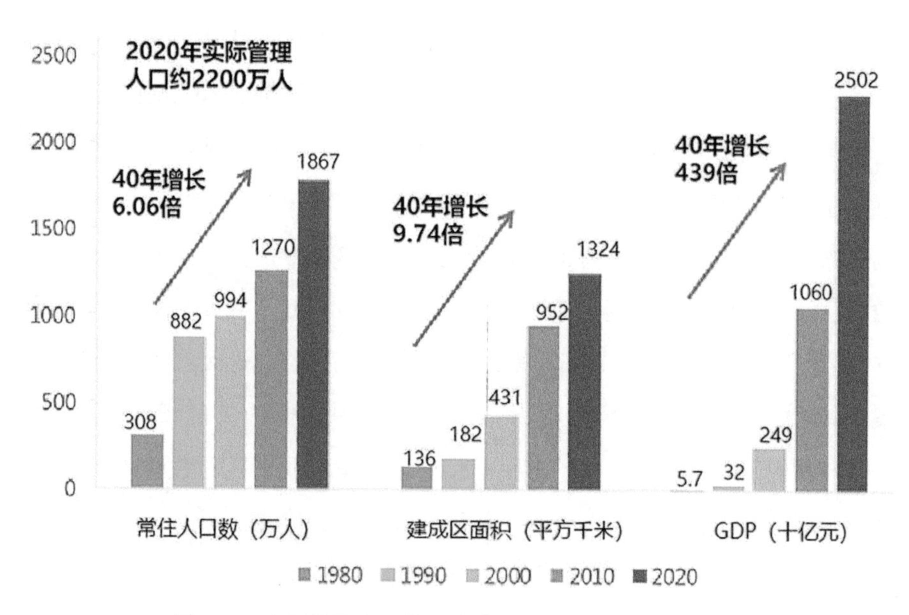

图 9-1　广州常住人口数、建成区面积及 GDP 发展情况

过 2200 万人。自改革开放以来 40 年间，常住人口增长了约 6.06 倍。其中，人口最密集的越秀区，户籍人口密度达到 34574 人 / 平方千米，加上流动人口，超过 50000 人 / 平方千米。人口的激增，一度使广州成为全国人口最稠密的城市之一。高密度的人口使得广州市的河涌水体环境负担加重，导致水环境和水安全等问题日益凸显，给城市治理带来了巨大的挑战。如何解决水污染问题，不断满足人民日益增长的美好生活需要，成为广州城市建设和发展的重要课题。

一、治水是提升居民群众生活品质的现实需要

改革开放以来，快速城镇化和工业化等对广州境内水环境造成了重大破坏，大量生活污水、工业废水未经处理或是处理不达标就直接排放到河流中，导致许多河涌变黑变臭，水质下降。在一些城乡接合部，大小粪便更是未经任何处理就直排河涌。一到炎热天气，人们经过河涌时都是掩鼻而过，臭不可闻。据有关资料记载，20 世纪 90 年代，珠江两岸矗

立着一根根烟囱，工业废水和生活垃圾昼夜不息地流入珠江，曾经清澈的珠江各支涌，水质不断下降。2000年起，流溪河水质也逐渐恶化，随之而来的则是广州水系的各条支涌的水环境也相继出现恶化。据1995年《中国环境状况公报》的数据显示，当时珠江流域水质符合Ⅰ类、Ⅱ类标准的只占31%，达到Ⅲ类标准的约占47%，Ⅳ类、Ⅴ类标准的占22%。主要污染指标为氨氮、高锰酸盐指数。[①]2013年，广州市环保局首次在网上公布了广州市部分河涌检测数据。数据显示，在广州市50条河涌中，有39条河涌水质为劣Ⅴ类，其中达标的河涌仅有大沙河。近几年虽经过不断治理，广州河涌水生态环境得到一定程度的改善，部分整治河涌实现了水清、水满、水动的效果，但随着工业、农业、生活排污总量加大，局部区域水污染物排放量超过水生态环境的承载能力，水生态环境安全压力仍不断增大。据统计，广州市城市黑臭水体监管平台黑臭河涌147条，主要涉及广州9个行政区，分布在九大流域，其中以前航道、沙湾水道及三枝香水道数量较多。这些受了污染的河涌，不仅与周围的环境格格不入，而且严重影响了群众的生活质量，群众对黑臭河涌的投诉也屡增不减。因此，全力治水，让广州尽快恢复“水清岸绿”的水城风光，就成为广州居民群众的迫切期待。

二、治水是维护居民群众生命健康安全的重要保障

广州属江洪、海潮混合区，历史上水患极为常见。一方面，古代广州地处三江总汇，逢雨量高峰期，三江之水便直下广州城，给广州城带来了严重的洪水之灾；另一方面，广州城南濒大海，海潮可倒灌入城，所以广州历史上咸潮之灾亦是不绝于书。因此，防御洪潮、排泄潦涝自古就是广州城市建设的重要内容。雨量丰沛、暴雨频发，过境洪水及山洪冲击，外

① 李海琼等：《建国后广州城市内河污染治理的演进历程与基本经验》，《经济研究导刊》2020年第18期。

江潮水顶托倒灌以及排水设施标准偏低，是造成广州市洪涝灾害的几个主要原因。据有关资料记载，广州年均降雨量为1857.4毫米，汛期（4—9月）雨量占全年总量的80%，北部降雨多于南部，且广州具有“北高南低、三江交汇、山海相接、北透南粘”的地貌地质特征，建成区高程在5—30米，总体地势平缓，部分山边区域坡度较陡（10—25度），极易因山洪下泄形成内涝。2014年，“5·23”暴雨洪水灾害共造成广州市增城、从化、白云、花都4个地区30个镇（街）受灾，受灾群众达22.05万人，紧急转移群众4.25万人，农作物受灾面积达20.6万亩，倒塌房屋6810间，直接经济损失超过7亿元。如此严重结果一度令公众对这个繁荣大都市的地下系统产生了种种质疑。据悉，1990年之前，广州的排水系统基本上是先建设后规划，地上与地下同步进行。之后，城市的发展要求排水系统从粗放式排水向细化式转变，改变原有雨污合排的局面。广州排水系统在原有基础上，划分为雨水排水系统、污水排水系统、合流排水系统和防洪排涝系统，但仍然采用重力自排的方式，依靠地势通过雨水管收集地面雨水，就近排入附近河涌。这种自排方式弊端明显，随着城市建筑物增多，地表地貌发生变化，加之原有地形限制，一些地势低洼地带便成了“锅底”，城市水浸“黑点”随之形成。20世纪90年代中后期，广州市委所

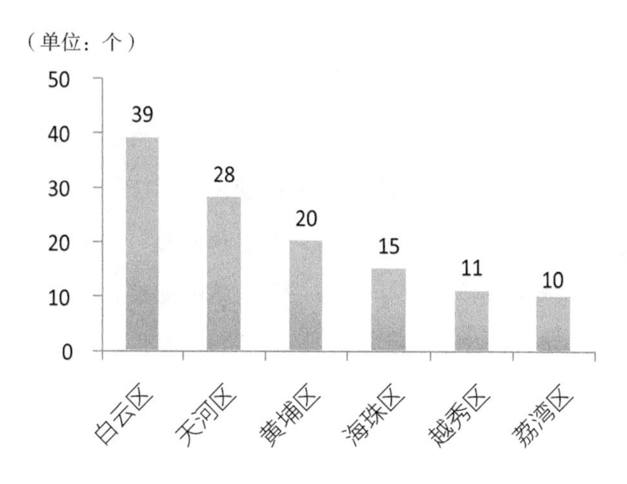

图9-2　广州市中心城市6区积水点数量

在地法政路便成为“黑点”之一，每遇大雨，附近就成了一片泽国。直到2003年左右建起水泵站，实施强排才解决了水浸，但市区几百个类似的“黑点”，又成为日后内涝的隐患。近年来，由于强降水增多增强和城市下垫面硬化，城区内涝风险仍然不断增加，其中，中心城区内涝点主要集中在白云区新市涌，天河区沙河涌、猎德涌、棠下涌，海珠区西北侧等。内涝问题不解决，不仅群众出行不便，而且给整座城市安全带来了极大的隐患。

三、治水是实现广州经济社会可持续发展的战略举措

除上述两大问题之外，广州还是一座季节性缺水和水质性缺水问题较为突出的城市。广州市多年平均年产水量为108万立方米/平方千米，是珠江流域产水量的1.43倍，全国均值的3.83倍。但丰水年和枯水年的降雨量相差2—3倍，4—9月汛期水量占全年80%以上，时间分布不均。同时，除北部的流溪河、增江以外，流经市区的主要河道均受到污染，全年平均水质类别为Ⅳ—Ⅴ类，枯水期甚至达到超Ⅴ类水质，符合饮用水源水质要求的可利用水量并不丰富，因此广州市季节性缺水和水质性缺水问题突出。根据《广州市国民经济和社会发展统计公报》，2019年广州市地区生产总值达2.3万亿元，年末常住人口1530.59万人，人均地区生产总值达到15.64万元，全市人均水资源量多年平均值为514立方米，仅为全省人均水资源量的1/3。再加上城市扩张，原有的自然水系逐渐转化为城市水系，在此过程中，诸如裁弯取直、河道硬化等做法都使得广州原有的自然水循环被打乱，河道水生态被破坏，也亟待修复。总之，水资源短缺和水生态恶化等问题不仅给群众生活带来了直接的影响，而且严重制约了广州经济社会的发展。

第二节　国家政策要求

如上所述，伴随着经济高速增长和城镇化快速发展，水资源短缺、水环境污染、水生态损害等问题越来越突出，成为经济社会持续健康发展的严重制约因素。可以说，拯救水环境、治理水污染、保障水安全已是刻不容缓。2014年3月14日，习近平总书记在中央财经领导小组第五次会议上明确指出：“随着我国经济社会不断发展，水安全中的老问题仍有待解决，新问题越来越突出、越来越紧迫。……新老问题相互交织，给我国治水赋予了全新内涵、提出了崭新课题。”[①] 如若解决不好，长此以往，就很可能陷入“塔西佗陷阱”，使党和政府失去公信力，失去民心。面对如此严峻形势，中央高度重视污染防治工作，不仅提出了全面加强生态环境保护坚决打好污染防治攻坚战的目标要求，而且从生态文明建设的全局出发，把打好碧水保卫战作为污染防治攻坚战的七大标志性战役之一，作出决策部署，强力推进，包括陆续发布多份治水文件以及开展一系列专项督察行动等，治理决心和力度均前所未有。这些政策举措的出台和实施，无疑为广州治水提供了强大的外在推力。

一、以政策法规为指引

自党的十八大报告首次将“生态文明”纳入中国特色社会主义事业“五位一体”总体布局之后，环境质量改善逐渐成为各级党委和政府的核心目标和主要任务，我国环保政策也开始日趋严格和完善。2014年4月，《中华人民共和国环境保护法》完成修订，被称为“史上最严”的环保法。与此同时，中央开始密集修订并出台包括《中华人民共和国水污染防治

① 中共中央文献研究室编：《习近平关于社会主义生态文明建设论述摘编》，中央文献出版社2017年版，第52—53页。

法》、《中华人民共和国水法》、《水污染防治行动计划》（以下简称“水十条”）等在内的一系列水环境治理相关政策法规，将水污染治理和水环境保护提升到了前所未有的地位。

一是发布“水十条”，全面打响水污染攻坚战。为切实加大水污染防治力度，保障国家水安全，2015年4月2日，国务院发布“水十条”，从2020年和2030年两个时间节点上，对长江、黄河、珠江、松花江、淮河等七大重点流域水质和城市建成区黑臭水体控制与消除提出了具体详细的目标和要求，并从全面控制污染物排放、推动经济结构转型升级、着力节约保护水资源、强化科技支撑、充分发挥市场机制作用、严格环境执法监管、切实加强水环境管理、全力保障水生态环境安全、明确和落实各方责任、强化公众参与和社会监督十个方面提出了具体、有力的措施。特别值得关注的是，“水十条”还明确指出，要将水环境保护作为城市发展的刚性约束，并启动严格问责制，对污水处理、工业废水、全面控制污染物排放等多方面进行强力监管。如对超标和超总量的企业予以“黄牌”警示，一律限制生产或停产整治；对整治仍不能达到要求且情节严重的企业予以“红牌”处罚，一律停业、关闭等。自2016年起，不仅定期公布环保“黄牌”“红牌”企业名单，而且在综合考虑水环境质量及达标情况等因素的基础上，每年还公布最差、最好的10个城市名单和各省（自治区、直辖市）水环境状况。总之，因任务硬、措施狠、目标实、规格高，“水十条”被普遍解读为“前所未有的治水行动计划”，是当前和今后一段时间内推进水环境治理的“时间表”和“路线图”，势必将对我国的环境保护、生态文明建设乃至整个经济社会发展方式的转变产生深远的影响。

二是将海绵城市建设作为新时期城市治水的重要内容。为修复城市水生态、涵养水资源，增强城市防涝能力，扩大公共产品有效投资，提高新型城镇化质量以及促进人与自然和谐发展，2015年10月，国务院办公厅印发实施了《关于推进海绵城市建设的指导意见》。该意见明确指出，要通过海绵城市建设，综合采取“渗、滞、蓄、净、用、排”等措施，最大限度地减少城市开发建设对生态环境的影响，将70%的降雨就地消纳和利用。到2020年，城市建成区20%以上的面积达到目标要求；到2030年，城市建成区80%以上的面积达到目标要求。自此，全国各地无不把海绵城市建设提上了议事日程。

三是推动城镇污水处理提质增效。为全面落实国务院治水政策，2019年4月，住房和城乡建设部、生态环境部、国家发展改革委共同印发了《城镇污水处理提质增效三年行动方案（2019—2021年）》。其中明确提出了要经过3年努力实现地级及以上城市建成区基本无生活污水直排口；基本消除城中村、老旧城区和城乡接合部生活污水收集处理设施空白区；基本消除黑臭水体，城市生活污水集中收集效能显著提高的目标，以促进城市人居环境显著改善，顺应人民群众对美好环境与幸福生活的新期待。

上述权威文件的出台不仅为全国治水确定了方向，下达了任务，而且规定了完成时间，为新时期治水工作提供了清晰的指引和遵循。在此背景下，作为国家重要中心城市和省会城市的广州近年来也陆续打出政策组合

竹料皮划艇训练基地

拳，先后编制印发和实施了系列重要政策文件，为广州水环境治理提供了坚实的制度保障。

二、以督察制度为抓手

一是开展环保督察巡视，严格环保执法。这是《中共中央关于制定国民经济和社会发展第十三个五年规划的建议》中“加大环境治理力度”的重要内容，也是遏制我国当前环境总体恶化趋势的重大举措。[①]2015年7月，中央深改组第十四次会议审议通过了《环境保护督察方案（试行）》，明确建立环保督察机制，规定督察工作将以中央环保督察组的组织形式，对省（自治区、直辖市）党委和政府及其有关部门开展，并下沉至部分地市级党委和政府部门。2016年1月，以河北省试点为标志，第一轮中央环境保护督察正式启动，督察内容主要包括各省份贯彻落实国家环境保护决策部署、解决突出环境问题、落实环境保护主体责任情况。随后，首批8个中央环保督察组又相继进驻内蒙古、黑龙江、江苏、江西、河南、广西、云南、宁夏。2016年11月下旬至12月底，第二批7个中央环保督察组分别对北京、上海、湖北、广东、重庆、陕西、甘肃进行督察。2017年4月，第三批7个中央环保督察组陆续进驻天津、山西、辽宁、安徽、福建、湖南、贵州。2017年8月，第四批8个中央环保督察组陆续进驻吉林、浙江、山东、海南、四川、西藏、青海、新疆（含生产建设兵团）开展督察。2018年开始，中央就20个省（自治区、直辖市）第一轮督察整改情况开展“回头看”，并就污染防治攻坚战七大标志性战役和有关重点领域统筹开展专项督察。三年间，首轮中央环保督察完成了全国31个省（自治区、直辖市）的全覆盖和20个省（自治区、直辖市）的“回头看”，共明确整改问题2069项，受理群众举报21.2万多件，直接推动解决群众身边的生态环境问题15万多个；立案处罚4万多家，罚款24.6亿

① 贾卫列：《用好环保督察巡视这把“利剑”》，《中国环境监察》2016年第Z1期。

元；立案侦查 2303 件，行政和刑事拘留 2264 人；地方针对造成生态环境损害的问题主动问责约 2.7 万人；向地方移交生态环境损害责任追究案件 509 个，地方已完成问责 4218 人，其中厅局级及以上干部 686 人、处级干部 2062 人。目前，中央环保督察工作已经进入第二轮。新一轮督察以贯彻新的发展理念、推动高质量发展作为督察内容，进一步丰富了督察内涵。同时，更聚焦于污染防治攻坚战、“山水林田湖草沙冰”这个共同体，以大环保的视野来推动督察工作向纵深发展。在督察方式上也强调进一步采用新的技术和方法，提高督察绩效。中央环保督察无疑就像一把“利剑”，有力推动了地方环境保护工作向做深做实迈进。

▶▶ 江河卫士

二是开展城市黑臭水体专项督察，切实加强水污染治理。为贯彻落实国务院《水污染防治行动计划》，加快推动黑臭水体治理，2018 年住房和城乡建设部与生态环境部联合发布了《城市黑臭水体治理攻坚战实施方案》，其中明确提出，要实施城市黑臭水体整治环境保护专项行动。按照排查、交办、核查、约谈、专项督察“五步法”，形成以地市治理、省级检查、国家督查三级结合的专项行动工作机制。2018—2020 年，生态环境部会同住房和城乡建设部每年开展一次地级及以上城市黑臭水体整治环境保护专项行动。目前，全国已连续三年启动专项督察行动。据已公布的最新数据显示，截至 2019 年年底，全国地级及以上城市（不含州、盟）共排查出黑臭水体 2899 个，消除数量 2513 个，消除比例 86.7%。其中，36 个重点城市（直辖市、省会城市、计划单列市）有黑臭水体 1063 个，消除数量 1023 个，消除比例 96.2%；其他地级城市有黑臭水体 1836 个，消除数量 1490 个，消除比例 81.2%。整体来看，通过督查我国城市黑臭水体治理工作取得积极进展，水环境质量得到了明显的改善。

第三节　党委呼应需求

事实上，基于广州人民对水的特殊情感，素有“岭南水乡”美誉的广州，历来都把与水有关的问题放于相当重要的位置。不仅大力传承和弘扬水文化，而且高度重视治水工作。从 20 世纪 80 年代的新河浦涌和沙河涌整治，到 90 年代的珠江截污，再到“一年一小变、三年一中变、十年一大变”和亚运治水，广州对水的治理就从未停止过，这些行动的背后无不与广州立足民心所向、重视群众关切息息相关。“十三五”以后，面对居民群众对美好环境的新期待以及中央对治水工作日趋严格的政策要求，广州更是深入贯彻落实习近平生态文明思想和对广东重要讲话与指示批示精神，坚定不移将水环境治理作为落实“两个维护”的具体行动和践行以人民为中心发展思想的必然举措，以高度的政治自觉和强烈的责任担当进一步推进治水工作。2018 年开始，连续下达 1—10 号总河长令，通过抓源头，强力整治污染源，实现源头减污减量；补短板，着力推进设施建设，提高污水收集处理效能；保生态，修复城市水生态环境，推动污涝协同治理；强机制，完善治水管水体制，构建“共建共治共享”，系统开展黑臭水体治理、污水厂建设、碧道建设、合流渠箱改造、排水单元达标、珠江堤防改造、海绵城市建设等工程，取得了令人瞩目的成效。2019 年，广州审时度势，将治水纳入全市“令行禁止、有呼必应”党建工作体系，全面吹响水污染防治攻坚号角，通过强化组织领导、压实主体责任、激发担当作为、响应民生诉求全力推动广州治水上水平、上台阶，治水工作呈现出了崭新的面貌，城市水生态功能得到系统性修复，人民群众的获得感、认同感和幸福感显著提升。

一、强化组织领导，固本培元把好治水方向

广州牢牢把握政治建设这一关键，着力强化组织领导、厘清治理思路、筑牢治水根基。一是铸魂补钙强化理论指导。坚持“第一议题”制度，及时跟进学习习近平总书记最新重要讲话和指示批示精神，重点学习“污染防治”等新精神、新部署；开展“大学习、深调研、真落实”活动，促使党员干部增强履职能力、提升工作实效、营造干事创业的良好氛围，为治水攻坚奠定坚实的思想基础。二是深耕细作厘清治理底数。坚持问题导向和目标导向，着力强化排水户源头管控，全面提升公共排水设施精细化管理水平，把治水工作落实到 19660 个标准基础网格，全面下发 105 个片区排水单位达标攻坚、约 526 万平方米的涉水疑似违建拆除和 168 宗黑臭小微水体整治任务，不断深化黑臭水体治理。三是科学防治厘清治水思路。改变过去“重建设轻管理、重下游截污轻源头治理、重城区轻城中村”做法，精准打出“控源、截污、清淤、补水、管理”治水组合拳，探索确立了一套超大城市黑臭水体治理的“12345”思路，即以全面落实河（湖）长制的“1 套机制”为统领，按照网格化和排水单元的“2 套网格”划分落细作战单元，深入“3 个源头”治理（源头减污、源头截污、源头雨污分流），全面实施“4 洗”（洗楼、洗井、洗管、洗河）和“5 清”专项行动（清理非法排污口、清理水面漂浮物、清理底泥污染物、清理河湖障碍物、清理涉河违法建设），实现了末端截污、雨污分治向源头治理、污涝同治的转变。通过系统治理，河湖面貌焕然一新，其中，车陂涌、双岗涌、景泰涌整治入选全国治水典型案例。

二、压实主体责任，统筹协调汇聚治水合力

继 2017 年元旦习近平总书记在新年贺词中发出“每条河流要有‘河长’了”的号令之后，广州市委、市政府对以河长制湖长制为抓手推动水

环境治理的重视便提到了前所未有的高度。为打赢污水治理这场硬仗，不仅立下军令状，写下时间表，而且挂图作战，层层落实。一是落实“河长”责任。由市委书记担任市第一总河长，市长担任市总河长，在原有五级河长体系基础上，创新向上延伸设置九大流域市级河长，向下延伸设置 18416 名网格员，形成“总河长—流域河长—市级河长—区级河长—镇（街）级河长—村（社区）级河长—自然村河段长—网格员”多级治水责任体系。2019 年年底，广州印发实施河长制述职工作方案，进一步增强全市各级河（湖）长和市领导小组成员单位治水责任感和紧迫感，极大提升了广州河（湖）长制工作任务的执行力和统筹力。二是推行“掌上”治水。推广运用广州河长 APP，通过信息化手段强化“河段—河长—水质—问题”四个关联，以“日常管理、预警管理、分级管理、调度管理”四种管理为抓手，科技“硬核”助推河长从形式履职转向内容履职和成效履职，力促河长制从“有名”向“有实”转变，从全面建立向全面见效转变，实现“名实相符”。三是实现“多元”治理。创新推行河湖警长制，将公安机关纳入河长制体系，为治水保驾护航。整合生态环境、城管、工信等职能部门和各区以及人大、政协、媒体、公众等各方力量，对水污染形成合围之势。招募逾千名“民间河长”，全民护河、开门治水、人人参与。发挥党员先锋队作用，成立“治水护水志愿服务队”，利用周末开展志愿巡河。四是施行“惩戒”措施。采取“督查、交办、巡查、约谈、专项督察”五步法，由市河长办牵头，从水务、生态环境、城管、农业农村等部门抽调人员，组成专项督察组，下沉各区开展水污染防治督察，发现问题及时交办、组织“回头看”，对落实不力的河长进行约谈，甚至问责，有力地推进了黑臭水体整治进度。2019 年以来广州共对 207 名不履行或不正确履行职责的人员进行了追责，河长制“长牙齿”经验得到了上级领导的批示肯定。

三、激发担当作为，精准施策确保治水实效

针对管网铺设不到位、污水收集不全面、排水管网存在结构性功能性缺陷、污水处理能力不足等历史欠账，充分发挥党组织在急难险重任务面前的战斗堡垒作用，部署开展城镇污水处理提质增效和排水单元达标攻坚行动，做到了"排水用户全接管、纳污管网全覆盖、排放污水全进厂"。一是排水用户覆盖面进一步扩大。在全省率先实现行政村生活污水治理全覆盖基础上，将治理工作进一步延伸到自然村，促进农村人居用水排水环境明显提升。截至2020年年底，全市7598个自然村污水终端处理设施建设率为88.64%，雨污分流管网建设率为88.37%。组织实施河湖"清四乱"专项行动，纳入水利部的599个问题和广东省水利厅督办的1947个问题全部完成整改，销号率100%。二是污水管网建设管理全面提速。"十三五"期间污水管网近2万千米，较"十二五"期间增长超13倍，基本消除管网空白区，城市污水收集率达到85%。首创排水巡检APP，开启"智慧治水"，串接各级管理人员、一线巡查和养护人员，采集各类排水设施数据超19万条，为排除管网缺陷提供目标和导向。三是城镇污水处理能力不断增强。加快污水处理厂新建和改造工作。"十三五"期间新（扩）建污水处理厂32座，污水处理能力达774万吨/日。以合流渠箱为重点，实施清污分流改造工程，减少外水进入污水系统，有效提升现有污水处理能力，提高进厂浓度。

四、响应民生诉求，务实奋进开创治水新局

积极落实省委、省政府"建设水碧岸美的'万里'碧道，成为人民美好生活去处"的工作部署，坚持以人民为中心，以碧道建设打造治水升级版。一是高起点谋划推进。将碧道建设要求作为水环境治理升级版的重要措施，列入市政府工作重点，制定《广州市碧道建设实施方案（2020—2025年）》，邀请全球知名规划设计咨询团队编制碧道规划，确保碧道建

设高站位高标准高起点。二是强特色塑造标杆。突出广府元素，以“水清岸绿、广府生活、三道一带、缝合城市、新旧共生、赏粤四季、绣花功夫、永续利用、经济适用、共同缔造”的“广州碧道十条”为行动准则，积极打造南粤“最珠江碧道”，树立碧道标杆。三是强联动助力升级。把碧道建设融入全市改革发展大局，与推动粤港澳大湾区建设、乡村振兴、产业升级、高质量发展等工作有机结合，将黑臭水体治理与景观、历史、人文相融合，倒逼产业结构不断升级、综合城市功能不断提升，为人民群众提供水清岸绿、河畅景美的优美生产、生活、生态环境，助力广州实现老城市新活力、“四个出新出彩”。截至2021年4月，全市共建成530千米生态碧道，走在全省前列，海珠湿地碧道、增江碧道、蕉门河碧道作为水利部推荐的“美丽河湖、幸福河湖”在全国广泛宣传。

“清风明月本无价，近水遥山皆有情。”随着广州治水工作深入持续地推进，广州水环境、水安全和水生态已然发生了巨大变化。据有关数据统计，截至目前，全市纳入国家监管的147条黑臭水体已全部消除黑臭，并达到“长制久清”标准。其中，群众满意度≥90%的黑臭河涌数量122条，占河涌比例的83%，达到群众满意度≥90%的河涌数量为80%以上的考核要求。13个国省考断面全面达标。河（湖）长制工作连续2年获得国家督查激励、广东省“优秀”等次。2018年，广州入围首批国家黑臭水体治理示范城市。2020年，广州“党建+河长制 治水显成效”成功入选《南方都市报》“基层党建创新”十大案例。“黑臭河涌治理”也获评“市民认为建设美丽宜居花城中成效最为显著的工作”。如今的广州，天更蓝，水更清，地更洁，城更美。河湖两岸，姹紫嫣红、鸟语花香，处处是一幅人与自然和谐相处的生动景象。

第十章

将治水统揽于奋力实现老城市新活力“四个出新出彩”的工作布局

2018年10月，习近平总书记在广东视察时指出，广东有能力有条件把生态文明建设搞得更好，并对广州工作提出了实现老城市新活力，在城市综合功能、城市文化综合实力、现代服务业、现代化国际化营商环境四个方面出新出彩的要求。广州将良好的生态环境作为提升城市活力和竞争力的重要加分项，将治水工作统揽于奋力实现老城市新活力“四个出新出彩”工作布局，是贯彻落实习近平总书记对生态文明建设的重要论述和视察广州时对治水工作的殷殷嘱托的生动实践。

“美丽”是一座城市可持续发展的重要优势与资源。美丽的城市环境能提供良好的产业发展平台与城市宜居环境，使高质量发展要素集聚，激发更多经济活力。研究表明，一座城市越美丽，工作机会越多，也就越能成功地吸引受教育程度更高、更富裕的人群，城市美是经济增长和城市复

▶▶ 依水而建

兴的有力工具。[①]纵览领先于世界的大都市，无一例外都是美丽宜居城市，美丽宜居不仅是民生福祉，更成为享誉国际的“城市名片”。可见，美丽环境对内是幸福感，对外则是生产力，城市的绿水青山就是金山银山。正如习近平总书记对广州的寄语：“东濠涌以及遍布广东各地的绿道，都是美丽中国、永续发展的局部细节。如果方方面面都把这些细节做好，美丽中国的宏伟蓝图就能实现。希望广州的同志再接再厉，在过去打下的坚实基础上，在十八大精神的指引下，把城市建设得更宜居。”[②]

2018年10月，习近平总书记在考察广东时，对生态文明建设作出重要指示。明确要求广州实现老城市新活力，在城市综合功能、城市文化综合实力、现代服务业、现代化国际化营商环境四个方面出新出彩。广州市要担负起建设美丽广州的职责使命，将治水统揽于奋力实现老城市新活力“四个出新出彩”的工作布局，将治水融入全市改革发展大局，将治水与推动粤港澳大湾区建设、乡村振兴、产业升级、高质量发展等工作有机结合，为人民群众提供水清岸绿、河畅景美的优美生产、生活、生态环境。

① Carlino G. A., Saiz A., “Beautiful City：Leisure Amenities and Urban Growth”, *Journal of Regional Science*, Vol.59, No.3, 2019, pp.369–408.

② 《2012年习近平总书记在广州考察》，《南方日报》2012年12月13日。

第一节　向人民交出的高质量发展答卷

习近平总书记对防治水污染、改善生态环境和生态文明建设工作历来看得很重，在正定、厦门、宁德、福建、浙江、上海等地工作期间，都将其作为一项重大工作来抓。习近平总书记强调“生态环境没有替代品，用之不觉，失之难存”①，一定要把生态环境保护放在更加突出位置，“像保护眼睛一样保护生态环境，像对待生命一样对待生态环境，多谋打基础、利长远的善事，多干保护自然、修复生态的实事，多做治山理水、显山露水的好事，让群众望得见山、看得见水、记得住乡愁，让自然生态美景永驻人间，还自然以宁静、和谐、美丽”②。站在党和国家发展全局的高度，习近平总书记围绕生态环境保护和生态文明建设提出了一系列新理念、新思想、新战略，对水安全、水资源、水环境、水生态等问题作出重要指示批示。这些重要论述，立意高远，内涵丰富，思想深刻，对于我们深刻认识治水的重大意义，准确把握治水的基本要求和重点任务，按照“五位一体”总体布局和“四个全面”战略布局，用新的发展理念引领和推动经济发展具有十分重要的指导意义。为政之要，其枢在水，如何护好水、用好水、治好水，极大考验着城市的治理能力和水平。尤其是对于特大型城市广州来说，更要深入贯彻落实习近平生态文明思想，牢记习近平总书记视察广州时对治水工作的殷殷嘱托，把水环境治理作为重要政治任务和重大民生工程，统揽于奋力实现老城市新活力“四个出新出彩”的工作布局。

---

① 《习近平谈治国理政》第三卷，外文出版社2020年版，第360页。
② 《习近平谈治国理政》第三卷，外文出版社2020年版，第361页。

一、以习近平生态文明思想引领广州治水

广州的城市治水，始终坚持以习近平生态文明思想为指导，全面加强党的领导，落实党政主体责任。习近平总书记提出，“打好污染防治攻坚战时间紧、任务重、难度大，是一场大仗、硬仗、苦仗，必须加强党的领导”①，“各级领导干部对保护生态环境务必坚定信念，坚决摒弃损害甚至破坏生态环境的发展模式和做法，决不能再以牺牲生态环境为代价换取一时一地的经济增长”②。随着经济社会不断发展，水安全中的老问题仍有待解决，新问题越来越突出、越来越紧迫，呈现出新老问题相互交织的严峻形势，特别是水资源短缺、水生态损害、水环境污染等新问题愈加突出。各级党委和政府对保护生态环境坚定信念，强化对生态文明建设和生态环境保护的总体设计和组织领导，扛牢政治责任，切实增强治水管水的行动自

▶▶ 和谐家园

① 《习近平出席全国生态环境保护大会并发表重要讲话》，中华人民共和国中央人民政府网，见 http://www.gov.cn/xinwen/2018-05/19/content_5292116.htm。

② 《习近平谈治国理政》第二卷，外文出版社 2017 年版，第 210 页。

觉，完善体制机制，解决突出问题。习近平总书记进一步指出了水污染防治、打好碧水攻坚战亟须解决的问题，“要深入实施水污染防治行动计划，打好水源地保护、城市黑臭水体治理、渤海综合治理、长江保护修复攻坚战，保障饮用水安全，基本消灭城市黑臭水体，还给老百姓清水绿岸、鱼翔浅底的景象。在治水上有不少问题要解决，其中有一个问题非常迫切，就是要加快补齐城镇污水收集和处理设施短板。这方面欠账太多。根据中央环境保护督察提供的情况，甚至一些直辖市、沿海发达省份、经济特区都有大量污水直排。要定个硬目标，全力攻克，尽快实现污水管网全覆盖、全收集、全处理。否则，一边治，一边排，效果就会事倍功半”①。这要求在水环境治理的实践中，必须把践行新发展理念、打好三大攻坚战、全面建成小康社会等结合起来，切实打好碧水攻坚战，保护治理好每一条河流、每一个湖泊、每一片水域，以高度的责任感、使命感守护好广州的绿水青山。

生态兴则文明兴，水危机关乎民族存续。纵观人类文明和环境问题的发展历史，不难发现生态环境的兴衰密切影响着人类文明的历史进程。古今中外，城市发展无一不与水资源条件息息相关。习近平总书记指出：“生态文明是人类社会进步的重大成果。人类经历了原始文明、农业文明、工业文明，生态文明是工业文明发展到一定阶段的产物，是实现人与自然和谐发展的新要求。历史地看，生态兴则文明兴，生态衰则文明衰。古今中外，这方面的事例众多。”②古代埃及、古代巴比伦、古代印度、古代中国四大文明古国均发源于大河流域，这里水量丰沛、森林茂密、田野肥沃，勤劳智慧的古国人民才能在此基础上创造出闻名世界的灿烂文化。物以水而建，路因水而行，奔腾不息的长江、黄河是中华民族的摇篮，哺育了灿烂的中华文明。而生态环境衰退特别是严重的水资源枯竭、土地荒漠化导致古代埃及、古代巴比伦衰落。古代一度辉煌的楼兰文明已被埋藏在

① 《习近平谈治国理政》第三卷，外文出版社2020年版，第369页。

② 中共中央文献研究室编：《习近平关于全面建成小康社会论述摘编》，中央文献出版社2016年版，第164页。

万顷流沙之下，生态环境遭到严重破坏加剧了河西走廊、黄土高原的经济衰落，尤其是唐代中叶以来，我国经济中心逐步向东、向南转移，很大程度上同西部地区生态环境变迁有关。习近平总书记多次强调："建设生态文明，关系人民福祉，关乎民族未来。"[①]水是生命之源、生产之要、生态之基，人口急剧膨胀与经济快速发展给有限的水资源及水环境造成巨大冲击，全球水问题呈愈演愈烈之势，水危机已经列为未来10年人类面临的最严重的挑战之一。[②]水资源时空分布极不均匀、水旱灾害频发，自古以来就是我国国情，我国独特的地理条件和农耕文明决定了治水对文明兴衰、民族复兴和国家强盛至关重要。习近平总书记从水安全问题的高度系统阐述了治水对国家发展的重要意义，指出"我国水安全已全面亮起红灯，高分贝的警讯已经发出，部分区域已出现水危机。河川之危、水源之危是生存环境之危、民族存续之危。水已经成为了我国严重短缺的产品，成了制约环境质量的主要因素，成了经济社会发展面临的严重安全问题。一则广告词说'地球上最后一滴水，就是人的眼泪'，我们绝对不能让这种现象发生。全党要大力增强水忧患意识、水危机意识，从全面建成小康社会、实现中华民族永续发展的战略高度，重视解决好水安全问题"[③]。必须广泛凝聚全社会治水兴水的强大力量，为实现中华民族伟大复兴的中国梦提供更加坚实的水安全保障。

作为国家重要中心城市和省会城市，广州坚定践行习近平生态文明思想，加快生态文明体制机制改革。2017年，广州市委、市政府印发实施了有史以来"最严"环境保护目标责任考核办法——《广州市环境保护目标责任考核办法》，将环保考核结果，作为领导干部选拔任用、年度考核、奖励惩处的参考依据，实行党政同责。如果有关职能单位的考核结果不合

① 《习近平谈治国理政》第一卷，外文出版社2018年版，第208页。

② 2020年8月召开的可持续发展世界首脑会议。

③ 中共中央文献研究室编：《习近平关于全面建成小康社会论述摘编》，中央文献出版社2016年版，第173—174页。

格，除了要被市政府通报批评以外，该单位主要负责人要通过媒体向社会公开道歉。制定并实施《广州市生态保护红线管理办法》及配套管理制度，推动生态保护红线勘界工作。陆续印发《广州市环境保护第十三个五年规划》《广州市水环境质量达标规划》《广州市环境空气质量达标规划》《广州市国家生态文明建设示范市规划》等，突出环保规划引领作用。为了推进水污染综合防治，广州实施《广州市水污染防治行动计划实施方案》《广州市水环境质量达标方案》《广州市良好水体生态环境保护方案》，并制定《水环境治理责任追究工作意见》，明确水环境治理责任追究的范围和情形，进一步完善治水体制。

再来看看习近平总书记考察广州时到过的东濠涌。经过持续整治，东濠涌发生了翻天覆地的变化。两岸花团锦簇，小瀑布清水四溅，沿途段段有美景，恢复岭南水乡的河涌风貌，一派生机盎然的景象。曾经的臭河涌变成了周边居民休憩的好地方，经常有市民来亲水、戏水，沿线都是绿化。2020 年东濠涌的水质有 7 个月为Ⅲ类以上、10 个月为Ⅳ类以上，水环境得到全面提升。

二、促进人与自然和谐共生

万物各得其和以生，各得其养以成，城市发展要坚持人与自然和谐共生原则。人与自然的关系是人类社会最基本的关系，中华文明历来强调天人合一、尊重自然，顺应自然规律。“‘禹之决渎也，因水以为师。’大禹之所以能成功治理水患，原因在于尊重规律。”[①]党的十九大报告把“坚持人与自然和谐共生”定为构成新时代坚持和发展中国特色社会主义的基本方略，提出“我们要建设的现代化是人与自然和谐共生的现代化”[②]。形成今天水环境严峻形势的因素很多，但根本是长期以来对自然规律的认识不

① 习近平：《在黄河流域生态保护和高质量发展座谈会上的讲话》，《求是》2019 年第 20 期。
② 习近平：《决胜全面建成小康社会　夺取新时代中国特色社会主义伟大胜利——在中国共产党第十九次全国代表大会上的报告》，人民出版社 2017 年版，第 50 页。

足。习近平总书记强调，“建设生态文明，首先要从改变自然、征服自然转向调整人的行为、纠正人的错误行为。要做到人与自然和谐，天人合一，不要试图征服老天爷”①。水对人类生存与发展有着决定性作用，城市发展需要人与自然和谐的环境。发达国家城市在工业化进程中都曾不同程度地遭遇过水资源与水环境问题，并为之付出了沉重代价。昔日英国的泰晤士河，德国的莱茵河，美国的芝加哥河、特拉华河等都曾因为遭到严重污染导致水体常年黑臭。位于日本熊本县水俣镇的氮肥公司将含有大量汞的废水排放到水俣湾，通过食物链影响到人类，直接导致严重受害而致残者 283 人，其中死亡 60 人，之后又持续导致大规模人口中毒，污染影响难以估计，被称为世界八大公害事件之一——“水俣病事件”。由于独特的自然气候地理条件，我国快速城市化也面临水资源严重短缺、水环境污染问题突出、水灾害加剧等供水、排水、水环境保护的问题。中国人均水资源量仅为世界平均水平的 1/4，为了满足城市日益增加的用水需求，一些城市长期超采地下水，出现地下水位下降、地面沉陷等严重现象；一些城市长距离引水、跨流域调水，虽然缓解了城市用水困境，但也引发一系列环境问题。在严重缺水的城市，水资源短缺已成为当地国民经济和社会发展的最大制约因素。2020 年入汛以后，我国多省（自治区、直辖市）遭遇严重洪涝灾害，特大城市内涝现象令人触目惊心，“到市区去看海”“坐地铁赏水帘洞景”“坐船去上班”“东方威尼斯”等成为轰动一时的冷幽默。随着全球气候变暖，极端天气事件会更加频繁，水灾害加剧将影响城市水资源供给以及水质，制约城市化的发展。习近平总书记特别指出，“城市发展不仅要追求经济目标，还要追求生态目标、人与自然和谐的目标，树立‘绿水青山也是金山银山’的意识，强化尊重自然、传承历史、绿色低碳等理念，将环境容量和城市综合承载能力作为确定城市定位

① 中共中央文献研究室编：《习近平关于全面建成小康社会论述摘编》，中央文献出版社 2016 年版，第 174 页。

和规模的基本依据”[①]，“要顺应自然，坚持自然修复为主，减少人为扰动，把生物措施、农艺措施与工程措施结合起来，祛滞化淤，固本培元，恢复河流生态环境”[②]，并强调“城市规划建设的每个细节都要考虑对自然的影响，更不要打破自然系统。为什么这么多城市缺水？一个重要原因是水泥地太多，把能够涵养水源的林地、草地、湖泊、湿地给占用了，切断了自然的水循环，雨水来了，只能当作污水排走，地下水越抽越少。解决城市缺水问题，必须顺应自然。比如，在提升城市排水系统时要优先考虑把有限的雨水留下来，优先考虑更多利用自然力量排水，建设自然积存、自然渗透、自然净化的‘海绵城市’。许多城市提出生态城市口号，但思路却是大树进城、开山造地、人造景观、填湖填海等。这不是建设生态文明，而是破坏自然生态。对搞‘假生态’、不计成本追求任期内视觉效果变化的地方干部要提出警戒”[③]。

案例10-1：海珠湿地打造“生命之舟”

在广州城市之心，有一块11平方千米的“绿心”，如绿宝石般镶嵌在城市最中央，它就是海珠湿地。

环绕海珠湿地兴建的碧道长廊，则是广州碧道建设规划中，围绕“多廊＋多点”水鸟走廊，建设碧道生态廊道的典范。

海珠湿地依托流经乡村聚落及城市郊野地区的水系建设，针对乡野地区农田、村落、山林等景观美丽多彩的特点，尽量保留原生景观风貌，减少人工干预，维持大地景观的多样性。通过以水生态保护与修复为重点，

① 中共中央文献研究室编：《习近平关于社会主义生态文明建设论述摘编》，中央文献出版社2017年版，第32页。

② 中共中央文献研究室编：《习近平关于社会主义生态文明建设论述摘编》，中央文献出版社2017年版，第57页。

③ 中共中央文献研究室编：《习近平关于全面建成小康社会论述摘编》，中央文献出版社2016年版，第172—173页。

提升水源生态涵养能力，营造生物栖息地和物种保护空间。一是以保护生态为前提，以水生态保护与修复为重点，划定生态缓冲带；二是保护和修复自然景观，利用河口、河漫滩建立湿地保护区；三是适当构建人水和谐的游憩系统，除必要设施外禁止其他开发建设行为。

水鸟走廊是指将不同湿地、河湖连接起来，形成更大的湿地自然生态系统，水鸟可以从一处湿地通过"生态廊道"进入另一处湿地，向适宜的生境迁移，有利于基因流动并使生命得以延续。水鸟走廊具有改善水鸟物种多样性的功能。

基于"3S"廊道理论，依托珠江、流溪河、增江、沿海滩涂等重要水系，在现有的各类湿地资源、自然保护区、湿地公园的基础上，根据水鸟分布现状及活动规律，广州将水鸟生态廊道划分为三级——源（source）、踏脚石（step stone）、目标地（sink），形成"多廊＋多点"的广州碧道水鸟生态廊道空间布局。

踏脚石，是水鸟"源"与"目标地"斑块间自由迁飞的中间停歇地，主要为连接"源"与"目标地"的自然河道、滩涂等。

作为全国最大的城央湿地，占地 11 平方千米的海珠湿地，就是广州水鸟生态廊道的 5 片踏脚石片区之一。

按照广州水鸟生态走廊建设相关要求，踏脚石质量提升建设主要包括湿地生物多样性提升、湿地污染防治等主要内容。在海珠湿地碧道的规划与建设中，立足水鸟生态走廊的踏脚石定位与相关要求，除了常规的湿地污染防治工作，如开展湿地垃圾清理、水浮莲治理、雨污分流建设，加强对河岸各类污水排放管控，严格控制污水直接排入湿地外，还将更多精力用在生活多样性提升上，构建多样化的"生境岛屿"，建立物种共生关系，为鸟类觅食、庇护、繁殖提供生态场所。

结合不同种类水鸟的栖息和繁殖环境要求，在水深区域设置"生态浮床"，种植芦苇、香蒲等既能够净化水质又能够为水鸟提供优良的栖息环

▶▶ 构建小微湿地群

境且具有一定观赏价值的植物，起到招引水鸟的作用，确保在自然环境下为水深昆虫、鱼类等鸟类的食物来源提供栖息空间。

营造浅滩，通过对临近水面起伏不平的开阔地段进行局部微地形调整[如削平过高地势，减小坡度，以减缓水流冲击和侵蚀；通过堆土（石）岛屿，扩大与水接触面等]，进行生境岛地形营造；在浅水滩涂上随机布置碎石与就地取材的原始木桩及倒木，为提供栖息的场所。完善植物群落结构，抽疏高山榕及大叶榕等不适宜筑巢的乔木，加密适宜筑巢的乔木，如种植小叶榕、构树等；建立物种共生关系，以鸟为本，量身定制鸟类食住行一体的鸟岛系统。

海珠湿地的这种鸟类生境营造技术为国内深水型湿地恢复提供了新方案，被国家生态专家誉为“生命之舟”。

在碧道建设中，海珠湿地积极进行“废材”循环利用，化腐朽为神奇。比如用木头、树枝、稻草等搭建形态各异的生态塔，形成“昆虫旅馆”，吸引不同动物在不同材质的塔中栖息；废弃的木材被插入水塘中供鸟类歇脚，或做成人工鸟巢放置于果树上给鸟儿当孵化点，实用又具有观赏性；用果树枝丫做成生态篱笆，稻秸秆制成花圃栅栏，呈现出浑然天成的美。

还通过构建小微湿地群，提升生物多样性。在湿地边界以及内部道路周边区域，结合地形恢复包括雨水花园、暴雨花园、生物沟、生物洼地、树池洼地、下凹式绿地、青蛙塘、蜻蜓塘等水敏性小微湿地，发挥其对雨洪管理、公园地表径流污染的净化功能，保证湿地水体环境质量健康；同时，这些小微湿地又是青蛙、水生昆虫，甚至小型鱼类栖息的小微生境，大大提升湿地生物多样性。

近年来，海珠湿地通过湿地生态修复工程建设，鸟类种类及种群数量均逐年增加，物种多样性指数逐年上升。鸟类从2012年的72种增加到目前的177种。越来越多的稀有物种被发现。因为生态环境的改善，就连对环境要求极为苛刻的“中国最美的小鸟”——蓝喉蜂虎，以及许久未出现的禾花雀等鸟类，都陆续在海珠湿地现身。

在原有物种数量稳定增长的基础上，珍稀物种的不断加入，正是生态系统恢复到一定的健康阶段的标志。这说明了海珠湿地的鸟类生境得到大幅改善，实现了人与自然和谐相处。

三、将良好生态环境作为最普惠的民生福祉

水环境直接关乎每一个人的生命健康安全，是人民群众最关心最直接最现实的利益问题。中国共产党始终以全心全意为人民服务为根本宗旨，以最广大人民的根本利益为工作的最高标准。每个人都是生态环境的受益者，良好生态环境是最公平的公共产品，是最普惠的民生福祉。习近平总书记指出：“对人的生存来说，金山银山固然重要，但绿水青山是人民幸福生活的重要内容，是金钱不能代替的。你挣到了钱，但空气、饮用水都不合格，哪有什么幸福可言。”[①] 明代李时珍在《本草纲目》中写道，“药

① 中共中央文献研究室编：《习近平关于社会主义生态文明建设论述摘编》，中央文献出版社2017年版，第4页。

补不如食补，食补不如水补”，水对于人民群众的重要性可想而知。“从资源环境约束看，过去，能源资源和生态环境空间相对较大，可以放开手脚大开发、快发展。现在，环境承载能力已经达到或接近上限，难以承载高消耗、粗放型的发展了。人民群众对清新空气、清澈水质、清洁环境等生态产品的需求越来越迫切，生态环境越来越珍贵”[①]。习近平总书记考察广州时作出重要指示，“抓河涌水治理要见实效，治理后要能下去游泳”[②]。全国全面打响污染防治攻坚战以来，我国水环境质量总体有所好转，广州市水污染防治工作成效显著。2019年广州市统计局民调结果显示，市民认为建设美丽宜居花城过程中成效最为显著的是“黑臭河涌治理”，可见市民对于广州治水工作的充分肯定与满心期待。随着经济社会的快速发展，城市化、工业化交替演进，当前水环境形势依然非常严峻，一些地方违法排污、超标排污现象屡禁不止，治水成效与人民群众的期望值和获得感尚有不小差距。对此，习近平总书记提出：“要深入实施水污染防治行动计划……保障饮用水安全，基本消灭城市黑臭水体，还给老百姓清水绿岸、鱼翔浅底的景象”[③]。“要坚定推进绿色发展，推动自然资本大量增值，让良好生态环境成为人民生活的增长点、成为展现我国良好形象的发力点，让老百姓呼吸上新鲜的空气、喝上干净的水、吃上放心的食物、生活在宜居的环境中、切实感受到经济发展带来的实实在在的环境效益，让中华大地天更蓝、山更绿、水更清、环境更优美，走向生态文明新时代。”[④]可见，水污染防治工作一定要让群众满意、得到群众认可，通过推动水污染治理和水环境保护，让人民群众喝上干净的水，有更好的生活和工作环境，满足人民群众日益增长的水资源水生态水环境需求。

---

① 《习近平谈治国理政》第二卷，外文出版社2017年版，第232页。

② 《河长统领　全民参与　共建共享——广州探索特大型城市治水新路径》，广州市人民政府网，见 http：//www.gz.gov.cn/xw/zwlb/bmdt/sswj/content/mpost_6445227.html。

③ 《习近平谈治国理政》第三卷，外文出版社2020年版，第369页。

④ 《习近平谈治国理政》第二卷，外文出版社2017年版，第210页。

案例10-2：阅江汇客·都市生活

▶▶ 儿童活动空间

▶▶ 阅江路碧道“五道并行”

阅江路碧道是广州都市型碧道的典型代表，依托流经都市城区的水系建设，系统推进流域综合治理，重在统筹治水、治产、治城，针对大城市城区人口、经济、文化等活动密集的特点，强化公共交通设施、文化休闲设施、公共服务功能以及亲水性业态的复合，构建宜居、宜业、宜游的生态活力滨水经济带。

建设重点：都市型碧道以提升水安全、水生态、水环境为前提，重点加强特色景观营造，彰显都市特色，打造活力长廊。

一是以提升防洪（潮）的安全与韧性为目标，采用新理念推动海绵城市、多级复式堤建设；二是全面改善河湖水系水质，建设碧水清流的宜居环境；三是以岸边带整治和动植物生态恢复为主，积极利用河口、河滩等建设湿地公园；四是打造展现都市风貌和魅力的重要窗口，积极结合“三旧”改造建设碧道，带动滨水地区产业和城市功能转型；五是建设连续贯通、配套完善、舒适可达的游憩带，推进碧道公园建设。

2020年6月，阅江路碧道示范段一期正式向公众免费开放，让更多市民可以轻松悠闲地享受品质优秀的滨水空间，提升生活幸福感。

海珠区阅江路碧道示范段，位于前航道右岸华南大桥至琶洲大桥段，长约2.6千米。串联周边琶洲展馆、会展中心码头、会展公园等特色节点，服务好会展区、互联网聚集区、总部商务区的功能需求，以线串点、以线带面，推动沿线功能升级，建设湾区国际品质水岸，示范缝合城市、适老适幼的最都市生活。已完成一期工程1.5千米，并对市民开放。

阅江路碧道示范段环境优美，设施齐全，有轨电车车道贯穿其中，远远望去，还能看见广州塔。碧道还很亲民，既适合老人孩子来散心，也适合年轻人等群体休闲娱乐。碧道上还设有安全有趣、色彩鲜艳的儿童活动空间，配置滑梯、秋千等设施，很受小朋友们的欢迎。漫步在碧道上，不时传来孩子们玩耍的欢声笑语。

有轨电车

良好的生态环境就是最普惠的公共产品。阅江路碧道首创“五道并行”，颜色各异的水道、漫步道、慢跑道、骑行道、有轨电车道“五道”无障碍贯通，宛如一条彩带在珠江边飘扬。市民和游客可通过搭乘珠江渡轮、步行、缓跑、骑车、搭乘有轨电车等途径，游览阅江路碧道美景。因集“五道”于一体，阅江路碧道也是广州现有碧道中功能最齐全的碧道。

在阅江路碧道设计建设中，广州市坚持绿色、经济原则，以海绵城市的“渗、滞、蓄、净、用、排”六字方针为引领，建设“会呼吸”的碧道生态系统。不同于传统的排水沟排水，阅江路碧道采用全新的排水设计，将雨水先收集于草沟、雨水花园，再通过渗井渗管净化渗透到地下，可以做到“大雨不积水，小雨不湿鞋”。

还因地制宜，充分利用沿线原有资源和景观，用绿色草毯将会展中心、有轨电车与珠水缝合、延伸，打破道路与铁轨阻隔，打造生活、生产和生态一体化空间。在建设和改造碧道时，同步建设亲水平台、草坪广场，打造供人们亲水游憩、健身休闲的公共开敞空间，实现还清还绿于水、还水还美于民。

2020 年 7 月，这条彩带碧道又开始了二期施工，未来将串联起大元帅府、第一次全国劳动大会旧址、洲头咀抗英纪念碑、志愿者公园、邓世昌纪念馆遗址等一大批散落在区内的“红色明珠”，实现 20 千米无障碍贯通。按照计划，以阅江路碧道为起点，海珠五年内要实现 43 千米环岛碧道全线贯通，直达海心沙、二沙岛及中共三大会址。届时市民不仅可以享受绿色的生态福利，还能畅游红色景点，聆听革命故事。

未来，阅江路碧道将以“阅江汇客 · 都市生活”为理念，致力建设凸显广州特色、服务于周边发展需要、展现国际大都市形象的滨水空间。按照“大环岛 + 小环岛”“环岛 + 湿地”的规划建设思路，同步推动海珠湿地内部的连通，以碧道建设为牵引，不断提升海珠湿地生态多样性成效，沿河道恢复生态系统，为市民提供在城市和绿地间穿行、珠江和湿地间漫步的自由空间。一幅彩色的海珠环岛碧道画卷正徐徐铺开。

四、绿水青山就是金山银山

绿水青山就是金山银山，要优化水生态、挖掘水文化、发展水经济。

环境问题究其本质是发展问题。党的十八大以来，习近平总书记多次论述生态环境与经济发展的关系，提出“我们既要绿水青山，也要金山银山。宁要绿水青山，不要金山银山，而且绿水青山就是金山银山。我们绝不能以牺牲生态环境为代价换取经济的一时发展”①。并深刻揭示生态环境与生产力之间的关系，“纵观世界发展史，保护生态环境就是保护生产力，改善生态环境就是发展生产力”②。“两山论”为新时期治水提供了新思路，就是要协调好水资源开发利用与经济发展的关系，实现水资源保护与经济发展的双赢。发展水经济是为了更好地满足人民群众对水资源、水环境、水生态的需求，既要发挥水资源的生态价值，又要打通生态价值与经济价值转化的通道，实现“绿水青山就是金山银山”的目标。广州自古被称“岭南水乡”，是一座依水而建、伴水而生、因水而美的城市，“六脉皆通海，青山半入城”是广州山水生态城市的形象写照，优越的区位优势成就了广州“海上丝绸之路”的世界名城。通过打造显山、露水、见绿、亲水的水生态、水景观，挖掘水文化、桥文化、石文化等人文历史内涵，大力发展水产业、水经济，既是当前广州城市建设的迫切需要，也是广州实现绿色发展、长远发展的战略目标。当然在现实中，一些地方虽然山青水绿，却经济发展落后，“两山论”实现的前提条件在于转化。习近平总书记指出：“绿水青山和金山银山决不是对立的，关键在人，关键在思路。为什么说绿水青山就是金山银山？‘鱼逐水草而居，鸟择良木而栖。’如果其他各方面条件都具备，谁不愿意到绿水青山的地方来投资、来发展、来工作、来生活、来旅游？”③要以治水为契机，通过岸上岸下共同整治、共同提升，让水与城相互交融、相互依托、相互支撑，从而拓宽城市发展空

① 中共中央文献研究室编：《习近平关于全面建成小康社会论述摘编》，中央文献出版社2016年版，第171页。

② 中共中央文献研究室编：《习近平关于全面建成小康社会论述摘编》，中央文献出版社2016年版，第163页。

③ 中共中央文献研究室编：《习近平关于社会主义生态文明建设论述摘编》，中央文献出版社2017年版，第23页。

间、完善城市功能，将城区水系治理与城市建设经营、资源开发、产业转型升级、园区建设、文化旅游景点、城市改造态等有机融合，在节约优先、保护优先的前提下，把水资源作为重要生产要素，创造、转化与实现水资源的潜在价值，将生态优势转化为经济优势，真正做活水经济、做大水文章，提升城市形象。通过打造集水脉、文脉、史脉、人脉、商脉于一体的岭南特色山水城市格局，实现从治水到治城的转变，使绿水青山持续发挥生态效益、经济效益和社会效益，增强城市竞争力。

案例 10-3：鸭洞河碧道滨水经济带建设

绵延 15.49 千米的鸭洞河从大山深处自东向西流向村庄，为从化典型的山地自然生态系统。为破解乡村河道功能萎缩和长效管护问题，广州市从化区依托得天独厚的生态资源优势，以乡村河道鸭洞河为试点，利用生态设计小镇建设契机，率先建立“政府投入＋企业养护＋村民参与”的三方共治模式，探索乡野型碧道滨水经济带建设。

在游览碧道时，能否吸引游客们在此住一晚？这个问题一度是社会对碧道经济效益的主观衡量标准，因此，各地都在努力探索滨水经济带建设，以期通过产业导入带动碧道周边经济发展，反哺沿岸居民，从而实现为碧道持久“造血”。

乡野型碧道以提升水安全和水生态为重点，与美丽乡村建设结合，创造以田园风光、乡愁记忆为主线的亲水空间。一是结合中小河流治理优先保障防洪安全；二是控制农村面源污染，维护河湖生态系统和生物多样性；三是维护河湖生态系统健康和生物多样性；四是结合滨水地区建设村民公共活动空间和美丽乡村旅游目的地。

由政府主导实施鸭洞河治理工程，统筹 10.6 千米河道的上下游、左右岸资源，首期投入 2000 万元开展水系连通、河道清障、清淤疏浚和岸坡整治，增强流域综合防灾抗灾功能，彻底解决行洪不畅、功能萎缩等问

治理前

治理后

▶▶ 鸭洞河治理前后对比图

题，保障乡村河道水安全。

在政府层面完成贯通两岸步行空间，改善水环境、水生态等本底工作后，后续由生态小镇的运营企业坤银集团实施河道景观微改造提升工程。在水系连通、河道清障等流域治理的基础上，结合一河两岸生态设计产业发展布局，投入2500万元，集中连片规划建设占地1.2平方千米的生态公园，“嵌入式”建设亲水驳岸、生态环桥、湿地栈桥等景观节点。

采用当地竹、瓦、石等建材，对河流两岸塘尾村的65栋民居进行外立面整饰，形成美观整齐的村庄风貌。微改造的重点是生态修复，小镇运营团队将鸭洞河沿岸的山、水、林、草作为一个生命共同体进行统一保护，重新恢复鸭洞河的生物多样性。由于水土流失严重，鸭洞河防水固沙的能力逐年下降，小镇运营团队在严格保护原生自然环境的同时，使用复绿破损山林、增植生态公益林等措施，修补山体水土流失地区，并使蓝绿空间占比稳定在70%以上，维育生态平衡。在镇政府支持下，还拆除了4万多平方米违法建设，重新改造2千米村主干道共青路，路面拓宽并黑化，种植三排共1000多棵胸径30—50厘米的秋枫，形成了绿树成荫的生态设计大道。

还深挖当地人文内涵，鸭洞河碧道保留了荔枝树、叠水坝等岭南村落肌理，传承村落间逐水养鸭的习俗，重塑旧时“鸭峒”村民傍水而栖的生活方式。随着碧道的建设，河岸线管护也从集中治理向市场化、专业化的治理方向转变，碧道示范段成了生态设计小镇的“迎客厅”。山、水、果、林、滩、石等原生态资源重新被激活，形成了相映成趣绵延1千米的风景画卷，创文活动和文化系统更给乡野生活增添了一分趣味。

政府负责水安全、水环境改善，小镇开发公司负责水生态、水景观、水游憩，政府做本底、企业做提升的方式，带动盘活了区域内人、财、物等优势资源，也激活了乡村振兴发展新潜能。

一是盘活闲置“沉睡”资源，增加村集体收入。盘活了附近5个村

▶▶ 闲置7年的市场被改造成为举办世界生态设计大会的高端会场

600多亩闲置集体留用地，为这几个村带来集体收入约660万元。小镇建设还盘活了闲置7年的扶贫综合农贸市场，在未增加任何建设用地的前提下，将废弃市场改造成为举办世界生态设计大会的高端会场；盘活了废弃30多年的旧葡萄糖厂和闲置多年的旧塘尾村小学。通过上述租金，塘尾村每年增收60万元，村集体收入从2016年的30万元增长至2019年的90万元。

二是提供就业岗位，提高村民收入。企业化运营，为附近村民提供了大量在家门口就业的机会。目前，塘尾村等村庄已有100多个村民在小镇就业，月收入约3500元。此外，小镇建设和各类会议的举办，极大地带动了周边民宿和农家乐发展，增加了村民经营性收入。塘尾村村民人均年收入从2016年的1万元，提升至现在的3万元。

以产业导入把人留住，生态设计小镇将绿水青山转化为金山银山，目前，生态设计小镇已进驻生态设计企业84家，建成了具有相当规模的生态设计产业集群，截至2020年，小镇已举办高端论坛活动100多场，接待人数超过20万人。实现了村民收入翻倍，预计将带动年产值50亿元，年税收2.5亿元，村企共享生态经济发展红利。

现在，全长9.6千米的鸭洞河碧道示范段二期工程也已于2020年下半年开工，届时，10.6千米鸭洞河碧道将全线贯通。未来，这里还将举办“生态之夜”音乐节、水幕灯光秀等一系列国际嘉年华活动，推动粤港澳大湾区北部生态文化旅游合作区建设。

另外，以广州市天河区东部深涌中支涌治理为例，深涌中支涌上游接右支涌，中游通过乞巧苑涌与左支涌相连，下游接横涌，河涌长度1.9千米，流域面积0.84平方千米，流经2个街道、1个城中村，是深涌流域排洪的“主动脉”。中支涌穿越城中村，河道束窄严重，房屋紧邻水上，局部河段仅剩“一线天”；明涌封闭为暗涵，水质较差，河道景观较差；中游段河道凸起，淤积严重，水流不畅，水质为严重黑臭。通过采用“揭盖复涌＋污涝同治”的做法，全面推进沿涌拆违及穿堂入户式城中村雨污分流改造，调整沿涌住宅立面及建筑入口，打造岭南滨水骑楼及以河涌为脉络的传统文化平台，重现珠村“中国乞巧第一村”的历史盛况，促进岭南水文化的复兴。推动污涝同治，主涌暗渠段实施揭盖复涌改造345米，新建加固堤岸515米，恢复河涌明涌通道。最开始老百姓有许多反对意见，但看到改造后的好处后，大家都争相参与。揭盖后建设10座桥梁，创造1.2千米临河慢行步道，增加2000平方米滨水活力公共空间，增加智能感应水位防控设施，抵御50年一遇洪水，24小时韧性排涝；恢复29栋岭南骑楼商业街，60余户商户转型为高品质商铺，提高了城中村商户经济收入。

五、构建山水林田湖草沙冰生命共同体

山水林田湖草沙冰是生命共同体，要将统筹、系统和综合治理观念贯穿治水全过程。习近平总书记遵循物质世界普遍联系和永恒发展的规律，用联系的观点来观察和研究治水问题，根据治水各要素的有机联系把握必然趋势和应对策略，强调治水是一个系统工程。他多次指出，“山水林田湖是一个生命共同体，人的命脉在田，田的命脉在水，水的命脉在山，山

的命脉在土，土的命脉在树"[①]，"对山水林田湖进行统一保护、统一修复是十分必要的"[②]。"全国绝大部分水资源涵养在山区丘陵和高原，如果破坏了山、砍光了林，也就破坏了水，山就变成了秃山，水就变成了洪水，泥沙俱下，地就变成了没有养分的不毛之地，水土流失、沟壑纵横"[③]。"如果种树的只管种树、治水的只管治水、护田的单纯护田，很容易顾此失彼，最终造成生态的系统性破坏。必须按照生态系统的整体性、系统性及其内在规律，统筹考虑自然生态各要素、山上山下、地上地下、陆地海洋以及流域上下游等，进行整体保护、系统修复、综合治理"[④]。可见，生态是统一的自然系统，是相互依存、紧密联系的有机链条。新时代治水必须转变观念，以更广视野、更大格局、更高标准，站位全局推进治水工作，统筹自然生态的各个要素，把治水与治山、治林、治田、治湖、治草结合起来，促进生态系统各要素和谐共生。同时，也要将统筹、系统和综合治理观念贯穿治水全流域、全过程，按照习近平总书记的重要指示，"治理好水污染、保护好水环境，就需要全面统筹左右岸、上下游、陆上水上、地表地下、河流海洋、水生态水资源、污染防治与生态保护，达到系统治理的最佳效果。要深入实施山水林田湖草沙冰一体化生态保护和修复，开展大规模国土绿化行动，加快水土流失和荒漠化石漠化综合治理"[⑤]，统筹流域系统治理，联动形成治水管水合力。

广州市在持续推进全面治水的进程中，按照促进生态系统各要素和谐共生的理念，结合自身实际，围绕"理想水生活"高起点高标准打造千里碧道，统筹山水林田湖海，推动城市高质量发展，营造高质量城市生活。例如，按照"一年试点建设、三年大见成效、七年全面建成"的目标要

① 《习近平谈治国理政》第一卷，外文出版社2018年版，第85页。
② 《习近平谈治国理政》第一卷，外文出版社2018年版，第85—86页。
③ 中共中央文献研究室编：《习近平关于社会主义生态文明建设论述摘编》，中央文献出版社2017年版，第55—56页。
④ 习近平：《推动我国生态文明建设迈上新台阶》，《求是》2019年第3期。
⑤ 《习近平谈治国理政》第三卷，外文出版社2020年版，第363页。

求，2025年全市将建成1506千米碧道；到2035年，将完成2000千米碧道的目标。目前，全市已累计建成蕉门河、东山湖、车陂涌、海珠湿地、增江等省、市级试点碧道513千米。其中，海珠湿地碧道、增江碧道、蕉门河碧道还被水利部作为“美丽河湖、幸福河湖”的典范在全国广泛宣传，以广州之水为亮丽纽带，焕发云山珠水、吉祥花城的无穷魅力。

（一）创新“八道三带、综合治理”碧道内涵

广州市将碧道建设作为城市治水的升级版，规划、住建、交通、园林、水务部门协同发力，实现从单纯治水到城市综合治理，还清于水、还水于民、还绿于岸，以水而定、量水而行。统筹山水林田湖海综合治理、系统治理、源头治理，改善流域生态环境、实现空间综合利用、带动产业转型升级、激活片区多元价值。

深化细化广东省万里碧道“三道一带”空间要求，提出“水道、风道、鱼道、鸟道、游道、漫步道、缓跑道、骑行道”八道合一和“滨水景观带、经济带、文化带”三带并行的“八道三带”空间范式，保护珠江生态岛链、建设碧道风廊、水鸟走廊，恢复鱼类洄游生态圈，打造蓝线上的

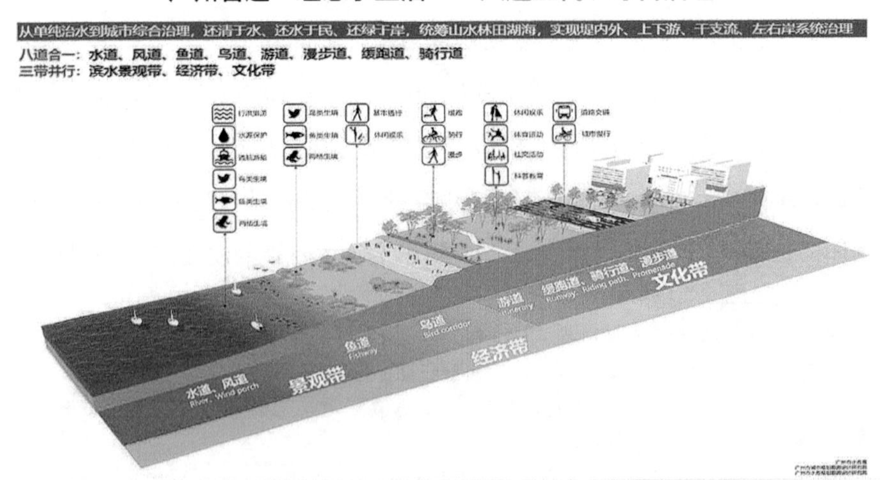

图10-1　八道三带、综合治理

公共服务综合带，实现堤内外、上下游、干支流、左右岸系统治理，形成广东碧道建设的“广州方案”。

（二）打造“广州新六脉、羊城四境”

依托广州北树南网水系格局，构建三纵三横、通山达海的“广州新六脉”：通山达海线、山水画廊线、广佛发展线、城央环岛线、黄金水道线、田园风光线。形成溪—涌—河—江—海的多层次碧道网络。结合都市型、城镇型、乡野型、生态型四种碧道类型，积极打造“宜居生活圈、水岸公园带、碧道风景画、河湖生命体”的碧道“羊城四境”，彰显广州依山、沿江、滨海的自然禀赋，完善宜居宜业宜游城市生活圈，再现岭南水乡田园风貌。

（三）聚焦实施，制定“碧道十条、分类标准”建设要求

引入高水平团队，坚持高起点规划，推动高标准设计，遵循广州实际，创新提出“水清岸绿、广府生活、三道一带、缝合城市、新旧共生、赏粤四季、绣花功夫、适老适幼、经济适用、共同缔造”的“广州碧道十条”实施准则，并结合碧道分类制定“高标准、较高标准、基本标准”四

类型	标准	建设定位	基本建设要求
都市型	基本标准	[illegible]	[illegible]
	较高标准	[illegible]	[illegible]
	高标准	[illegible]	[illegible]
城镇（郊）型	基本标准	[illegible]	[illegible]
	较高标准	[illegible]	[illegible]
	高标准	[illegible]	[illegible]
乡野型	基本标准	[illegible]	[illegible]
	较高标准	[illegible]	[illegible]
	高标准	[illegible]	[illegible]
自然生态型	基本标准	[illegible]	[illegible]
	较高标准	[illegible]	[illegible]
	高标准	[illegible]	[illegible]

图 10-2　碧道十条、分类标准

类三级建设标准，因地制宜开展碧道建设。

以水为主线，以“河畅、水清、岸绿、景美”为基本要求，充分挖掘广州河流水系的生态价值、游憩价值、历史人文价值、景观价值和经济价值，通过水资源保障、水安全提升、水环境改善、水生态保护与修复、景观与游憩系统构建，打造“清水绿岸、鱼翔浅底、水草丰美、白鹭成群”的广州千里碧道，实现“千里长卷、最美广州”。将碧道建设打造成为水生态环境治理的升级版，在解决城市水问题的同时，推动社会与生态系统的整体协同进化。

第二节　坚持生态优先、绿色发展，促进城市高质量发展

广州历来高度重视治水，随着全国全面打响污染防治攻坚战，广州治水也进入了历史新阶段。

一、重点整治河涌全部消除黑臭

珠江穿城而过，上百条河涌汇入其中。因水得城，依水而建，水是广州这座城市的灵魂。然而，黑臭的河涌、沟渠，也一度让百姓颇为头疼。而黑臭水体治理，是广州市委、市政府交给人民群众的一份漂亮答卷。

2018 年以来，广州市以纳入国家监管平台的 147 条黑臭水体治理工作为重点，探索特大型城市治水的有效路径。如今两年多过去，广州市由过去黑臭水体治理滞后区，到 2018 年荣登国家黑臭水体治理示范城市，到 2019 年全市 147 条黑臭河涌基本消除黑臭，再到 2020 年一次性通过省黑臭水体治理验收，国家住房和城乡建设部监管的 147 条黑臭水体和 50 条重点整治河涌全部消除黑臭，并达到“长制久清”标准。

水污染防治各项考核指标实现历史性全面达标，广州可谓完成了“不可能完成的任务”，车陂涌、双岗涌、景泰涌整治入选全国治水典型案例。

经过近三年的重拳整治，多条黑臭河涌实现了“大变样”，成为居民休闲的好去处，“水清、岸绿、景美”的风光，令游人流连驻足。

二、涌边花开，水清景美

猎德涌横穿广州新中轴线，在天河 CBD 和珠江新城潺潺流过。珠江新城的猎德村河段，只见古色古香的石桥、栏杆，以及两岸的祠堂古建筑等，在一湾清水的簇拥下，更加雅致。两岸绿树环绕，簕杜鹃开得正艳，吸引了村民和游客在涌边散步和聊天，一些情侣在花木丛中流连，偶尔有几只鸟在水上掠过，引起大家的一片欢声。

长度超过 18 千米、流经 9 条城中村、龙舟文化底蕴深厚……作为广州东部一条重要的河涌，车陂涌一度是全市最黑臭的河涌之一——垃圾成堆，又黑又臭，到处都是脏兮兮的破布条和包装袋，时不时见到偷排的污水冒着泡儿涌出。而今，已是清流激荡、花草吐芳、百鸟歌唱的和谐景象。

春节假期，位于车陂涌附近的“一水同舟”龙舟文化展览馆迎来许多游客参观。车陂村龙舟，是广府龙舟文化的典型代表，于 2017 年成功入选广州市非物质文化遗产。展馆内丰富多样的展品涵盖了车陂宗祠文化介绍、龙舟文化传统习俗、龙船制作工艺流程、龙船组成部分介绍、车陂传统民俗活动、车陂招景与龙船饭的现场重现等内容，展览馆中央长约 15 米的实体龙船模型更是吸人眼球。而每到端午，车陂涌都会举办赛龙舟和摆龙探亲活动，令河涌形成了更美的文化景观。“水清、河畅、堤固、岸绿、景美”，广州治水的标准，自然也包括了文化内涵。

位于珠村商业广场旁边的深涌中支涌，两岸花木葱茏，涌边成了村民乐于流连的休憩之地，两岸的商铺修葺一新。

在河涌边漫步，随处可见近年来天河区的治水成效：南蛇坑流水潺潺、清澈见底；欧阳支涌岸绿景美、自然和谐；深涌中支涌河畅堤固、鱼翔浅底；车陂涌生态环境得到明显改善，水生物种越来越多，从 2019 年夏天，就连已经消失了多年的萤火虫也回来了。

不仅如此，现如今一些地处闹市的河涌偶尔也会吸引稀有水鸟驻足嬉戏，猎德涌就出现过一只白鹭，天河公园里也飞来了几只黑天鹅。

三、小河清，大河净

2020年4月，广州市颁布第8号总河长令，要求清理城乡水系“毛细血管”，全面治理边沟边渠、风水塘、山塘、鱼塘等小微水体。截至目前，第8号总河长令下达的168宗黑臭小微水体整治任务已全部完成，全部“不黑不臭”，市域范围内“小河清，大河净”目标基本实现。

位于海珠区晓港公园内的晓港湖，通过全面截污、生态治理，变成了清澈见底的“水底森林”。午后的阳光打在碧绿的湖面上，长长的水草在湖底摇曳，一排游船静静停靠岸边，三五游人在树荫下漫步，宁静而美好。常来公园锻炼的陈阿姨说:“湖水清澈了，真是让人心旷神怡。一到周末，小孙子就吵着要我带他来这里写生。”

事实上，几年前的晓港湖却并不是那么让市民称心。1975年，晓港公园建成开放，其中心湖晓港湖与海珠涌相连。随着周边建筑物越来越密集，水下生态被严重破坏，水体也渐渐混浊发绿。为根治晓港公园水质问题，早在2016年，海珠区就以晓港湖为试点实施水生态治理。

当地对晓港湖实施全面截污，拆除海珠涌沿线违法建设3922平方米，全线关停对晓港湖水质产生影响的餐饮项目，取缔了公园内存在了二十多年的烧烤场，从源头控制沿湖周边餐饮的污水排放。同时，又为湖体配置四季常绿的苦草类水下草皮，并分步投放各类鱼虾螺贝，逐步形成生态水质自净系统，就像一座“水下森林”，从而促进水生态系统的稳定与平衡。

经过两年多的治理，2018年8月，经检测，晓港湖几大主要水质指标（透明度、氧化还原电位、溶解氧、氨氮）皆由劣Ⅴ类变成Ⅲ类，个别月份水质监测可达到Ⅱ类，湖区中心水体透明度已达2.2米，湖水清澈见

▶▶ 水边游玩

底且无任何异味，水体生态得到恢复。

“晓港湖的湖水就是海珠涌的水，通过整治可让湖水达到Ⅱ类、Ⅲ类水的标准，这也说明了，海珠涌的水也可以达到这样的标准。”海珠区水务局局长肖烈南说，晓港湖试点治理的效果，使这些治水人有信心让海珠涌及其他区内河涌的水质也变得如此清澈稳定。

四、三个效益齐头并进

春节假期，草木葱茏、花果飘香，大街小巷整洁有序，“口袋公园”小巧玲珑……如今的大源村，一片秀丽风光。

“从前那条清澈见底的小溪终于回来了！”发出感慨的年轻妈妈脚下正是白云区太和镇大源村沙坑涌。谈起它的变化，在这儿出生长大的徐丽红深有感触地说：“终于可以带上孩子们到溪边戏水捉虾了，就像回到自己七八岁那会儿。”

但其实就在两年前，这里还是河涌黑臭，路窄坑多，大货车横行……

大源村地处广州白云太和镇东南部，占地约25平方千米，常住人口超过 20 万人，是广州最大的城中村。在整治前，大源村水环境恶劣，黑臭水体较多，脏乱差随处可见。彼时，大源村的产业以化妆品、服装、制鞋等不成规模的个体制造业为主，存在很多散布于民宅区的无牌无证小作坊，加上不完善的“三废”处理程序、不齐全的相关手续，让这些藏匿于居民区的小作坊成为散乱污的“主力军”。再加上外来人口众多，物流发达，出租屋多，也让智能部门承受了巨大的社会管理压力。

2019 年以来，大源村将源头治理与环境改善、产业升级同步进行。一方面，强力推进涉水违建整治工作，将沙坑涌上游大源支流沿河的窝棚、工厂和小作坊全部拆除；另一方面，还从上游水库引流，沿河建设了一条 5 千米绿道，集河道防洪、群众休闲娱乐、人文历史熏陶于一体。拆除违建后，腾出的公共空间则建起休闲公园、体育公园、文化广场，并配套篮球场、轮滑场和休息驿站。

绿色的树木、白色的栏杆、清澈的流水、开心的笑声……每到清晨或傍晚，村民们或驻足，或小坐，或慢行，或跑步，“惠民碧道”俨然成为村中老人、运动爱好者、大小朋友每天的打卡地。曾经的“臭水沟”变成了居民休闲的好去处。

环境整治好了，产业发展也随之受到带动。大源村通过大力发展电商产业，用收益更高的电子商务“挤占”散乱污企业的生存空间。目前，这条全国闻名的“淘宝村”计划加快现代产业集聚发展，升级改造 4 个电商创意园，集聚了 500 多家电商企业，成为全国第一大“淘宝村”。政府通过政策宣传、创立创业园等引导电商产业在当地落地生根、良性发展，使当地产业得到升级，不仅使当地的生产总值得到较大提升，也减少了产业生产带来的污染。

经过整治，大源村实现“社会、经济、生态”三个效益齐头并进，还被评为“全国乡村治理示范村”。

五、去旧迎新，笑靥盈人

河涌巨变不仅体现在了水面变清、环境变美，更体现在了老百姓心里。

如今百姓乐开了颜，但在（湖）长制实施以前，这些河涌又黑又臭，曾被村民自嘲般地称为“黑龙江”“龙须沟”。

沙河涌天河直街段的戴荔华河长，也是天河直街居委会主任，他对此深有感受：“2008年，我刚到居委会的时候，这里的河水既浑浊又有异味，情况真的十分糟糕。”彼时，临河的居民楼也常常窗户紧闭，就连过往的行人都会嗤之以鼻快速而过，谁都不愿意在此多停留一秒，大家怨声载道。

在沙河涌，带着孙女在河边散步的老李，是见证河涌变化的亲历者，20世纪60年代，这里的河水是清澈的；但后来，因为环保理念的缺失，沙河涌上游建起了造纸厂、家具厂、服装厂等，无序发展，污水直排，令水体污染，沙河涌变成了黑涌臭涌。老李童年时的游乐园变成了失乐园。

而全面推行河长制以来，2019年，仅天河区就有30条黑臭河涌、99个小微水体基本消除黑臭，顺利完成治水三年行动计划目标。

作为村居级河长，戴荔华河长的职责包括：将河涌管理保护纳入“村规民约”、做好村社保洁工作、协助污水管网接驳、开展污染源和违章建筑的排查、落实河涌一日一查、协助执法部门查处污染和违章行为。“我们的治理目标是：河涌无直排污水、水面没垃圾、沿岸无违章、堤岸无破损、绿化无损毁。”

不仅仅是各级河长，天河的河涌之所以不再黑臭，也得益于民间河长、志愿者服务队遍地开花形成的良好氛围，使开门治水、人人参与的理念深入人心。为了根治黑臭水体，天河聚集了“巡河护涌”志愿服务队40支893人，民间河长76人。他们同众多河长、专业治水人一样，也是河涌从“失乐园”重回“游乐园”的幕后英雄。

居民为什么支持治水？因为他们看到变化，不仅看到水好，还看到更安全、更安心的环境，水质的改善也让他们成为最直接的受益者，产业升级了，收入也增加了。

正所谓，河水清，鱼儿游，碧道美，烦恼休。

南沙区，蜿蜒多情的蕉门河碧道静静流淌，水面宽阔静谧，偶有鹭鸟低飞，车行桥和凤翔桥上两条飘逸的蓝色桥架犹如彩凤飞舞，抬眼望去，白色车厢的地铁4号线列车正从蕉门河碧道上飞驰而过。

蕉门河与凤凰湖相连，位于黄阁镇和南沙街区域的中心，南接蕉门水道，北临小虎沥水道，全长6260米。近年来，南沙区政府积极推进蕉门河生态化、景观化和人文化建设。清拆了两岸的烂船、窝棚和违章搭建，把蕉门河建设成一项保护环境的“生态工程”、造福于民的“民心工程”、提升城市品位的“竞争力工程”。

蕉门河在堤岸设计选型和建设上，采用了自然缓坡的生态堤岸，建设

美丽蕉门河

了游艇码头、亲水平台、广场、照明系统以及人行道、绿地、园林小品等，绿化面积约 18 万平方米，包括 80 多种乔木、60 多种灌木、10 多种地被植物及草坪，今天，蕉门河两岸已建成景观绿道 2.5 千米、生态驳岸 2.3 千米，种植植物约 5000 株，成为广大市民日常休闲的好去处。

同时，加快蕉门河一河两岸中心城区的规划，促进高标准的中央商务区和滨海新城区的建设。蕉门河真正实现了水清、河畅、岸美。一座座充满朝气、富有现代气息的桥梁将两边绿地与绿道相连，让 6260 米的一河两岸，形成十里碧道的画廊，更是南沙区的“城市客厅”。

在广州碧道建设规划中，计划打造 4 个总长约 373 千米、贯通南北的碧道水上体育产业功能区：北部滨水生态休闲体育产业片区、中部滨水现代体育服务片区、南部滨海高端运动产业片区、东部增江水上运动文化创意产业带，发展水上健身休闲运动，体现广州体育产业的“水”特色。其中南部滨海高端运动产业片区，全长约 60 千米 。蕉门河碧道所在的区域被定义为都市运动休闲功能区，已经建成都市滨水运动休闲基地和水上运

▶▶ 魅力南沙

动中心，并依托蕉门河水上休闲资源，发展滨水休闲、龙舟、游泳、绿道等体育产业。

今天，得益于蕉门河碧道的成功打造，让传统的龙舟活动不再局限于端午节前后，任何时候、任何人都可以在这里划龙舟。与此同时，划船、赛艇、桨板等水上运动，也在蕉门河上悄然兴起，人们不仅可以沿碧道而行，还能击桨于碧道之上。

第三节　坚持节约集约发展，提高城市环境资源承载力

河流是文明的发源地，当今世界的很多大都市都有河流穿城而过。城市中的河流因为人的需要被赋予了不同的功能，内河航运是重要的交通方式，护城河为城市提供防御，引水渠带来必需的水源，排水渠承担着排水防涝的职责，这些是河流的社会功能；而满足城市居民亲水需要，为动植物提供生存空间，作为生态廊道连接城市内外空间等则是河流的生态功能。第二次工业革命以后，河流的社会功能被最大限度地开发利用，而河流的生态功能则被忽视，这就带来了河流污染、断流等严重的生态问题。城市是人类生产、生活的重要空间载体，水是支撑城市经济社会发展的重要因素。要以自然资源承载能力和生态环境容量为基础，按照高质量发展要求，坚持生产空间集约高效、生活空间宜居适度、生态空间山清水秀，构建水资源供给、水资源治理、水安全保障相互关联的城市水系统，建设与资源环境承载力相匹配的山水城理想空间格局。

一、用“绣花”功夫精准施策

车陂涌自北向南，流经9个街道、9个城中村，有支涌和暗渠23条，主涌长度18.6千米，支涌长度48千米，流域面积80平方千米，常住人口60多万人，是天河区最长、流域面积最大的河涌。

（一）治理前情况

治理前水体黑臭主要原因有：一是排水体制为合流制；二是污水管网覆盖率低、收集能力不足，每平方千米只有 3 千米管网，存在溢流问题；三是猎德污水处理厂 120 万吨处理能力已接近满负荷运行；四是“散乱污”企业偷排严重；五是河涌沿线截污管网不完善，存在问题排水口。

车陂涌治理前情况图

（二）治理措施

近年来，在广州市委、市政府的坚强领导下，天河区坚持标本兼治、重在治本的原则，按照“控源、截污、清淤、补水、管理”的治水方针，按照 2017 年达到初见成效、2018 年“长制久清”的目标，近期和远期相结合，采取分步实施的方式，实施治水三年行动计划，重点抓好控源减量、截污工程和日常管理等工作，逐步消除黑臭问题，坚决打赢治水攻坚战。车陂涌通过治理，2017 年年底经第三方单位评估，车陂涌治理公众满意度为 82%，水质基本达到不黑不臭标准，实现初见成效目标。在思路、措施、管理、补水、机制等方面的主要特色做法如下：

1. 定量分析、科学研判

为搞透河涌污染源情况、提高治水措施的针对性，天河区将车陂涌流域按分水岭划分为 58 个排水分区，按用地情况划分为 872 个排水单元，结合用水、人口分布和水质监测情况，对污染源情况进行了定量分析和科学研判。经测算，车陂涌日均排污量 18.3 万吨（约 9 吨排入河涌），其中城中村污水占 44%，小区污水占 29%，企事业单位污水占 16%，商业经营污水占9%，工业污水占2%。目前天河区正在同步开展流域9条城中村截污纳管，稳步推进住宅小区、企事业单位排水单元达标建设，逐步推动全流域雨污分流。

2. 开展洗楼行动

以街道为单位，结合“四标四实”全面推进“洗楼”等基础性工作，并探索“两找、三分、四看”的经验，全面推开需要实施城中村截污纳管的洗楼工作，实行分工协作、分片负责、分类登记，全面摸清城中村建（构）筑物排水情况，为城中村截污纳管提供基础性数据。截至2017年12月底已全面完成全区“洗楼”行动，共计出动9万余人次，摸查建（构）筑物69271栋，其中车陂涌流域累计完成“洗楼”28373栋，其中城中村23029栋，完成率100%，甄别定性散乱污企业794家，摸清污染源底数。

3. 开展洗河行动

持续开展洗河行动，一是制定河涌保洁标准和工作机制，实行定人、定责、定时、定标准的“四定”保洁模式，确保每个区域有人管、有人干、有人巡。二是坚持水域陆域全覆盖，落实环卫工人包片责任制，大力推行河涌保洁机械化作业，率先引入国内先进的漂浮物自动清捞船，环卫工人自制自动清捞工具、细密网兜，开展技能培训，有效提升保洁效率和质量。三是开展周末“洗河”大会战，组织职工、群众、志愿者参与，提高周边群众环保意识，同时，实施“河底捞、河面捕、河墙洗、河岸堵”，将保洁范围延伸至支流、水渠等小微型水体。

4. 实施支涌清污分流

实施清污分流整治，对车陂涌上游欧阳支涌、金融学院北涌、荔枝园排洪渠、旺岗排洪渠、乌蛇坑等有山水来源的支涌，沿线截流入涌生活污水，使上游山水和直排生活污水分开，完善北部山区市政基础设施，恢复河涌自净自然生态环境，每天可引入山水、清水3.9万立方米流入车陂涌进行生态补水，有效提升河涌水质。

同时，在实施清污分流后，利用生态基流，逐渐形成良好的生态环境，河床逐渐长草，鱼群开始繁生，原本的清淤计划取消（原计划清淤总量37.5万立方米，耗资1.31亿元），利用生态自净逐步消除河道内源污染。"一石多鸟"之法，既减少了政府投资，又实现了污水系统提质增效，还给河涌增加了生态补水，营造了水清岸绿景观，极大地提高了河涌治理的综合效益，提升了居民生活幸福感。

5. 交叉巡查管理

实行交叉巡查管理机制。一是落实区、街、村（居）三级河长责任，加强日常巡查管理，紧盯河涌排水口、污染源，并及时通过"广州河长"APP、微信群等信息平台，推动问题整改；二是发挥水上、岸上环卫工人作用，在日常保洁工作的同时，积极参与巡河护涌，及时通过微信沟通平台上报，严查严控发现违法排水行为；三是区河长办成立5个督导组，每日开展巡查督导，通过抽查、督办推动治理工作有序推进。

（三）整治后效果

经过整治，车陂涌氨氮浓度从最高时的19.77毫克/升下降到2.20毫克/升，溶解氧从最低时的0.95毫克/升逐步提升到5.54毫克/升，透明度等指标也得到改善，最终实现了晴天各断面水质不黑不臭的目标（见表10–1）。

表10–1　车陂涌水质变化情况

时间	氨氮（毫克/升）	溶解氧（毫克/升）	透明度（厘米）	氧化还原电位（毫伏）	黑臭等级
2017年2月	7.68	1.63	30	133	轻度黑臭
2017年3月	16.85	2.00	28	67	重度黑臭
2017年4月	19.77	1.48	29	41	重度黑臭
2017年5月	16.10	0.95	26	–49	重度黑臭
2017年6月	10.10	2.09	28	64	轻度黑臭
2017年7月	5.00	3.06	23	55	轻度黑臭
2017年8月	8.82	2.48	30	54	轻度黑臭

续表

时间	氨氮（毫克 / 升）	溶解氧（毫克 / 升）	透明度（厘米）	氧化还原电位（毫伏）	黑臭等级
2017 年 9 月	9.60	1.87	31	−1	轻度黑臭
2017 年 10 月	8.51	2.01	23	27	轻度黑臭
2017 年 11 月	4.71	6.97	36	170	不黑不臭
2017 年 12 月	4.13	7.10	40	152	不黑不臭
2018 年 1 月	2.20	5.54	42	177	不黑不臭

二、在顺应自然规律中开展治水实践

猎德涌起源于华南理工大学内的东、西湖，流域面积 16.2 平方千米，地势北高南低，干流全长 6.35 千米，其中明涌段长 4.3 千米，由北至南穿越广园快速路、广深铁路、天河路、黄埔大道等东西走向交通主干道，于临江大道南侧汇入珠江前航道，是穿越广州中央商务区的唯一排涝河涌。河道上游为山区性河流，河道落差较大；上游山水、湖水及径流雨水原经 11 条支流汇入猎德涌，后因沿线污水排入的增多，导致 11 条支流水环境不断恶化，故对 11 条支流进行了加盖封闭，形成了 11 条合流渠箱，各渠箱特性如表 10–2 所示。

（一）合流渠箱情况

11 条合流渠箱均在末端设置拦污闸或堰进行水量调控，旱天渠箱内山水、湖水及污水均纳入下游污水主干管。因这些合流渠箱断面较大，旱天流速较小，污泥淤积严重，淤积深度达 0.5—1.5 米。雨天超过污水干管能力的清水、雨水及污水构成的合流水溢流排入猎德涌。年溢流次数达 40 多次，溢流时将大量漂浮物、合流渠箱的积泥一并排入猎德涌，成为猎德涌黑臭的主要原因之一。

表 10–2　合流渠箱特性

序号	渠箱名称	流域面积（平方千米）	支流长度（千米）	渠箱平均尺寸（米）	旱天污水量（立方米）
1	粤垦路渠箱	1.63	2640	1.6 × 2.0—4.0 × 2.5	20235.22
2	广深铁路渠箱	1.73	1240	1.8 × 1.2—5.0 × 1.7	11256.54
3	五山路渠箱	2.08	4895	1.1 × 1.4—5.0 × 2.5	33860.40
4	海安路渠箱	3.31	3994	1.0 × 0.8—5.5 × 1.8	49124.30
5	龙口西渠箱	0.33	300	2.0 × 1.7—2.0 × 1.4	7703.59
6	天河北路东渠箱	0.27	970	1.6 × 1.8—2.0 × 1.8	13998.41
7	林和路渠箱	1.00	2470	1.5 × 2.0—3.0 × 2.2	18104.32
8	天河路中渠箱	0.90	1410	2.0 × 1.8—3.0 × 2.0	11237.92
9	黄埔大道西渠箱	1.00	1490	1.5 × 2.0—2.5 × 2.0	22324.63
10	石牌西渠箱	0.16	230	2.0 × 1.8	5581.11
11	冼村渠箱	1.50	300	2.5 × 2.0	14079.54

（二）排水系统概况

猎德涌流域排水系统在 11 条合流渠箱基础上，逐步形成了截流式合流制的排水系统。

流域内管道 537 千米，沙井 4.5 万座，其中污水管长 151.29 千米，雨水管长 152.82 千米，合流管长 232.86 千米，管网密度高，达到 33.5 千米 / 平方千米。旱天污水及部分雨天合流污水经猎德涌流域主干管进入临江大道主渠箱后，接入猎德污水处理厂。除 11 条合流渠箱外，猎德涌沿线另有排口 64 个，其中 1 个为废弃排口，29 个为雨水排口，27 个为合流排口，7 个为污水溢流口。

猎德污水处理厂建于 1994 年，设计规模 120 万立方米 / 天。现旱天已满负荷运行，其中猎德涌流域地区实际污水产生量约 27 万立方米 / 天，但是旱天接入临江大道水量约 34 万立方米 / 天。

（三）存在的主要问题

猎德涌流域排水系统虽经多年建设，已基本形成。但因如下问题严重影响了系统的正常运行，并成为制约猎德涌水环境质量提升的重要根源。

1. **清污不分，系统中有大量外水进入**

因 11 条合流渠箱采用末端截流方式，山水及湖水直接进入合流渠箱中，雨天更是水量剧增。下游又受珠江高潮位影响，猎德涌河水经沿线合流制排水口倒灌进入系统中，同时排水管道还有地下水渗入。旱天系统中的清水量约占猎德涌流域接入猎德污水厂水量的 26%，导致猎德涌流域污水浓度普遍偏低，临江大道接入点 BOD_5 浓度为 50—80 毫克 / 升。

2. **污水收集系统有空白，污水直排普遍存在**

猎德涌流域范围内，特别是 11 条合流渠箱两侧污水收集系统存在空白区，城中村及两岸建筑污水散排进入合流渠箱上游支流及猎德涌之中，污水直排也是造成支流和猎德涌污染的主要原因。

3. **截流倍数丧失，雨天排水口溢流污染严重**

区域内采用截流式合流制排水体制，设计截流倍数为 1。但因系统中存在大量的山溪水、倒灌水及地下水，导致近 50%的截流污水干管始终处于满管运行，使截流干管失去截流功能，11 条合流渠箱全部成为纳污通道及污水调蓄池，出口设堰拦截，存量污水水深 1.5 米，雨季排洪，过流能力减少 50%以上，导致雨后大量沉积物及污水排入河涌，对猎德涌水环境质量影响很大。

（四）主要对策

2017 年前后，广州市进入治水攻坚期，采取各种手段治理河涌黑臭水体的同时，在猎德涌、沙河涌等河涌探索实践河涌低水位、少清淤、不调水的方案，实现了“清水绿岸、鱼翔浅底”的目标，为国内城市河流水生态恢复提供了可复制的案例。

1. **降水位，河涌维持低水位运行**

在以往的治水实践中，一直存在一个误区，认为河涌应坚持高水位运行，以此保持景观水位，河满才景美；但是高水位运行却存在许多弊端：一方面，河道与淹没在水下的排口形成互联互通关系，河水极容易倒灌进入污水管网中，挤占管网空间，导致平时进厂污水变成清汤寡水，浓度极低；下雨时又经常溢流，造成河道水质反弹，治水成效受到威胁。另一方面，河涌水位过高，阳光无法透射到水底，水生植物无法生长，水生态环境难以得到有效恢复。

在实践过程中，为有效改善河涌水生态及管道满管运行问题，猎德涌采取了降低河道水位运行的方案，河涌水位上游保持在0.3—0.5米，下游保持在0.5—1.0米，同时确保河涌的最高水位不高于雨水口或者各类拍门（闸门），低水位运行后效果非常显著。

一是暴露沿线排口，减少倒灌及溢流风险。猎德涌降水位运行前下游河涌水深基本在2—3米之间，在水位以下排口共计有27个，其中24个为合流口，3个为污水溢流口。河涌水位降低后，发现有6个合流排口（管径d800—d1600不等）旱天仍在排水，发现问题后通过对上述排口进行溯源改造，有效杜绝了溢流问题的发生。

二是提高透明度，恢复河底生态系统。河道水位降低后，阳光可以直接透射至涌底，在河流水动力与光照作用的催化下，河内污染物会进行氧化降解，而底泥又会对其进行吸附钝化释放，最后形成植物可以吸收富集的营养物质，促进水生植物的生长，从而进一步丰富涌内微生物的繁殖发

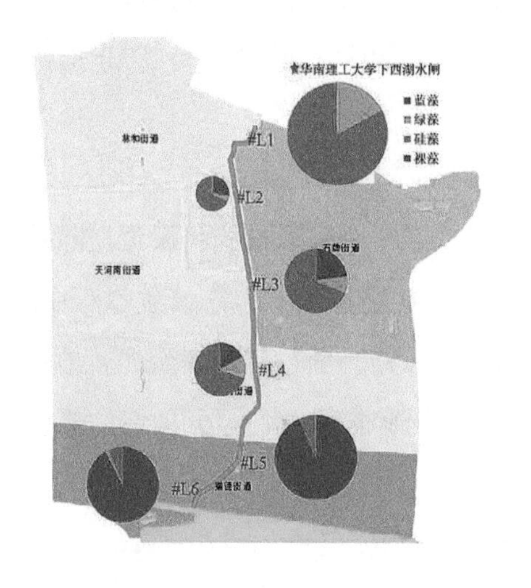

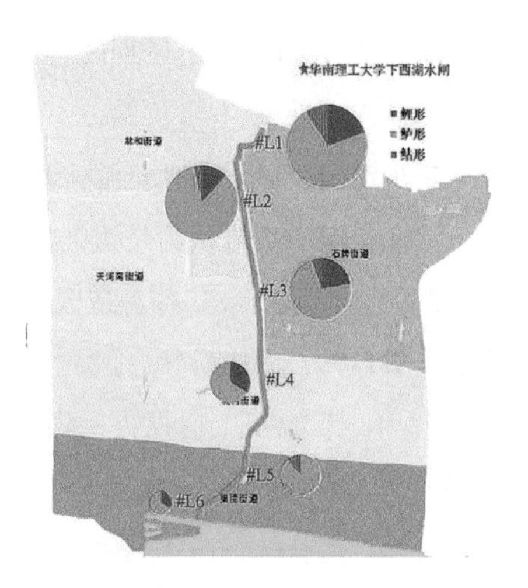

图10-3 猎德涌附着藻类及鱼类监测结果图

育，构建完整丰富的群落结构及污染物降解途径。通过监测发现，猎德涌沿线水生生物物种开始恢复，且上游（近补水点）丰富度明显高于下游，并且有清洁物种出现。

三是同步降管道运行水位，腾出管道空间。

河涌采取低水位运行措施后，倒灌的问题大为减少，特别是下游24个常年在河涌高水位以下的排口完全露出水面后，污水干管的水位得到了有效降低，沿线管线大部分时间可以达到低水位运行的效果；猎德厂的水位也得到了相应的降低，水质浓度得到了提升，同时可以腾出部分处理容量用于其他厂区的检修，很好地实现了污水系统提质增效的目标。

四是降水位后可利用清污分流后的渠箱作初雨调蓄空间，营造海绵体系。降低猎德涌河道景观水位至珠江多年平均低潮位4.25米，甚至更低后，与以往景观水位采用珠江多年平均高潮位5.8米相比，预腾了13万立方米涌容；11条合流渠箱（全长约20千米）清污分流，减少了存量污水9万立方米，新增了9万立方米调蓄容量；联调联控高校区（华工、华农、暨大、华师人工湖）、城中村风水塘，汛期预降1米水位，新增15万立方米调蓄容量。通过合理调度，流域内新增调蓄量约37万立方米，相当于新建了一座小二型水库。遭遇高潮位顶托时有效降低河道水位。2018年9月“山竹”台风期间，猎德涌流域提前启动预腾空，中央商务区未出现内涝现象。

2. 少清淤，淤泥就地资源化利用

河底淤泥一直被认为是污染物质，以往经常会采取措施将淤泥挖除外运处理，处置不当极其容易造成二次污染。在猎德涌水生态修复过程中，秉承尊重自然、顺应自然、保护自然的治理思路，通过将涌底淤泥就地资源化利用，节约了工程投资，降低了工程实施难度，取得了良好的修复效果。

一是淤泥就地资源化利用，以清理垃圾为主。

猎德涌水生态修复过程中通过清理河床底的垃圾，将淤泥堆砌在河床

▶▶ 猎德涌低水位运行

▶▶ 猎德涌河底浅滩

两侧，通过降低水位及种植水生植物，将淤泥内黑臭污染物逐步氧化分解，最终留下河沙。

二是修整河道，让淤泥见阳光，中间走活水，形成河底湿地。

根据河底情况，在不影响河道行洪安全的前提下，按淤泥就地资源化利用的要求，修整河床形成各种浅滩区，减少平时小水量时的过流断面；降低水位增加河涌流速，提高透明度，做到“流速提高水深浅，透光增氧水草现”。

3. 不调水，再生水资源利用补充生态基流

猎德涌原利用珠江边上的东圃泵站调取珠江水进行长距离补水，补水路径长约 12 千米，补水流量约为 8 万—10 万吨 / 天，引调的珠江水透明度不够理想。2020 年在大观净水厂完工并稳定运行后，猎德涌停止了原来的调（补）水方式，不再进行远距离调水，改用大观净水厂的优质再生水对河道进行生态基流补给，实现了再生水的资源化利用。

一是在全面截污的前提下，通过城市再生水利用补给，确保了河涌生态用水量。大观净水厂再生水按每天 6：00—21：00 从上游源头给猎德涌大流量补水，每天补水流量约为 5 万—6 万吨。同时改变猎德涌涌口水闸的双向调度方式，不再引珠江潮水补水，而形成自北向南的单向流。经监测，该补水模式下猎德涌水质改善明显，猎德涌明涌起点段主要指标已稳定为Ⅲ类水，透明度明显提高。

二是污水厂尾水补充到上游的长虹湖，华农巢湖与洪湖，华工东、中、西湖，利用沿线湖泊生态进一步净化。猎德涌上游各湖区总面积约 12.7 万平方米，可调蓄库容约 15 万立方米，原为静止湖体，平时没有外水补充，水质不够理想，下雨时，湖区沉积水体排往猎德涌，不利于猎德涌的“长制久清”。再生水资源化利用方案考虑将猎德涌上游的华农巢湖、洪湖和华工东湖、中湖、西湖纳入猎德涌补水系统中，统一进行调度，再生水经各库区净化后水质指标得到进一步的改善，同时有效改善了现状各湖区的水生态情况，避免了下雨时对下游猎德涌水质造成过大影响。

三是双修复（水质修复 + 生态修复），提高了河道水的生态品质。再生水资源化利用方案解决了枯水期猎德涌所需的生态基流，并促进了水体的流动。一方面，通过低水位运行，在再生水水源水质优越的情况

图 10-4　低水位运行实现“水清岸绿、鱼翔浅底”

下，阳光可以透射到涌底，涌底生境得以恢复，水生生物群落开始丰富；另一方面，通过光合自净作用，以及丰富后生物的消纳作用，再生水补水水质得以稳步提升。形成一个良性双修复过程，提升了河道水的生态品质，也避免了简单地通过提高污水处理厂的出水指标来提高尾水水质质量。

四是低碳绿色，对系统内的碳中和起到了积极作用。猎德涌水生态修复过程中直接利用大观净水厂再生水对河道进行补水，不再进行长距离引调水，每年可节省调水耗电、运维等费用约 305 万元，经济效益明显，碳中和效果显著。

五是有利于实现水的循环与社会循环的耦合。净水厂尾水不再直接进入外围的大江大河当中，而是作为再生资源重新参与到系统循环当中，经过猎德涌后再进入珠江，利用净水厂尾水补给生态河道，实现了水的社会循环。

（五）治理效果

通过以上一系列措施后，猎德涌水生态环境情况大幅改善，与 2019 年相比，河涌 2020 年水质常规考核指标均在趋于改善中，TP、CODMn、NH_3–N 浓度明显降低，DO 明显提高。CODMn 和 DO 均达Ⅱ—Ⅲ类地表水标准，NH_3–N 均达Ⅲ—Ⅳ类地表水标准。猎德涌水质短短几个月的时间就实现了“水清、水浅、有草、鱼游”的“鱼翔浅底”的美丽景象。

表 10–3　猎德涌水质改善情况

（单位：毫克 / 升）

年份	TP	CODMn	DO	NH_3–N
2019	0.49	8.10	1.90	3.48
2020	0.53	5.21	5.73	3.05

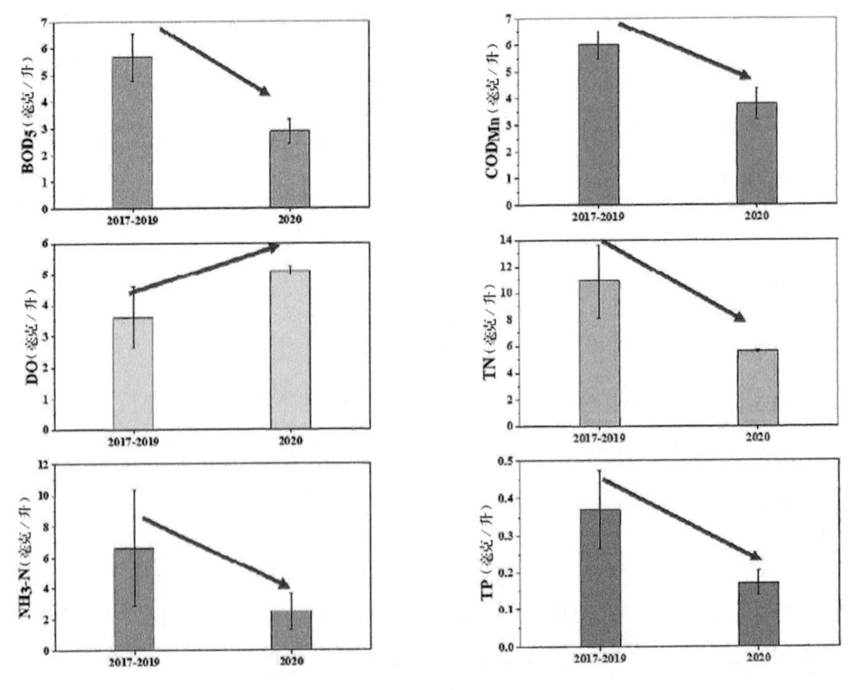

图 10–5　采取水生态修复后水质情况

猎德涌水生态修复情况

三、强化社会治理

潭洲滘涌位于南沙区大岗镇中心，呈东北—西南走向，东北端与大岗沥连接，西南端与潭洲沥连接，全长3800米，河道平均宽度约为10米，其主要支流有勾尾涌、北流河、中心河3条。潭洲滘涌及其支流是大岗镇中心区的主要行洪、排水通道。河涌由北往南流经东流村、豪岗社区等8个行政村（社区）。

（一）治理前情况

1. 潭洲滘涌流域水系连通情况

潭洲滘涌全线连通，但在昌安工业园段，因昌安工业园侵占河涌，河涌已完全箱涵化，河涌断面在此处缩减比较严重，水体流动性极差。此外，潭洲滘涌与大岗沥和潭洲沥连接的两端均无控制闸门或者泵站，不利于控制流域内的水位，影响潭洲滘涌流域排涝，同时由于潮汐作用，河涌底泥回流严重，对水体改善产生了不良影响。

▶▶ 整治前——水体黑臭、底泥淤积

▶▶ 整治前——河涌违建

2. 潭洲滘涌流域建设开发情况

潭洲滘涌流域面积约7.28平方千米，已开发建设面积约6.23平方千米，其中工业企业建设开发面积约为0.21平方千米，城市建设开发率约为85.55%，潭洲滘涌流域虽有一部分市政污水管网，但两岸的部分居民生活污水和企业污水通过合流管道直排或者通过潭洲滘涌支流汇入潭洲滘涌。

（二）整治措施

潭洲滘涌于2018年6月被广州市列为疑似黑臭水体，于2018年10月被列入国家黑臭水体整治监管平台，而后，在南沙区委区政府、区管委会的领导下，区河长办、区环保水务局、大岗镇联合编制了《南沙区大岗镇潭洲滘涌流域消除黑臭水体作战方案及作战图》，按照“控源截污、内源治理；活水循环、清水补给；水质净化、生态修复”的基本技术路线进行黑臭水体整治；遵循“综合整治，长短结合”的原则，逐步实现从污水控制、污水处理、污泥清理到水体修复的全过程、全系统、全方位治理，全面提升水质。

1. 开展各类拆迁整治专项行动

2018年6—10月，开展潭洲滘涌“散乱污”专项整治行动，其中涉及潭洲滘涌流域范围的“散乱污”场所共46家，搬迁及关停取缔“散乱

▶▶ 左图为拆迁前（居民房屋侵占河涌），中图为拆迁中（清拆违建），右图为拆迁后（平整河岸，清运垃圾）

污"场所 32 家，完成整改及整治提升 14 家。2018 年 8 月 20 日至 31 日，开展了潭洲滘涌（昌安工业园段）违建专项行动，用 11 天完成违建拆除，被违建加盖约 20 年的潭洲滘涌实现揭盖复涌，总计清拆建筑物面积 18600 平方米。2018 年 12 月 11 日以来，全面开展潭洲滘涌流域水系连通及综合治理工程项目清拆工作，对潭洲滘涌两岸 6 米范围内房屋进行清拆，经过不分白天黑夜、不分节假日的艰苦努力，完成清理房屋 138 间，清理面积 14271.52 平方米，清拆厂房 1 间，清理面积 6000 平方米。

2. 强化管理

在潭洲滘涌列为黑臭水体后，南沙区立刻建立了潭洲滘涌流域黑臭水体整治领导小组，统筹开展潭洲滘涌黑臭水体整治工作，切实解决实际问题，至今开展区级层面各项协调会议 4 次，有效地推动了各项整治工作的快速开展。同时，进一步强化了河长制的职能，在潭洲滘涌黑臭水体整治过程中，南沙区河长制办公室、大岗镇河长制办公室开展巡河等工作，发现问题，即刻交办，并协助制定了相关河涌整治方案，有效地推动了潭洲滘涌黑臭水体整治。

（三）取得的整治成效

2018 年 12 月，南沙区委托第三方开展了潭洲滘涌黑臭水体整治自评估，累计发放公众评议表 131 份，回收 131 份，满意度 85.5%，对潭洲滘涌进行水质检测 3 次，检测结果显示水体不黑不臭，潭洲滘涌黑臭水体整治初见成效。

潭洲滘涌整治后效果图

四、推进城市功能修补

驷马涌流域位于广州市老城区，起源于白云区城市学院，呈东北向西南横跨白云、越秀、荔湾 3 个老城区，途经桂花路、流花湖、逢源街等地，在澳口汇入珠江西航道，流域面积 10.1 平方千米，总长 7.7 千米，其中白云及越秀境内为暗渠，总长 5.3 千米，荔湾段为明涌，长 2.4 千米，涌口设有水闸泵站，污水泵站总规模为 2.84 立方米 / 秒，雨水泵站总规模为 56 立方米 / 秒。

驷马涌所在区域人口密度大、地下管线复杂、交通繁忙、污水产生量集中，现状仅一套排水系统，中上游彩虹、广雅、陈家祠及白马 4 条渠箱均为合流污水的排放通道，末端设有截污闸，雨季开闸排放雨水，旱季关闸拦截污水，各渠箱旱季蓄水深 1.5—2.0 米，彩虹渠箱闸前拦蓄 3.7 万立方米，广雅渠箱拦蓄0.4万立方米，白马及陈家祠渠箱拦蓄0.32万立方米。

驷马涌流域范围图

驷马涌明涌段

渠箱设闸

流花湖是广州老城区四大人工湖之一，1958 年为解决洪潮灾害、疏导街道水患，市民义务劳动挖湖，暴雨期间滞蓄洪水。流花湖面积 30.72

▶▶ 流花湖

万平方米，平均水深 1.4 米，调蓄容积 38.4 万立方米。彩虹渠箱通过流花湖 3 号闸 2 孔 4×3 米向湖分洪调蓄，而流花湖则通过 2 号闸 6×3 米向驷马涌泄洪。

流花湖 2 号闸正常情况时关闭，非汛期湖内水位保持在 5.8 米（城建高程，下同），汛期湖内水位保持在 5.6 米。当收到预腾空应急响应启动指令时，开启驷马涌彩虹桥截污闸，待驷马涌渠箱水位下降，再开启流花湖 2 号闸，降低湖水位腾出库容以备蓄洪。

（一）治理前情况

老城区建设久远，地面硬化程度高，地表径流汇集快，局部存在低洼区域，流花湖、兰圃花园、大北立交等地面标高为 7.5 米，比周边低 0.7 米，容易产生内涝，暴雨水浸最深处达到腰部。2011 年、2014 年、2015 年、2018 年、2019 年火车站广场、大北立交、越秀公园西门、中山七路和安社区、龙津东片区 5 处水浸点均发生较严重内涝。

驷马涌流域属于合流制排水体制，存在保水质与保安全的矛盾。旱季污水通过渠箱收集，末端设闸截流进入沿河截污管道，彩虹渠箱闸前污水深度约 1.5—1.7 米，常年积存 3.7 万立方米污水，日常渠箱高水位的污水

▶▶ 广州解放北路“兰圃段水浸”

▶▶ 广州火车站广场水浸

占用了排涝的有效过流断面，末端的闸门也加剧了渠箱壅水。降雨时大量雨水进入渠箱与积存的污水混合，为减轻上游排涝压力，减少内涝发生，开启截污闸排入驷马涌，涝水排出的同时也携带积存的污水污泥垃圾进入明涌，造成河涌污染严重，水体由绿色变为黑褐色、“臭气”弥漫，彩虹截污闸平均每年开闸30—40次，对周边居民生活造成极大影响。

开闸前

开闸后

▶▶ 彩虹闸开闸前后水质对比图

流花湖是集雨洪调蓄、游览、娱乐、休憩功能于一体的大型综合性公园，市民对水质的要求高，由于渠箱积存污水，为确保流花湖水环境质量，小雨情况下，不预降湖水位、不启动3号闸向湖分洪调蓄，内涝严重才开启调蓄闸门削峰调蓄，容易导致渠箱内高水位对上游涝水排放形成顶托，存在湖体水质与调蓄涝水的矛盾。

▶▶ 流花湖调蓄后水质状况

现有暗渠断面尺寸偏小，排涝能力不足，部分排水管渠破损严重，存在功能性结构性缺陷；部分渠箱被建筑桩基破坏严重，渠箱淤积严重，排水不畅壅水严重，加重内涝隐患。

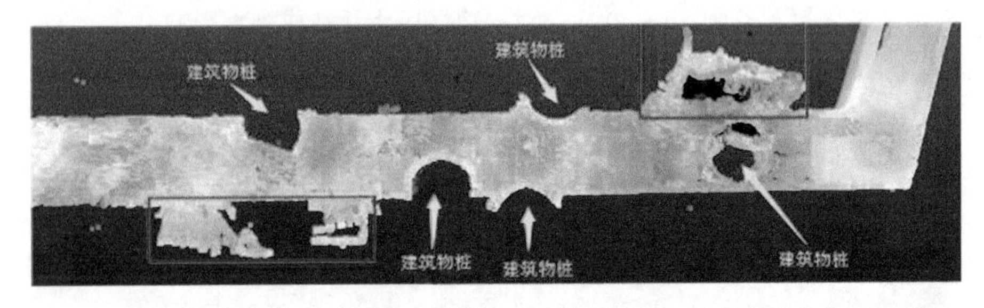

▶▶ 桩基破坏渠箱

合流制排放系统，山水、雨水、污水共用一个通道，末端截污闸把山水、部分雨水混合，一并拦截输送到澳口泵站提升转输至大坦沙污水厂处理，北秀湖溢流井自兰圃路处每天有 1.2 万立方米山水排入彩虹渠箱，导致彩虹桥截流井处水样浓度偏低。一方面，降低了大坦沙污水厂的进厂低浓度，导致澳口泵站及大坦沙污水厂负担过重，运行成本高、运行效果一般；另一方面，由于山水、雨水挤占了部分污水处理负荷，导致新市涌流

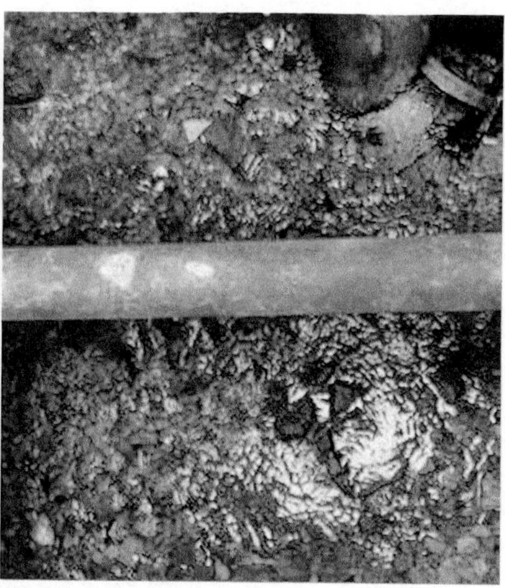

山水进入部分截污管渠

域6号泵站服务片区的污水无法接收，存在污水大量溢流。

（二）治理思路

坚持问题导向，落实海绵城市建设理念，不大拆大建，花小钱办大事，用绣花的功夫实施清污分流，充分利用现有设施解决城市内涝，实现污涝共治，提高城市品质，推动老城市新活力，为提升全市水环境质量提供支撑。

驷马涌流域水环境污染与排涝能力不足问题由合流制排水体制引起，工程总体思路是全面摸查流域排水体制分布、排水管渠及流花湖现状运行、近年水浸等情况，采取新建扩建改建排水系统，以每个单元每栋建筑为对象建设污水管网，将现状合流管渠恢复为雨水通道，取消末端彩虹、广雅、陈家祠及白马截污闸，确保雨污水各行其道，消除渠箱雨季污水溢流明涌及流花湖的污染，同时引流越秀山清水补给流花湖及明涌，恢复渠箱正常排涝能力及流花湖的调蓄功能，提升驷马涌流域内涝防治能力。

（三）治理措施

区域新建56千米污水管道及4座一体化污水提升泵，转输排水单元污水至驷马涌现状沿河截污干管，对排水单元周边配套的排水管网存在结构性和功能性缺陷进行整改。解决彩虹、广雅、陈家祠及白马渠箱汇流范围的合流污水，确保合流渠箱汇流范围管网的清污分流，取消彩虹、广雅、陈家祠及白马 4 座截污闸，恢复渠箱的设计排涝能力，消除截污闸的壅水，减轻上游的内涝压力。

老城区地下空间狭窄难以改造排涝通道，按照海绵城市建设理念，恢复流花湖调蓄能力是见效快的思路，流花湖常水位 5.6 米，汛期一般降雨预腾空降水位至 5 米，极端特大暴雨腾空至 4.25 米，驷马涌涌底 3.9 米，彩虹渠箱实施清污分流后，可实现重力自流实现流花湖暴雨前预降水位，增加暴雨期间的调蓄能力（4.25—6.0 米） 48 万立方米；同时挖潜越秀公园北秀湖的调蓄能力，从源头 3 万立方米调蓄雨洪，进一步提升区域排涝能力。

建设越秀湖—流花湖—驷马涌明涌污水主通道，近期作为清水通道实现流花湖活水水源补给 1.2 万立方米 / 天，同时也可通过降水通道继续向景观涌、驷马涌补水，实现荔湾湖、驷马涌利用山水补充生态量，打破了流花湖、景观涌长期依靠内部自净措施（撒药、净化植物、一体化处理回用）提升水质的瓶颈。

（四）工程实施效果

本工程在治理流域水环境的同时，取消了合流渠箱闸口，恢复渠箱的雨水通道及流花湖调蓄空间，实现流域削峰调蓄效果，进一步提升区域的排涝能力。

本工程剥离渠箱污水后，恢复渠箱涝水通道，实现渠箱及流花湖预腾空，发挥流花湖、北秀湖的调蓄功能，结合现有排涝泵站使驷马涌流域有效应对 20 年一遇 6 小时降雨 195 毫米提高到 50 年一遇 6 小时降雨 237 毫米；渠箱降水位减少对区域管网的顶托，雨水管网可抵御 1 小时暴雨从不足 1 年重现期 35 毫米提高到 3 年重现期 67 毫米，对缓解水浸点内涝问题十分明显。

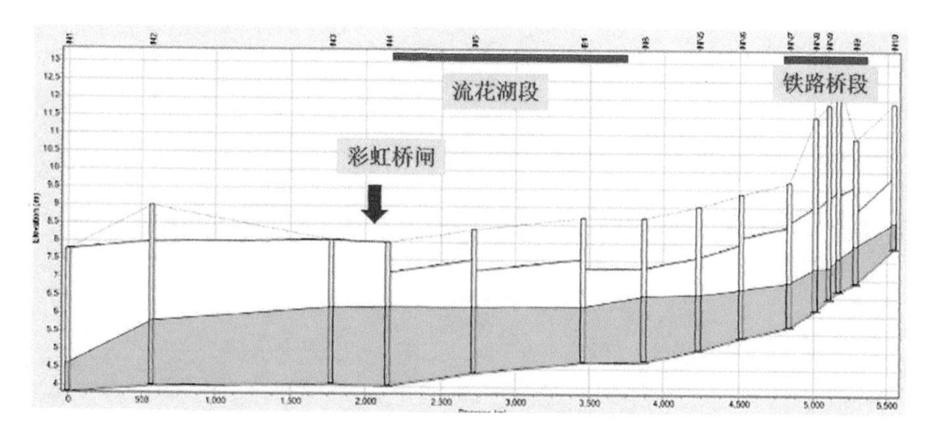

图 10-6　工程实施后对降低上游水面线显著

区域污水量 16.62 万立方米 / 天，其中彩虹桥、广雅、陈家祠及白马 4 条暗渠拦截污水量合计 13.42 万立方米 / 天，每年汛期平均开闸次数约 50 次，每次污水溢流量约 3.72 万立方米，工程实施后，按照生活污水污染物浓度指标并渠箱实测水质指标估算，每年减少进入驷马涌 CODMn 647.5 吨、TN 55.5 吨、NH_3-N 46.2 吨、TP 5.6 吨，对确保驷马涌的“长制久清”起到关键作用。

充分发挥区域自然山水特色，每天从越秀湖到流花湖再到驷马涌利用山水补充生态景观水量 1.2 万立方米，进一步改善区域水生态环境，同时减轻污水厂的处理负荷，降低能耗，节省运行费用。

后　记

“盛世治水谱华章。”推进水环境治理，是贯彻落实新发展理念的重要举措，是加快高质量发展的重要抓手。在新时期治水实践中，广州市以习近平生态文明思想为指导，坚持“良好生态环境是最普惠的民生福祉”的重要理念，积极探索将中国特色社会主义制度优势转化为治水效能，努力走出了一条可复制、可推广的治水新路子，取得147条黑臭水体全消除、13个国省考断面全达标、劣V类断面水体全清零的历史性成效，荣获国家海绵城市建设示范城市、国家黑臭水体治理示范城市、国家节水型城市等，河湖长制工作连续2年获得国家激励、连续3年获得省考优秀，美丽幸福河湖极大提升了人民群众获得感幸福感安全感。为了系统总结广州治水的创新经验及其背后蕴含的治理逻辑，打破治水专业壁垒，促进公众更好地科学理解治水、积极配合治水、主动参与治水，我们组织编写了本书。

全书在结构上分为“广州治水的历史逻辑”“广州治水的理论逻辑”“广州治水的实践逻辑”三个板块，共十章。本书的基础素材来源于近年来广州市治水工作实践及调研材料。我本人负责了本书的选题、基本思路、框架设计和最后的统稿定稿等工作，并撰写了导论及部分章节。广州市水务局禤倩红、朱文玲、程晋彪、资惠宇、柏啸、周新民、辛文克等同事，以及中共广州市委党校黄丽华、万玲、王云峰、平思情、李杨等专家学者共同参与了本书的编写工作。广州市水务局龚海杰局长、中共广州市委党校孟源北常务副校长等领导对本书的编写出版给予了全力支持，人民出版社的编辑也为本书的出版做了大量工作。在此，向所有关心和支持本书出版的同志表示诚挚谢意！

希望本书的出版，可以为提高社会各界对治水逻辑的认识，汇入一丝绵薄之力。但由于水平所限，本书疏漏不当之处在所难免，真诚欢迎各位专家读者指正。

李明

2021 年 7 月 1 日于广州五山

责任编辑：李甜甜
封面设计：牛成成
版式设计：吴　桐

图书在版编目（CIP）数据

治水的逻辑：广州实践 / 李明 编著 . —北京：人民出版社，2022.1
（2022.3 重印）
ISBN 978 – 7 – 01 – 023717 – 6

I. ①治…　II. ①李…　III. ①水污染防治 – 研究 – 广州　IV. ① X52

中国版本图书馆 CIP 数据核字（2021）第 178089 号

治水的逻辑
ZHISHUI DE LUOJI
——广州实践

李明　编著

人民出版社 出版发行
（100706　北京市东城区隆福寺街 99 号）

北京九州迅驰传媒文化有限公司印刷　新华书店经销

2022 年 1 月第 1 版　2022 年 3 月北京第 3 次印刷
开本：710 毫米 ×1000 毫米 1/16　印张：20.75
字数：269 千字

ISBN 978 – 7 – 01 – 023717 – 6　定价：98.00 元

邮购地址 100706　北京市东城区隆福寺街 99 号
人民东方图书销售中心　电话（010）65250042　65289539